NUCLEAR ENERGY IS COMING

郑明光 主编

前方，核能

上海科学技术出版社

图书在版编目（CIP）数据

前方，核能 / 郑明光主编. -- 上海 : 上海科学技术出版社，2024.1
ISBN 978-7-5478-6313-8

Ⅰ. ①前… Ⅱ. ①郑… Ⅲ. ①核能－普及读物 Ⅳ. ①O571.22-49

中国国家版本馆CIP数据核字(2023)第168722号

前方，核能
郑明光　主编

上海世纪出版（集团）有限公司
上 海 科 学 技 术 出 版 社　出版、发行
（上海市闵行区号景路 159 弄 A 座 9F-10F）
邮政编码 201101　www. sstp. cn
山东韵杰文化科技有限公司印刷
开本 787×1092　1/16　印张 21
字数 380 千字
2024 年 1 月第 1 版　2024 年 1 月第 1 次印刷
ISBN 978-7-5478-6313-8/N·261
定价：125.00 元

对于一个国家和人类社会，

能源使用的总量代表其经济生活水平，

能源使用的方式与效率代表其科技发展水平，

能源使用的稳定、可靠与灵活性代表其能源安全与可持续发展水平。

应对气候变化，实现清洁、低碳、可持续发展，建立新型能源体系，核能将成为未来重要的能源支柱，也将是人类走出太阳系、实现永续发展的终极选择！

《前今，核能》注重引导读者理性看待核能，认识其前世与今生，有助于增强对核能的了解，树立正确的核能观念，充分认识到核能在中国未来能源结构的重要地位，从而更好地认识核能、熟悉核能，愿意投身核能发展事业。

中国核学会理事长

王寿君

2023年9月16日

学术委员会

编写委员会

主 编

郑明光

副主编

王明弹　叶元伟　颜　岩　严锦泉　王煦嘉　田　林

编写组成员

顾诞英　张金东　安常乐　杨子涵　董文妍　孙亦春
潘连荣　余　凡　谢　增　张雨泽　周　彦　李艺彤
李晔瑾　张　浩　王舒钰　潘文静　赵佳音　邹昊宸
聂申辰　职　政　邹　佶　孙铭蔚　储豪峰　郭相萱
卢一凡　林　千　芦　苇

序

能源的开发和利用既是人类文明史的重要内容之一，也是人与自然发生互动关系的一个主要方面。人类探索、利用及开发新能源的脚步从未停止过，人类历史上历经多次能源大变革，而每一次新能源的开发利用和技术突破，都极大地促进了生产力的提高和文明的进步。

20 世纪 40 年代以来，核科学技术不断揭秘，带动了核科技工业逐渐兴起，在军事、能源、社会生活等许多领域产生了革命性的影响。如今，核能的应用和发展水平，逐步成为了一个国家综合实力的重要体现，是大国竞争的重要阵地。

多年以来，我国核电事业发展取得累累硕果，这得益于党中央的坚强领导，也得益于全国核能领域相关方的大力支持，以及全体核能领域从业者的持续拼搏。

党的二十大报告提出要“深入推进能源革命”“积极安全有序发展核电”，为碳达峰碳中和背景下的核电产业发展指明了方向。从跟跑、并跑到领跑，从引进、研发再到出海，我国已经来到了由核电大国向核电强国跃迁的关键阶段，核能将在推进能源革命、构建新型能源体系、助力实现“双碳”目标等方面发挥更大作用。

公众的接受度是影响核能事业发展的关键变量之一，但在很多人眼里，“核”依然是神秘而又遥远的。加大核科普工作力度，提升全民核能科学素养迫在眉睫。因此，《前方，核能》这本科普读物，在核能综合利用方兴未艾的当下问世，可以说是顺势而生、恰逢其时。

本书的编写团队以丰富的知识储备、专业的解读视角和开阔的思维视野，把枯燥的科学知识，用鲜活生动的语言，讲述成普通人都能听懂的故事。

这其中，有专业人员在核能“驯化之路”上的挑战和突破、责任和进取，更有反映我们国家“干惊天动地事，做隐姓埋名人”的老一辈核能工作者的艰辛和奋斗，也有借着科幻电影场景引发的“硬核浪漫”展望……近十五万字娓娓道来，让大家在面对未知时，能多一份透彻，少一些困惑。

习近平总书记指出：“科技创新、科学普及是实现创新发展的两翼。”科学普及要与科技创新同频共振、“双向奔赴”，就要以通俗而不流俗、深刻而不艰深、简明而非简化的科普方式，为公众提供优质的科学养料，从而形成科学知识内化于心、外化于行的效果。

感谢参与本书编撰的每一位工作人员，他们承载的不只是专业，专注的不只是技术，奉献的不只是现在。

征途漫漫，唯有奋斗；砥砺前行，星火成炬。希望借这本读物，能够吸引更多有为青年，以勇攀高峰、锐意攻关的奋斗精神，以重行动、不空谈、埋头苦干的工作作风，以甘做拓荒牛、“为人民、为祖国奉献一切”的高尚情怀，加入到中国核能事业的发展征程里。也在此祝愿我国的核能事业“后浪”奔涌，前景无限。

叶奇蓁

中国工程院院士

前言

芝加哥大学的埃利斯大道上坐落着一座 12 英尺高的青铜雕塑，它出自英国著名雕塑家亨利 · 摩尔（Henry Moore）之手，为的是纪念人类历史上的一个分水岭。1942 年冬天，在这座雕像矗立位置的不远处那个旧球场的看台下，恩里科 · 费米（Enrico Fermi）率领科学家们推开了原子时代的大门，为人类历史上第一座核反应堆"芝加哥一号"（Chicago Pile-1）颁发了"出生证"。

然而"芝加哥一号"不久就被拆除，于 1943 年转移到芝加哥城市的西郊，在那里它被重新组装并安装了防辐射系统。尽管实验本身是短暂的，但"芝加哥一号"却对全世界产生了复杂而持久的影响。

亨利 · 摩尔的"Nuclear Energy"（核能）雕塑

随后，美国政府迅速建立了国家实验室，开发用于能源供应的核反应堆。1951 年 12 月 20 日，美国阿贡国家实验室（Argonne National Laboratory，ANL）建造的“实验增殖堆一号”（EBR-1）反应堆在世界上第一次从核能中产生了可用电量。

核能，点亮了一串灯泡，尽管它只是四颗萤火般的小灯泡。

彼时，望着灯泡柔弱光亮的人们，是否会想到芝加哥大学会树立起一座名为“Nuclear Energy”的雕像？它那别致的造型，像是核爆产生的蘑菇云，又像是古罗马战士的青铜头盔，而将雕塑上部浑圆的造型比作一只在 1951 年冬季发光的小灯泡，似乎更加应景。这座雕像也在冥冥之中昭示着，人类“驯化”核能并将之和平利用的希望。

目录

第一篇　史海

第二篇　雾海

第四篇 星海

核知识链接

第一篇

史海

探寻古今中外
钩沉核能往事

第一章

初见倾心

——文明跨入原子时代

自人类诞生以来，我们便从未停止对能源利用的探索，薪柴、煤炭、石油、天然气、太阳能、风能……追根溯源，人类所利用的能源几乎都来自太阳。

然而有一种能量是个例外，现今人类已基本掌握了生产这种能量的技术与方法。这种伟大的能量就是——核能。

第一节 人类进步之“源”

从远古时期的智人点亮第一支火把，到尼罗河三角洲上古埃及人借助圆木推动沉重的巨石；从黄河平原上吱吱呀呀的水车，到伯明翰工厂中轰鸣的蒸汽机；从伦敦、巴黎、纽约、上海等大都市的街头被一盏盏白炽灯点亮，到现代化的电力系统将光明送入千家万户……人类已经将对能源的追求刻入了 DNA 中。

人类的每一次重大科技革命都离不开能源革命的推动。

火是人类寻找到的最初的能源利用方式

蒸汽之歌

——第一次工业革命

在第一次工业革命前，人类主要利用自然界中最原始的能源来满足各种需求，包括畜力、风力、水力和木材等“纯天然”能源。

畜力是人类最早利用的一种能源，主要用于农业和交通运输。人们使用马、骡子和牛等动物来耕种土地、运送货物和人员。在城市中，马车是主要的交通方式。畜力在农业生产中的广泛应用，极大地提高了农业生产效率，也减轻了人类的劳动强度。在远古时期和中世纪早期，骆驼和马匹也是人类进行长途旅行和贸易的主要工具，它们可以承受较长时间的旅行和较大的负荷。

风力也被广泛利用，风车是人类最早的机械式能源转换设备之一。早期的风车通常是由木材或石头制成的，主要用于抽水、研磨谷物等。风车的广泛使用在欧洲可以追溯到 12 世纪左右，而在中国和中东地区，风车的使用也可以追溯到公元前。在海上，人

农夫与耕牛

欧洲风力磨坊

们利用风帆来驱动船只进行贸易、探险和战争等活动。早期的帆船是由木头、纸莎草、芦苇等自然材料制成的，人们利用风的力量来推动帆船在水上航行。在中国古代，风帆船的使用已经可以追溯到汉代，而在欧洲，风帆船的使用则始于中世纪早期。

人类利用水力已有数千年的历史。早期，人们主要利用水流来磨面粉、打铁、轧棉花等。随着技术的发展，水力被用于驱动各种机器和工具，如织布机、纺纱机、锯木机等。水力主要通过水轮来实现。水轮可分为垂直轮和水平轮两种类型。垂直轮比较适合用于水流比较小的场合，如小溪或河流，而水平轮则适合用于水流比较大的场合，如大型河流或瀑布。水轮机被广泛运用在纺织工业和矿业中。通过水力驱动纺织机，可以大大提高纺织品的生产效率，从而降低成本并增加利润。同时，水力还被广泛用于提取煤矿和金属矿物等自然资源，推动了矿业的发展。

木材是另一种重要的生物质能源。在工业革命前的很长一段时间内，燃木炉是中国、欧洲最常见的加热设备，同时也用于烹饪食物。在工业生产方面，木材被用于生产

水车

燃烧的木柴

木炭，木炭具有较高的热值和可燃性，被应用于冶炼、铸造和烧制陶瓷等工业生产中。

除了这些被广泛使用的“能源”之外，当时的人们还利用了一些化石资源，如煤炭、石油和天然气等。在第一次工业革命之前，这些化石能源并没有得到大范围使用。

早期对于煤炭的开采和使用方法非常原始和简单。人们使用手工工具和畜力来开采煤炭。最初，煤炭主要用于加热和烹饪。然而，随着工业的发展，煤炭逐渐被应用于工业生产，如钢铁生产、纺织、玻璃制造、化工等行业。

人们通过燃烧煤炭获取动力（火力发电厂）

石油和天然气在第一次工业革命之前并没有得到广泛利用，它们只是被一些特定地区的人们所认识。例如，古代中国和中东地区已经开始将石油用于照明和医疗。北宋时期，沈括在他的科学著作《梦溪笔谈》中曾记录：“鄜、延境内石油，旧说‘高奴县出脂水’，即此也……此物必大行于世，自予始为之。盖石油之多，生于地中无穷，不若松木有时而竭。”石油和天然气在工业中的应用直到19世纪后期才开始出现。

原野上的“磕头机”正在开采石油

第一次工业革命是人类历史上最重要的变革之一。詹姆斯·哈格里夫斯（James Hargreaves）从被自己撞翻的纺织机中获得灵感，发明了带有纺轮的纺纱机，并以女儿的名字“珍妮”来命名。珍妮纺纱机（Spinning Jenny）的发明拉开了第一次工业革命的序幕，更高的工作效率推动着手工制造向机器制造转型，推动了工业化和城市化的发展。

珍妮纺纱机

如此一来，规模更大的厂房、效率更高的机器、蜂拥而入的产业工人，使得 18 世纪末的英国各行各业呈现一片欣欣向荣的景象。然而当时使用的蒸汽机普遍存在着燃烧不充分、能效低下等问题，动力成为制约生产力发展的“瓶颈”。

法国物理学家丹尼斯 · 帕平（Denis Papin）发现了蒸汽可以做功

英国工程师托马斯 · 塞维利（Thomas Savery）和他 1698 年设计的蒸汽机

英国工程师托马斯 · 纽科门（Thomas-Newcomen）设计的常压蒸汽机

英国发明家詹姆斯 · 瓦特

推动动力革新的任务，悄然落在一位苏格兰工程师的身上。

詹姆斯 · 瓦特（James Watt）是一位善于观察并且心思细腻的人，他认为可以通过改进蒸汽机的结构来提高其效率。于是，从 1757 年到格拉斯哥大学（University of Glasgow）开始，经过 8 年的设计研究，他终于在 1765 年申请了一项新型蒸汽机的专利，并在 1776 年制造出第一台有实用价值的蒸汽机。

瓦特改进了原有的单作用蒸汽机，引入双作用设计。这种蒸汽机能够利用蒸汽的双向作用来驱动活塞，从而实现更加高效的动力输出。此外，瓦特还引入了减少热量损失的机制，如在汽缸中增加隔热层等。这些改进大大提高了蒸汽机的效率，使其成为当时最先进的能源转换装置，也是当时工业革命中最重要的发明之一。

小小的蒸汽机被称为“万能原动机”，它使人类不再依赖于人力、畜力和风力等传统能源，极大地推动了工业生产的发展，让大规模机械化生产成为可能。从此，人类对能源的掌控实现了一次巨大飞跃。

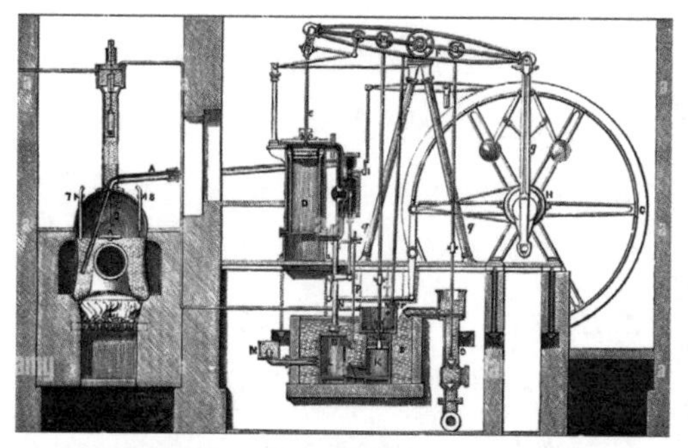

詹姆斯·瓦特改进的双作用蒸汽机

第一次工业革命时期的英国

蒸汽机车奔驰在英伦三岛，喷吐的白烟像是雄浑的交响。工厂烟囱高耸，繁华都市的风貌因其而改变。它们骄傲地向世人宣告：“蒸汽时代”到来了！

随着瓦特蒸汽机的推广，工业生产得到了极大的提升，掌控了那个时代“新能源”的英国也成为世界上第一个工业化国家，一步一步登上“世界霸主”的位置。事实上，

蒸汽机车

英国画师笔下“蒸汽时代”的伦敦［1874年约翰 - 奥康纳（John O’Connor）作］

瓦特开启的蒸汽机改进不仅仅是一项技术创新，更是一种革命性的思维方式。人们意识到，找到新的能源并改进能源利用方式，将会迸发出令人难以置信的力量。这对后来的工业革命和科技创新都产生了深远的影响。

电力之光

——第二次工业革命

现代内燃机

第二次工业革命是人类历史上又一次伟大的技术革新和能源革命。内燃机和电力的大规模使用，使人类能够将能源生产转换场所（发电站）与能源动力使用场所（用户）分离，从而更方便地利用能源。最终，工业化进程得到了加速，技术水平和生产力大幅提高，人类社会进入了一个新的发展阶段。

我们通常所说的内燃机是指活塞式内燃机，这种机械将燃料和空气混合，在其汽缸内燃烧而产生高温高压的燃气，推动活塞做功，再通过一些机构将动能传递出来。德国工程师尼古拉斯·奥托（Nikolaus Otto）在 1862 年发明了第一个四冲程往复式内燃机，被誉为“现代内燃机之父”。尼古拉斯·奥托在年轻时是一名铸造工人，他在一家铸造厂工作期间对机器和工业化过程产生了浓厚的兴趣，对所在公司制造的火花点火式蒸汽发动机感到失望，因为它们非常笨重，效率低下且不可靠。这促使他开始探索其他类型的发动机设计，并思考如何将蒸汽机的原理应用于燃油的燃烧过程中。直到 1861 年，他与尤金·兰根（Eugen Langen）成立了他们的第一家公司，开始专门研究燃油引擎。这种内燃机的工作原理是在燃油和空气混合物中点火爆炸，从而驱动活塞上下运动，实现能量转化和机械动力输出，进而比当时流行的蒸汽机更加高效、轻便，也更加适合于移动式机械设备和交通工具。

尼古拉斯·奥托的内燃机发明推动了现代工业化和交通领域的发展。它为汽车、飞

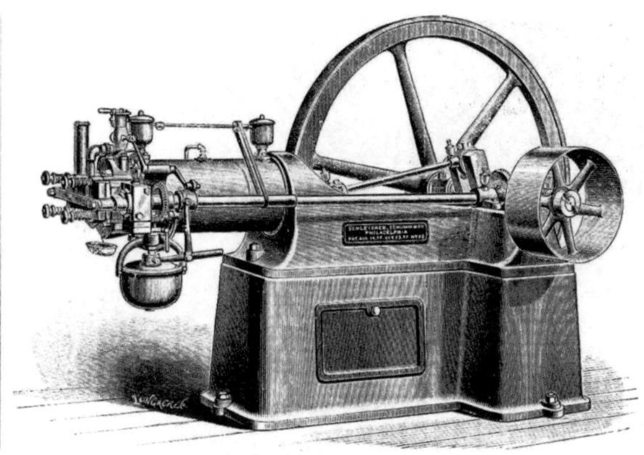

尼古拉斯 · 奥托和他的发明

机、船舶和发电机等领域提供了高效、可靠的动力系统，也促进了石油和天然气等化石能源的开发和使用。

爱迪生

特斯拉

第二次工业革命王冠上的“明珠”除了内燃机之外，恐怕就是“电力”了。在电力领域，许多科学家和工程师都做出了重要贡献，包括托马斯 · 阿尔瓦 · 爱迪生（Thomas Alva Edison）和尼古拉 · 特斯拉（Nikola Tesla），尽管两人的观点和发明有着明显的分歧。

当时，美国的电力行业正处于快速发展期，人们意识到了电力的重要性，但如何将电力输送到人们的生活和工作中却成为一个难题。爱迪生主张采用直流电来传输电力，而特斯拉则认为采用交流电更加有效。

位于美国新泽西州门洛帕克（Menlo Park，New Jersey）的爱迪生实验室（罗格斯大学，Rutgers University）

爱迪生发明了直流电发电机和配电系统，在美国成立电力公司，建立了第

1892年爱迪生照明公司在资本运作下，与其他公司合并组成通用电气公司（GE）

一个商业输电系统，把电力从实验室带到了日常生活中。爱迪生的直流电系统由发电机、输电线路和灯泡组成。他使用直流电系统在纽约、伦敦和巴黎等城市建立了发电站，为城市提供了照明和动力等服务。

但爱迪生的直流电系统存在一些不足，其中最大的问题是输电距离受限。由于直流电的电压不能太高，因此电力必须在不到一英里的距离内传输，这限制了直流电的应用范围，因为城市的规模和范围在不断扩大，需要更长的输电距离和更高的电压来满足需求。此外，直流电系统的成本也很高，不利于大规模应用。

1887年，特斯拉来到了爱迪生的公司，希望能够向他介绍自己的交流电理论。但是，爱迪生却不认为交流电有用，因为当时交流电的技术还不够成熟。特斯拉相信交流电有许多优势，于是，他离开了爱迪生的公司，开始自己的电力研究。同一年，他设计了一种交流电发电机，并与商人乔治·威斯汀豪斯（George Westinghouse，Jr.）合作成立了公司来推广这种技术。他们所建立的交流电系统在输电时可以使用变压器来改变电压，从而减少能量损失，而且可以更容易地将电能传输到远处。

特斯拉在1891年发明了特斯拉线圈并进行了多次改进。该装置由一个高压变压器和一个电容器组成，能够产生高电压、高频率的交流电。特斯拉线圈的发明对于电力传输、通信、无线电技术等方面产生了深远的影响。

乔治·威斯汀豪斯与他创建的西屋公司

特斯拉线圈

特斯拉的成功也重新吸引了爱迪生的关注，两位科学家在电力方面的分歧引发了一场著名的“电力之战”。在这场争论中，爱迪生和特斯拉互相攻击对方的技术，并为自己的发明进行宣传。

爱迪生发起了一场反对交流电的运动。他认为交流电对人体有害，还在纽约市进行了一次公开的施虐实验，用交流电电死了一只大象，试图证明交流电是危险的。然而，在1893年芝加哥世界博览会（为了纪念哥伦布发现新大陆400周年，此次世博会又称“世界哥伦布博览会”），特斯拉和威斯汀豪斯展示了他们的交流电输送系统的高效性和安全性。爱迪生的直流电输送系统则在比赛中表现不佳，这使得他的市场地位开始衰落。

最终，可以更加高效实现远距离输电的交流电系统获得了胜利，特斯拉赢得了他与爱迪生之间的电力之战。彼时的他还不知道，他的名字将会被一位名为埃隆·马斯克（Elon Musk）的青年用来命名自己的公司。而这家名为特斯拉的公司将会改变全球的新能源和电动车市场，为人类的电气化出行以及交通能源转型带来一场新的革命。

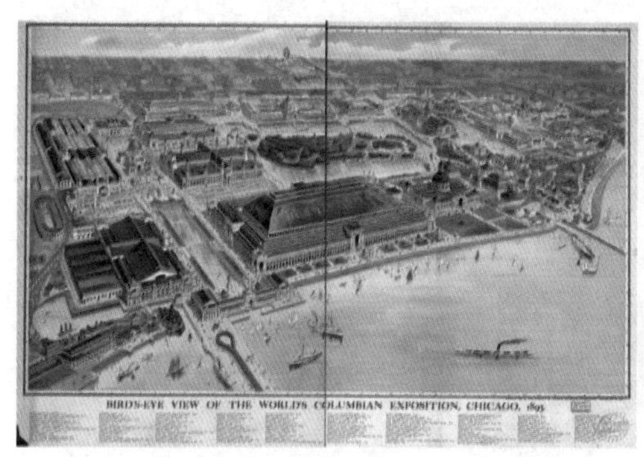

1893年的芝加哥世博会园区一览

以尼古拉·特斯拉的名字命名的新能源车公司

与此同时，由乔治·威斯汀豪斯所创建的西屋公司，也将成为下一个时代能源革命的重要先驱，引领一时风潮。

原子之心

——第三次科技革命

随着社会的进步与科学技术的发展，人类开始意识到传统化石燃料能源的有限性和对环境的负面影响，并开始寻求更加清洁、高效、可持续的能源形式。在这一变革中，核能起到了重要的作用。

发电是核能重要的利用方式之一，其原理是利用核反应释放出的能量来产生蒸汽，推动涡轮发电机发电。核反应产生的能量非常强大，而且不受天气、时间等因素的影响，具有非常稳定的发电能力。此外，相比燃烧化石燃料所产生的废气、废水等污染物，核能在发电的过程中不会产生二氧化碳和氮氧化物等大气污染物的排放。

因此，核能被认为是一种相对清洁的能源形式。

1942 年，来自芝加哥大学的科学家成功地在实验室里实现了第一个核反应堆的启动。随着人类对于核能研究的深入，各国开始大力发展核能技术，并建造核反应堆进行核能发电，核电站的数量迅速增加。

了解核能，我们要将目光移向那小小的原子核当中。

1958 年比利时布鲁塞尔世博会的标志性建筑——原子模型塔

第二节　叩响原子时代之门

全世界最著名的苹果是哪一颗？也许是砸在牛顿头上的那一颗，也许是印在苹果手机上的那一颗。但你知道吗，还有一颗深藏在历史之中的苹果，影响了原子时代。

从苹果核到原子核

人类对原子的认识是漫长和曲折的。

庄子与德谟克利特，古老的东西方文明不约而同诞生了朴素的观原子论

远古的人们存在这样一种观念：只要不断地切割一个苹果，就可以无限地切分下去，最后变得非常小。正如《庄子》有云“一尺之捶，日取其半，万世不竭”。公元前400年，古希腊哲学家德谟克利特（希腊文：Δημόκριτος，英文：Democritus）通过对自然的观察，大胆提出了他的假设：一定会存在一种非常小的微粒，小到无法再被分割。德谟克利特把这种微粒称之为“原子”（在古希腊语中意为“不可切割的”意思），他也成为第一位提出“原子”这一概念的人。

英国化学家约翰·道尔顿

18世纪初期，英国化学家约翰·道尔顿（John Dalton）提出了“原子假说”，指出所有物质都是由原子构成的，而且原子在化学反应中不可分割。在接下来的两百多年中，科学家不断地猜想、实验和验证原子学说。人们在想，原子内部是否还能

进行分割?

核能的探索发现可以一直追溯到 19 世纪末物理学家约瑟夫 · 约翰 · 汤姆逊（Joseph John Thomson）发现电子，人类逐渐揭开了原子核的神秘面纱，而这要从一种神秘的射线开始说起。

1855 年，德国发明家盖斯勒（Heinrich Geissler）发明了一种“新奇”的玩意儿，这是一支性能优越的真空管。盖斯勒作为一名精于玻璃吹制的手艺人，他制作了许多形状不同、性能优越的科学仪器供当时的科学家们研究使用。

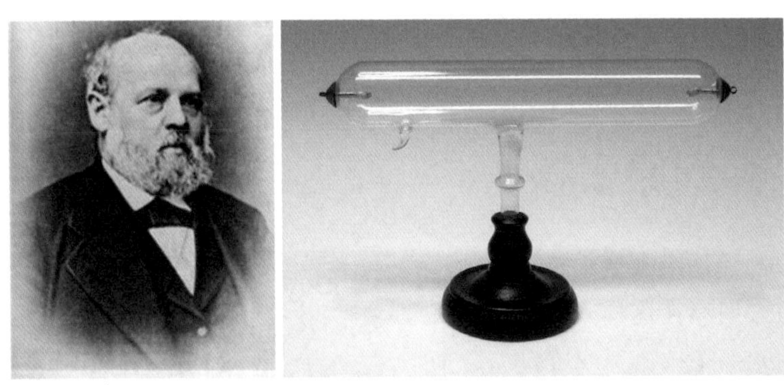

德国发明家盖斯勒与“盖斯勒管（Geissler tube）”

这支玻璃管很快引起了他的朋友、德国波恩大学的物理学教授尤利乌斯 · 普吕克（Julius Plücker）的兴趣。他和学生约翰 · 希托夫（Johann Hittorf）做了很多相关的研究后，发现了阴极射线现象。

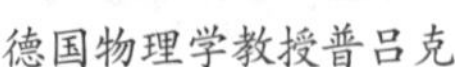

德国物理学教授普吕克

德国物理学教授希托夫

他们发现，在管中除了气体在发光之外，正对着阴极的玻璃壁也在隐隐地发出黄绿色的荧光，并且当用磁铁在管外晃动时，荧光也在跟着晃动，当时他们只是发现了这一神奇的现象，还并不清楚其中的原理。普吕克在 1868 年去世后，他的学生希托夫则继续研究放电管，最终发现阴极能发出某种射线。再后来戈尔德施泰因（Eugen Goldstein）也做了类似的实验，并发现电场也会使射线偏转，他把这种阴极发出的神奇射线叫做“阴极射线”。

在阴极射线被发现后，关于它是由什么组成的引起了英国、法国、德国许多科学家的大争论。争论主要分为两派，一些科学家如海因里希 · 赫兹（Heinrich Hertz）认为阴极射线是一种电磁波，因为在他们的实验过程中发现它在电场中是不偏转的，即不带电，且能够穿透薄铝片。他们认为粒子是做不到这两点的，但是波可以。另一派的科学家认为阴极射线是一种带电粒子流，在赫兹的实验中它没有发生偏转，原因是阴极射线管的真空度不够，他们认为阴极射线是比原子更小的微粒。

盖斯勒管成为现代霓虹灯管的祖先

德国物理学家海因里希 · 赫兹

1897 年，英国物理学家汤姆逊（Joseph John Thomson）重新设计了由盖斯勒管发展而来的克鲁克斯管（Crookes tube），这种实验装置令阴极射线在电场和磁场中均发生偏转，证明了阴极射线是带电的微粒子流，并且测得了微粒子的速度和比荷（荷质比）之间的关系，同时比荷与电极材料无关，说明这种粒子是由各种物质共同组成的。基于他的实验结果，汤姆逊在英国皇家研究院报告时断定物质内部有比原子小得多的带电粒子存在，

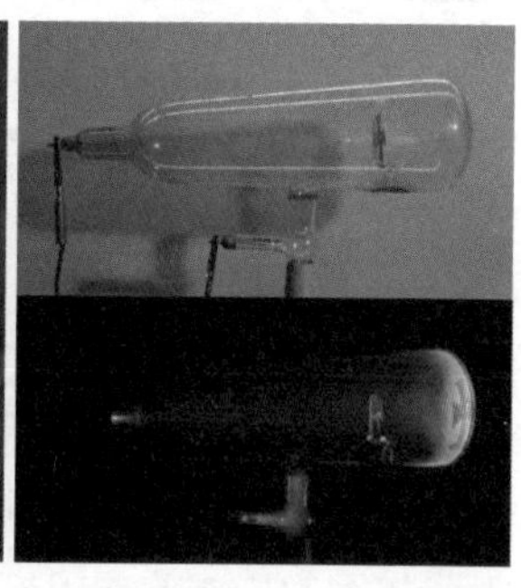

英国化学家兼物理学家威廉 · 克鲁克斯（William.Crookes）与克鲁克斯管的两种状态

时任卡文迪许试验室（Cavendish Laboratory）主任的英国物理学家汤姆逊

其实这就是“电子”。

汤姆逊进一步实验发现，许多现象中都有电子的存在，如正离子轰击产生阴极射线、金属受热产生热电子流、紫外线照射产生光电流、放射性物质产生 β 射线等。在汤姆逊发现了电子的存在后，人们又进行了多次尝试，以精确确定它的性质。汤姆逊测量了这种基本粒子的比荷，证实了这个比值是唯一的。

许多科学家为测量电子的电荷量进行了大量的实验探索工作。电子电荷的精确数值最早是美国科学家密立根（Robert Andrews Millikan）于 1917 年用实验测得的。密立根在前人工作的基础上，通过密立根油滴实验（oil-drop experiment）进行基本电荷量 e 的测量，得到了电荷具有量子化的特征，即任何带电物体的电荷量只能是 e 的整数倍。

美国科学家密立根与他设计的油滴实验

在电子被发现前，当时人们知道的最小带电粒子是氢离子。汤姆逊在原子的小小身躯上切开了第一刀，打破了原子不可再分的传统观念，标志着人类对微观世界的探索进入了更深的层次，同时，人类对核能的研究发展终于跨出了至关重要的第一步！由汤姆逊和卢瑟福（Ernest Rutherford）分别建立和验证的原子微观模型，奠定了现代原子物理学的根基。

卢瑟福在验证汤姆逊模型时发现原子并不是一个整体。1898—1906 年期间，卢瑟福通过在磁场中研究铀的放射线偏转，发现了带有两种不同电荷（正、负）的射线，分别命名为 α 射线和 β 射线。通过这一研究，他聚焦于原子内部的结构，发现原子是由原子核和它周围的电子构成的，确认了放射性是原子内部的变化导致的，放射性能使一种原子变成另一种原子，这是一般化学变化所达不到的。

英国物理学家欧内斯特·卢瑟福

卢瑟福原子模型（核能云端博物馆）

从古代朴素的原子论开始，到道尔顿的近代原子论，再到卢瑟福的有核原子模型、波尔的氢原子理论，直到现代原子模型的精确描述……芥子之小，须弥之大，人类对微观世界的探索从未停止。

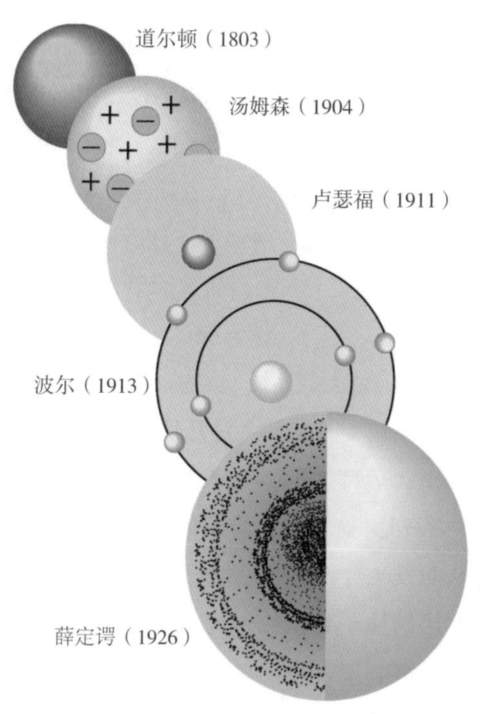

原子模型的演变

如果说电子的发现，标志着人类敲开了原子时代的大门。那么伴随着可以继续分割下去的“苹果核”，幽幽荧光所散发的神秘能量……这些人们在时代大门之后所看到的万千景象，就让人们坚信，崭新时代的秘密隐匿在原子核的“内部”。

“内部”能量报告

——裂变与聚变

在人类刚刚迈入原子时代的时刻，就已经发现原子核中蕴藏的能量远超任何一种化学反应所能释放的能量。这个看似永不“熄灭”的能量之火，来源何处？这让人们不禁对能量守恒的信念产生了动摇。关于“内部”能量的故事，就从这个疑问开始。

今天，我们已经知道，**核裂变**是由一个重原子核分裂成两个或多个比较小的原子，**核聚变**则是由两个轻原子核合成一个比较重的原子。轻原子核的融合和重原子核的分裂都能放出能量，分别称为核聚变能和核裂变能，它们的统称就是“核能”。讲述核能，就不得不提到一位科学巨匠——爱因斯坦（Albert Einstein）。在发现核裂变与核聚变会产生巨大能量之前，爱因斯坦以其天马行空的想象，提出了质能转换方程：

$$E = mc^2$$

其中，E 表示能量，单位为焦耳（J）；m 代表质量，单位为千克（kg）；c 表示真空中的光速，作为一个常量，数值为 299 792 458 米 / 秒。这一方程将质量与能量这一对经典物理学中两个完全不同的概念建立了联系。而其衍生公式：

$$\Delta E = \Delta mc^2$$

则用来解释核反应中的质量亏损和能量产生，成为核电领域的根本遵循。

物理学家爱因斯坦

核裂变的发现者是几位德国柏林威廉皇帝研究所的研究员。莉泽 · 迈特纳（Lise Meitner）和奥多 · 哈恩（Otto Hahn）通过一系列实验发现，质子的增加会使得铀原子核变得很不稳定，从而发生分裂。于是他们在 1938 年设计了一个新的实验，使用游离的质子轰击放射性铀，每个铀原子都分裂成了两部分，生成了钡和氪，这个过程还释放出巨大的能量，由此迈特纳发现了核裂变的过程。

莉泽·迈特纳和奥多·哈恩

澳大利亚科学家马克·欧力峰

美国物理学家汉斯·贝特

4 年之后，1942 年 12 月 2 日下午 2 时 20 分，费米扳动开关，几百个吸收中子的镉控制棒从石墨块和数吨氧化铀小球垒成的反应堆中抽出。在芝加哥大学斯塔格球场（Stagg Field）西看台下，一个废弃网球场内堆放的 4.2 万个石墨块，正是世界上第一个核反应堆，更是迈特纳发现的产物。关于这些石墨块和氧化铀小球的精彩故事，且听后文娓娓道来。

核聚变则是于 1932 年由澳大利亚科学家马克·欧力峰（Mark Oliphant）所发现的。在 1939 年，美国物理学家汉斯·贝特（Hans Bethe）通过实验证实了核聚变反应，他把一个氘原子核用加速器加速后和一个氚原子核以极高的速度碰撞，会使两个原子核发生融合，形成一个新的氦原子核和一个自由中子，并且过程中释放出了 17.6MeV（兆电子伏）的能量。

核聚变在宇宙中最为常见。东升西落的太阳和夜空中闪闪星光，它们正代表了绝大多数在遥远距离之外发生着剧烈聚变反应的恒星。人类想要掌握铸造星辉的力量，还有很长的路要走。核聚变产生的总能量远超核裂变，却极难控制，而核裂变反应作为现在人类可以掌控的核能，优点和缺点同样显而易见。稳定可控的优点自不必说，缺点则首先表现在核裂变所需的铀在地球上蕴含量相对较少，其开采、加工工艺复杂，过程中容易产生化学和放射性污染，最后核裂变产生的废料也非常难以处理。相对而言，核聚变所产生的放射性废物比核裂变少很多，且其燃料也是取之不尽的。因而，攻克可控核聚变这一历史难题，对人类的发展具有无可估量的意义与作用。

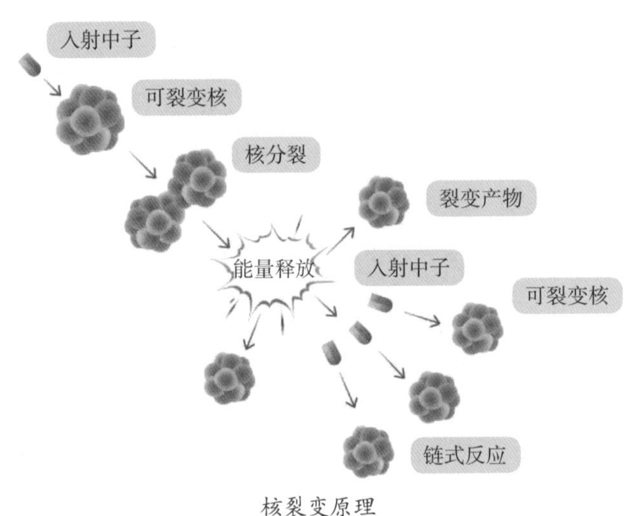

核裂变原理

爆炸 VS 核能，能量超乎你想象

1863 年，德国化学家威尔伯兰德（Julius Wilbrand）制成三硝基甲苯，即“黄色炸药”，又称 TNT。而此时，人类尚不能真正稳定驾驭爆炸的力量，距离“炸药大王”诺贝尔用硅藻土制成“安全炸药”还有三年。

1 千克 TNT 爆炸可以释放出 4.19 兆焦的能量，TNT 爆炸的能量并不算大，一千克煤燃烧尚且能释放出 29.27 兆焦的能量，是 1 千克 TNT 爆炸产生能量的 7 倍之多。

1 千克铀 -235 全部裂变时释放的能量约为 83.14 太焦，1 千克钚 -239 全部裂变时释放的能量约为 83.61 太焦，都接近 2 万吨 TNT 当量，相当于 2 700 吨煤的能量。1 千克氘化锂 -6 完全聚变释放的能量约为 260 太焦，相当于约 6 万吨 TNT 当量。

在小小原子所蕴藏的巨大能量面前，“TNT 当量”也只能充当“背景板”，所以核武器的威力单位采用“TNT 当量”，也就是释放相同能量的 TNT 炸药量来表示。

在了解过自然界中这些奇妙的物理与化学现象之后，20世纪初的科学家们不禁想到，能不能发明一种装置，在安全可控的情况下进行裂变或聚变反应，并且把这些能量收集起来为人所用呢？

现在我们当然知道，这种装置就是今天说到的核反应堆。那么，为什么要把发生核反应的地方叫做“堆”呢？

“堆出”核反应

——“芝加哥一号”反应堆

1934年伊始，年仅33岁的恩里科·费米已是意大利小有名气的物理学家。他26岁成为罗马大学教授，29岁成为意大利科学院院士，研究目光始终关注着小小的原子核。就在不久前，他发现的β衰变理论对理论物理学做出了巨大贡献。

同年，距离罗马不远的法国巴黎，同样30多岁的物理学家约里奥·居里夫妇宣布，他们使用α粒子轰击铝、硼，人工创造了新的放射性元素，但是产生率很低。密切关注着研究动向的恩里科·费米立即行动起来。

1934年3月20日晚上，费米完成了实验前的各项准备工作。第二天早上，他得到了第一个中子源，开始进行中子轰击实验。

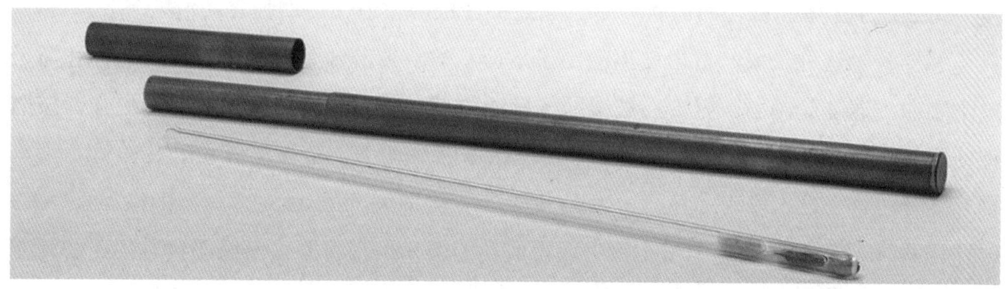

费米使用过的中子源（现保存于华盛顿史密森学会现代物理学收藏馆）

与人们口口相传的历史不同，氢并不是第一种中子被轰击的物质，费米的笔记本第18页清晰记录着他的试验经过。第一个是铂，但没有成功，第二个是铝，完全成功。

在接下来对铀的轰击中，费米认为他们得到了一种新的元素。1934年6月他宣布了

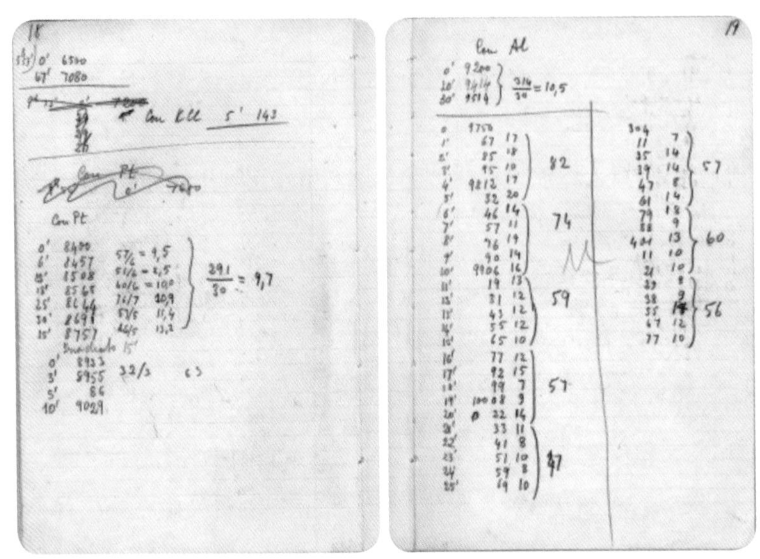

费米记录慢中子实验的笔记本（来源于奥斯卡·达戈斯蒂诺基金会藏品）

这个发现，但并没意识到在这个实验中可能引起了铀的裂变。

1934 年 10 月，费米的团队成员发现，在某些情况下，慢中子比快中子可以更有效地引起放射性。正如后来所理解的那样，原子核确实比快中子更容易捕获慢中子。将石蜡或水等其他氢化物质在放置在中子源和待活化样品之间时，可以有效地减缓中子的速度，比如在中子源和银之间放置石蜡，竟能够使银的放射强度增强几百倍之多。

怎样解释这种现象？费米提出慢中子效应：中子轰击含有大量氢的物质时，和质子发生碰撞，速度变慢了，更容易被银原子核所俘获，所以产生的人工放射性更强。按照他的原话，“就像一个飞快的高尔夫球可能从球洞跳过去，而一个慢慢滚着的高尔夫球却有更好的机会进入球洞一样。”

1938 年 12 月，在慢中子实验中取得成功的费米，带着家人前往瑞典首都斯德哥尔摩接受诺贝尔奖的颁奖。

但在颁奖典礼结束后，这位 37 岁的诺贝尔奖得主并没有返回他的故乡意大利，而是选择前往美国哥伦比亚大学。因为当时的意大利正处于墨索里尼独裁统治时期，意大利法西斯政府颁布出一套粗暴对待犹太人的法律，同时秘密组织警察对所有持不同政见的公民进行监视和搜捕，而费米的妻子正是犹太人。虽然费米早年曾被迫加入意大利法

慢中子与快中子

慢中子又称“热中子”，通常指动能约为0.025电子伏特（速度约2.2千米/秒）的自由中子。裂变反应产生的中子与由较轻的元素组成的减速剂发生碰撞，将一部分能量转移给被撞核，中子本身被反弹，同时能量减少。经过几次碰撞后，中子的动能就会减小到与热运动能量相当，从而成为热中子。

回忆一下这样的场景：公交车从远处疾驰而来，直到快靠近站台时才减慢速度，你站在路边，总要等公交车停稳之后才会排队上车。试图跳上一辆在道路上飞驰的汽车，是一件困难的事情。同样的，在一般反应堆中，与铀燃料发生裂变反应的中子就像“飞驰的汽车”，科学家们发现“慢中子”有利于与原子核发生反应。

如果裂变产生的高能中子不经过上述慢化过程，便称之为“快中子”，利用快中子的特性可以研制快中子反应堆。

费米（右一）与家人于1939年抵达美国

西斯党，但本人却是一位坚定的反独裁主义者，这都使得他在意大利的生活和研究变得困难与危险。与此同时，哥伦比亚大学向他抛出了橄榄枝，于是费米便带着家人飞向了大西洋彼岸，在结束了他在哥伦比亚大学的任期之后，他来到了芝加哥大学，在这里他将从事一项足以改变人类命运的秘密任务。

1939年，一大批物理学家与化学家，从美国的东西海岸汇聚到哥伦比亚大学，开始了自持链式反应的研究，后来这项研究转移到了芝加哥大学的“冶金实验室”（Metallurgical Laboratory）。虽说名字中带有“冶金”，但这个实验室却并不是为了增加钢铁产量，它成立的目的是论证受控核裂变的可

芝加哥大学的“冶金实验室”

行性，同时生产钚，并且尝试建造一个用于支持核反应的模型，这个模型就是“芝加哥一号”。钚是用于生产核武器的重要原料，这个实验室也为日后的曼哈顿计划（Manhattan Project）打下了基础。

“芝加哥一号”被建设在芝加哥大学一个废弃的球场的地下室里（Stagg Field）。选在这地方建造，是因为费米想要把它建在一个隐蔽且安静的地方，这样万一出了事故，对环境的影响也不会很大。

在阴暗的地下室里，工人们在木头底座上一层一层地堆叠石墨块，这也是核反应堆为什么叫反应“堆”的其中一个原因。“芝加哥一号”堆真的是堆出来的，费米曾说过：“远远看过去，它就像是一堆木材和黑砖罢了。”

芝加哥大学废弃的球场看台，这里正是“芝加哥一号”的诞生地

“芝加哥一号”堆叠的石墨块清晰可见

石墨是中子慢化剂，用来控制核裂变的反应性。部分石墨块留有空洞，用以安置核燃料。同时，部分核燃料由铀-238制成，来展现能否实现铀到钚的转变（铀-238在中子轰击下转化为钚-239）。镉棒作为控制棒控制反应堆的速率和启停。

整个反应堆在1942年12月1日完工。虽然有了石墨和镉棒可以控制反应性，人们依然还是担心反应堆的安全性，毕竟这是人类历史上首次尝试人工控制的核裂变反应。

费米的学生曾问过费米："如果反应堆失控怎么办？"

费米悠闲地说道："我会从容地离开。"

费米之所以这样说，是因为他同时设计了一套应急系统，他安排了几位科学家拿着装有氧化镉的容器全程参与实验，一旦反应失控就把氧化镉倒进反应堆。他还专门找来了诺曼·希尔贝里（Norman Hilberry）教授，让他拿好一把斧子，如果反应堆失去控制，就让他砍断连着控制棒的绳子，绳子割断之后控制棒依靠重力落进反应堆，切断链式反应。希尔贝里教授之后也成为美国阿贡国家实验室的主任。虽然这套应急系统看似非常粗糙和草率，但这套设计逻辑成为后世现代反应堆的设计基础，一直被沿用至今。

美国核物理学家诺曼·希尔贝里教授

美国阿贡国家实验室今昔对比（美国能源局）

1942 年 12 月 2 日的下午，科学家们汇集一堂进行试验，部分工作人员在地面上负责操作、记录和应急。费米和其他科学家在高台上观察记录。

工作人员按照费米的指示有条不紊地拉出镉棒。利用盖革计数器，科学家们密切监测了反应的 k 值，即有效中子倍增因子，这是将引起另一个反应的裂变中子的平均数。足够高的 k 值将表明反应可以自我维持。午餐休息后，费米命令将最后一根镉棒从堆中再拉出 12 英寸。通过观测记录仪器的示数，科学家们计算了 k 值达到了 1.000 6，"芝加哥一号”堆实现了自持的链式反应。

物理学家赫伯特 · 安德森（Herbert Anderson）在他的回忆录中写道：“刚开始你能听到中子计数器的声音，咔哒—咔哒—，咔哒—咔哒—，随后声音变得越来越频繁，过了一会已经响成一片，计数器已经跟不上频率了。是时候开启图表记录器了。当转换到记录器之后，每个人在突然的安静中看着记录器的绘制上下起伏的线条。那瞬间的沉默，每个人都意识到了切换至记录器的重要性，我们现在处于高强度区域甚至中子计数器都无法跟上现在的情况了。一次又一次，我们要更改记录器的刻度，以适应高速提升的中子强度。突然间费米举起了他的手宣布‘反应堆达到临界了’。现场所有人都表示赞同。”

“芝加哥一号”达到临界时的庆功酒酒瓶

在启动后的不到五分钟，费米命令停堆，镉棒被插入反应堆。在反应堆停止反应后，费米打开了一瓶他从意大利老家带来的红酒作为庆功酒。在场的科学家和工作人员用芝加哥大学的纸杯痛饮了庆功酒，并在酒瓶上签名留念，这个酒瓶被保存在阿贡国家实验室。

也许你已经注意到，核裂变也好，核聚变也罢，它们都有一个共同点，那就是从一种原子核变化为另一种原子核，并且都伴随着巨大的能量释放。

“芝加哥一号”反应堆的成功，标志着人类能够制造并控制核裂变反应。如果跳出物理学的范畴，“能量”就意味着“威力”，这样的联想，让人们很快意识到核能在军事上的价值，也让人类的手伸向了危险的边缘，这也就是前文中提到的“曼哈顿计划”。

第三节 打开“潘多拉魔盒”

科学巨人们的远见与灵感，总是对全世界的进步发展有着深远影响。

“总统先生，

通过和E. 费米，I. 西拉德进行关于研究草稿的交流，最近的工作使我相信在不久的将来，铀元素将成为一种新型的重要的能源。由此引起的许多问题需要我们提高警觉性……

使用大量的铀来建立核链式反应堆，从而产生巨大的能量和大量的新型类镭元素已成为可能。现在基本可以确定这将在不久的将来实现。

这种新的现象将引导着炸弹的构造，并且这是有可能的——尽管还不是那么确定——威力巨大的炸弹将因此而可能被制造出来……

您真诚的，

阿尔伯特 . 爱因斯坦”

就在这封信发出后的一个月，德国闪击波兰，第二次世界大战爆发。

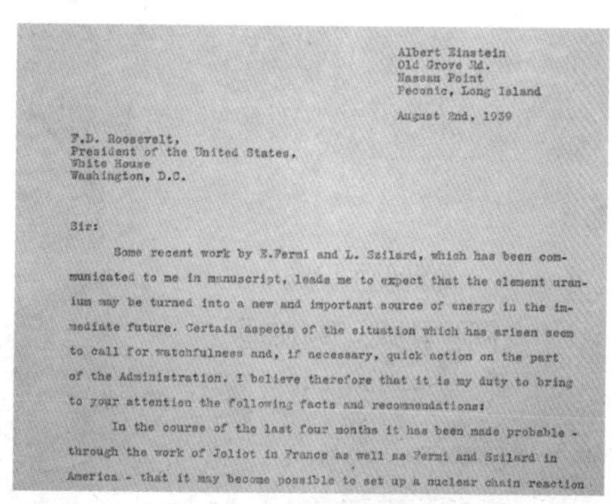

Albert Einstein
Old Grove Rd.
Nassau Point
Peconic, Long Island

August 2nd, 1939

F.D. Roosevelt,
President of the United States,
White House
Washington, D.C.

Sir:

Some recent work by E.Fermi and L. Szilard, which has been communicated to me in manuscript, leads me to expect that the element uranium may be turned into a new and important source of energy in the immediate future. Certain aspects of the situation which has arisen seem to call for watchfulness and, if necessary, quick action on the part of the Administration. I believe therefore that it is my duty to bring to your attention the following facts and recommendations:

In the course of the last four months it has been made probable - through the work of Joliot in France as well as Fermi and Szilard in America - that it may become possible to set up a nuclear chain reaction

爱因斯坦1939年8月2日写给富兰克林 · 罗斯福总统的信，建议尽快启动核武器研制（美国国家档案馆在线）

这封由他人起草并由爱因斯坦签名的信，建议时任美国总统富兰克林 · 罗斯福（Franklin Roosevelt）务必抢在德国之前制造出原子弹，并直接促成了美国在1941年正式启动核武器研制工程——“曼哈顿计划”。尽管在后来的日子里，爱因斯坦也曾为原子弹对平民的巨大杀伤感到遗憾，并致力于反对核战争。但是，在那个重要历史关口，科学巨人们的远见为全世界反法西斯战争的胜利赢得了一丝先机。

“魔盒”现世

——早期核武器的研发与使用

正如每一段不幸往往是幸运的开始。核能，本可以和平利用，造福人类，但它起初却用在了战争上。

关于核武器的发明，要从战火纷飞的第二次世界大战前开始说起。

1939 年 1 月，德国放射化学家奥多 · 哈恩、弗利茨 · 斯特拉斯曼（Fritz Strassmann）和奥地利物理学家莉泽 · 迈特纳在《自然科学》杂志刊登文章，报告了他们在研究使用中子轰击铀的各种产物的物化性质时，发现的铀原子核裂变现象。同年 9 月初，丹麦物理学家玻尔（Niels Henrik David Bohr）和美国科学家惠勒（John Archibald Wheeler）阐述了核裂变反应过程理论，并指出能引起这一反应的最好元素是同位素铀 -235。但是，这一意义非凡的研究成果似乎“生不逢时”，其问世时所面对的国际环境正是英、法两国因德国悍然入侵波兰而向德宣战，核能的开发便首先用于军事目的，即利用核裂变制造威力巨大的原子弹。

美国的核武器研发进展迅速，尽管爱因斯坦是美国的原子弹研究推进第一人，但他并未参与到“曼哈顿计划”当中，实际工作由理论物理学家 J.R. 奥本海默（Julius Robert Oppenheimer）领导多国物理学家、化学家组成的美国原子弹研制工作小组共同开展。

“曼哈顿计划”大致有三方面的工作：生产钚、生产浓缩铀 -235 和研制炸弹。这三方面的工作由几支研究力量来完成。第一支研究力量是由康普顿领导的芝加哥大学冶金实验室和杜邦公司组成，主要任务是生产足够数量的钚。第二支研究力量是由劳伦斯领导的加利福尼亚实验室和几家公司组成，任务是用电磁法分离浓缩铀 -235。第三支研究力量是由尤里博士领导的哥伦比亚大学的代用合金实验室和几家公司组成，任务是用扩散方法生

美国理论物理学家 J. R. 奥本海默与曼哈顿计划

产浓缩铀 -235。第四支研究力量是由奥本海默领导的洛斯 · 阿拉莫斯实验室，它的主要任务是得到足够的裂变材料，立刻制成实战用的原子弹。

研制过程中，研究人员设计出了两种炸弹型式：一种是“枪式”原子弹，它主要是通过增加核装药的数量达到超临界状态的，虽然枪式原子弹效率低，但构造简单，容易制造。另一种是“收聚式”原子弹，它利用炸药的爆轰，形成一个向中心收缩聚拢的球面形状的压力波，从各个方向均匀地压缩核装药，并且越到中心压力越大。核装药受到强烈的压缩，密度大大增加，能够实现高度超临界，使比较多的核装药发生裂变反应，从而提高了它的有效利用率。

在投入海量的资源之后，到第二次世界大战即将结束时，美国共制成了 3 颗原子弹，分别为 2 颗钚弹与 1 颗铀弹。

其中，1 颗代号为“小工具（The Gadget）”的钚弹在美国新墨西哥州的沙漠中被引爆，这次试验代号“三位一体”（Trinity），它证明了几周后在日本上空投放原子弹的可行性。

第二次世界大战后期，为了减少盟军伤亡，加速战争进程，迫使日本投降，美国时任总统杜鲁门（Harry S. Truman）计划在日本六个城市（东京、京都、新潟、小仓、广岛、长崎）投掷原子弹。在选定投掷地点时，考虑政治需要、效果评定等因素，美军筛选后的核攻击目标最终定为广岛和长崎。广岛是日本的陆军之城，是日本防卫本土第二总军司令部所在地，所有前往中国、朝鲜、东南亚、南洋诸岛的日本陆军均从广岛起航。长崎则是日本工业特别是造船业的重要基地。

1945 年 7 月 26 日，中国、美国和英国发表了《波茨坦公告》，敦促日本投降。7 月 28 日，日本政府拒绝接受《波茨坦公告》。

出于军事政治原因，美国政府便按照原定计划，对日本使用原子弹。1945 年 8 月 6 日，装载着绰号为“小男孩”原子弹的 B-29“超级空中堡垒”轰炸机飞向广岛，原子弹在离地 600 米空中爆

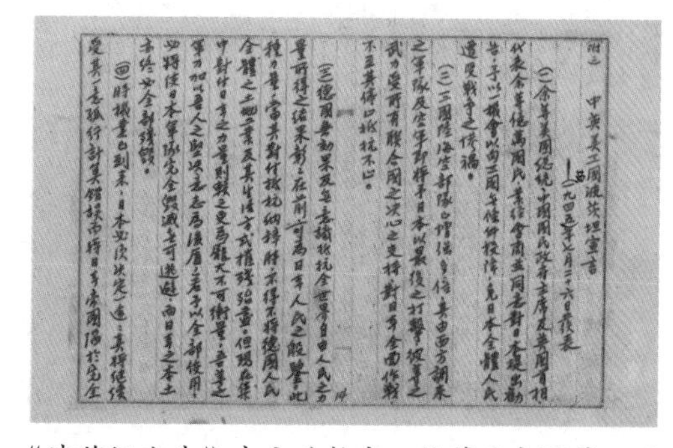

《波茨坦公告》中文手抄本，收藏于中国第二历史档案馆

炸产生了 2 万吨 TNT 当量的能量，立即发出令人眼花目眩的强烈白色闪光，广岛市中心上空随即传来震耳欲聋的大爆炸声。顷刻之间，城市卷起巨大的蘑菇状烟云，接着便竖起几百根火柱，繁华都市沦为焦热的火海，城市中心 12 平方公里内的建筑物全部被毁，全市房屋毁坏率达 70% 以上。事实上，由于当时制作技术相对落后，“小男孩”所装载的铀材料并没有完全起作用，59 千克铀 -235 中只有约 1 千克发生了裂变。

美国向日本广岛和长崎投放两颗原子弹，原子弹爆炸后引发的蘑菇云

三天之后，1945 年 8 月 9 日，美国再次使用 B-29 轰炸机将原子弹投放于长崎，这颗原子弹绰号“胖子”。这颗钚弹装量为 6.4 千克，同样也只有约 1 千克发生了裂变。

哈里 · 杜鲁门总统举起日本官方投降文件，并附有裕仁的签名

“小男孩”和“胖子”空袭日本的一幕向世人宣告，美国成为世界上第一个拥有并使用原子弹的国家。原子弹，也第一次在世人面前展示了它的“魔力”，这是一种极具毁灭性、对目标地区造成长久且不可逆破坏的武器，其威力和后续伤害巨大。

而在 1941 年 6 月遭受德军入侵前，苏联也曾开展了原子弹研制工作。苏联物理学家 H. 弗廖罗夫（Гео́ргий Никола́евич Флёров）等人在这一时期发现了铀原子核的自发裂变。1949 年 8 月 29 日哈萨克草原上一声巨响，苏联成功试爆第一枚核弹，这使得苏联成为继美国之后第二个掌握核武器的国家，从此打破了美国的核垄断。

苏联物理学家 H. 弗廖罗夫与位于哈萨克斯坦的塞米巴拉金斯克（Semipalatinsk）核试验场

一些科学家进一步思考并预见，利用裂变反应产生的足够热量而使氢核聚变的可能性，开始设想制造氢弹。同时，原子弹技术也在不断改进，现在的裂变份额已经大幅度提高。

“魔盒”制造说明书
——核武器的概念与组成

核武器其实并不特指某一种单一的武器，它是利用了原子核反应所制造出的巨大杀伤性武器的统称，其中包括原子弹、氢弹、中子弹、三相弹等，也可以被称为核子武器或原子武器。

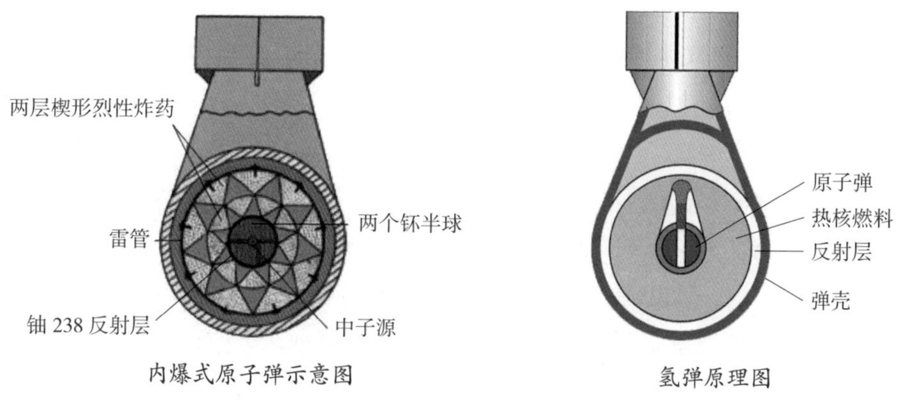

内爆式原子弹示意图　　氢弹原理图

武器都是利用各种反应中释放出来的大量能量实现杀伤。但是，核武器中原子核反应和一般类型化学炸药里的化学反应有着本质区别。一般化学炸药中的反应是化合物分解反应，也就是参与其中的原子并没有发生改变，只是原子之间组成化学物的组合关系改变了。而在原子核反应中，变化发生在原子核本身，它们通过核裂变或核聚变转变成了其他种类的原子核，原子也随之发生了变化。正如前文说到，质量大的原子核如铀、钚等分裂为几个质量较小的原子核，质量较小的原子核如氢、氦等结合成为质量较大的元素原子核。这便是核武器中基础的两类反应原理。

除了反应原理的不同，核反应比起常规化学反应，能够在极短的时间内释放出巨大的能量。当引爆一枚核武器时，它的威力不仅仅只是常规炸药的几千万倍，它还拥有很多常规炸药不具有的副作用。它在较小的爆炸半径中形成极端高温，会快速加热周围空气导致其膨胀，从而形成高压冲击波；点燃周围空气造成的火球形成了强光辐射；散发出的大量烟尘将会阻挡太阳光线到达地表。核反应还伴随产生射线和放射性物质，造成生化危害和环境污染，与此同时，强脉冲射线将影响电磁场，产生电磁脉冲。所以，核武器有着区别于常规武器的破坏性和杀伤力，对现代军事和战争有着不同于常规武器的极大影响。

研制一款真正可用于实战的核武器，依次需要包括核材料、起爆装置、核试验、投掷载具等四个步骤。注意！阅读以下文字，可以让我们大致了解核武器制造的流程。

第一步，研制核材料。核材料是指可在核反应堆中通过核裂变或核聚变产生实用核能的材料，通常包括铀 -235、铀 -233、钚 -239 和氘、氚。对于铀 -235 而言，自然状态下的丰度约 0.7%，而核武器所需的富集度需要达到 90% 以上，现今用来生产高浓缩铀 -235 的主要方法有气体扩散法、离子交换法、气体离心法、蒸馏法、电解法、电磁法、电流法等。目前，气体离心法更加节能、效率高、设备布置紧凑，最为成熟；气体扩散法耗能高、效率偏低。

第二步，研制触发装置。核武器触发装置及在核弹发生爆炸前使大部分核材料发生裂变的技术，就像“开关”或“导火索”。在核武器起爆时，对装药引爆的控制需要精确到百万分之一秒内。这也是目前核武器研制中所面临的最大困难。

第三步，进行核试验。为了制造真正完整的核武器而进行的设计验证，需要强大丰富的实验数据库支持。由于在预定条件下进行的核爆炸装置或核武器爆炸试验威力巨大，影响过广，因此目前需要使用巨型计算机模拟取代传统核爆试验。

第四步，研制投掷载具。真正的核武器是由核战斗部、运载工具和指挥控制系统这三部分组成。只有装载于弹道导弹、巡航导弹、核潜艇、战略轰炸机等载具上的核武器，才能被称为可以扔出去的“长矛”，产生实际的威慑意义。

由此看来，制造核武器的步骤看似简单，却需要强大的组织能力、海量的专业技术人员、巨额的费用投入和各个工业部门间的紧密配合。就像在被问及“瓦良格”号航母需要什么才能完成建造工作时，黑海造船厂厂长马卡洛夫的经典回答：“我需要苏联、党中央、国家计划委员会、军事工业综合体及 9 个与国防相关的部委。”

扩散与禁止

——世界核武器发展历程

尽管第二次世界大战的战火在 1945 年 9 月熄灭。但是，在美国和苏联之后，好比“潘多拉魔盒”的核武器仍然以其特别的“魔力”引诱着世人。

1952 年 10 月 3 日，英国第一颗原子弹在澳大利亚蒙特贝洛沿海的船上试爆成功，成为世界上第三个拥有核武器的国家。

1960 年 2 月 13 日，法国在阿尔及利亚雷加内的一座百米的高塔上爆炸成功了第一颗原子弹。

1952 年，英国在澳大利亚蒙特贝洛群岛试爆了第一枚原子弹及试验场今貌

1960 年，法国在阿尔及利亚雷加内进行了第一次原子弹试验

自此，世界上多个大国均已拥有核武器，由于核武器巨大的威慑力，世界和平的天平开始倾斜。在这个“威慑纪元”的夹缝之中，需要一种新的平衡。力量本无对错，关键在于掌握在谁的手中。

20 世纪 50 年代，面对紧张的国际形势，我国领导人认识到必须加快国防科技的发展，特别是研究核武器。旋即在 1955 年 1 月的党中央书记处扩大会议上，党中央研究通过了新中国发展核武器研制计划。当时，中央对研制原子弹的指导方针是：**自力更生为主，争取外援为辅**。

在这一方针的指引下，新中国的科学家、解放军、工程师、工人等广大人民团结一心、奋力攻关，个中艰辛不必言说。

1964 年 10 月 16 日，戈壁滩上腾起蘑菇云，原子弹横空出世，标志着我国成功迈进了有核国家序列。

1967 年 6 月 17 日，我国第一颗氢弹爆炸试验成功，爆炸威力为 330 万吨 TNT 当量。氢弹试验的成功是我国核武器发展中

中国第一颗原子弹爆炸成功

我国第一颗氢弹爆炸试验成功

“邱小姐”与原子弹，千呼万唤始出来

在周恩来总理的指示下，我们在执行原子弹试爆任务的过程中需要使用一套绝密“暗语”：

正式爆炸试验的原子弹密语为“邱小姐”，因为整个原子弹像是一个圆滚滚的大球；

原子弹装配密语为“穿衣”；

装配台密语为“梳妆台”，在这个梳妆台上摆满了密密麻麻的线路和晶体管；

原子弹在装配间密语为“住下房”；

原子弹在塔上密闭工作间密语为“住上房”；

原子弹插接雷管密语为“梳辫子”，因为雷管上接着长长的电缆线，就像小姐的长辫子；

气象的密语为“血压”；

原子弹起爆的时间，密语为“零时”。

的质的飞跃，为战略导弹热核弹头的研制和装备部队奠定了基础，标志着我国核武器的发展进入一个崭新的阶段。

纵观世界，在核武器出现之后的短短几十年间，美国、苏联（俄罗斯）、英国、法国、中国、印度、巴基斯坦等都先后成为“有核国家”。其中，美国、苏联（俄罗斯）、英国、法国、中国被普遍认为是合法掌握核武器的国家。印度于 1974 年进行过一次核试验，但在 1998 年才成功地完成首次地下核武器试验，巴基斯坦也在 1998 年宣布首次核试验成功，这两个国家旋即宣布拥有核武器。对核武器的研究也已到了第四代，从最初的原子弹、氢弹、中子弹到核定向能武器。

尽管人类在核武器的发展和研究投入巨量的人力与物力，但人类历史上只有两次实战使用核武器的案例，那就是在本节开篇提到的美国对日本广岛、长崎空袭，其他核武国家对核武器的研发都仅限于试爆。为防止核武器扩散造成的潜在危险性，包括美国、苏联、英国在内的多个国家签订了《不扩散核武器条约》。

“爱尔兰决议”最终促成通过了《不扩散核武器条约》，爱尔兰是 1968 年签署《不扩散条约》的第一个国家

从军事角度来说，原子弹和氢弹确实威力不可小觑。直到今天，核武器仍然是全球杀伤力最大的武器之一，拥有核武器就成了综合国力的体现，也可以说，核能在世界和平稳定中起到了震慑作用。

1968 年英国在伦敦签署《不扩散核武器条约》

美国和苏联代表签署《不扩散核武器条约》

正如邓小平说的那样：“如果（20 世纪）60 年代以来，中国没有原子弹、氢弹，没有发射卫星，中国就不能叫有重要影响的大国，就没有现在这样的国际地位。这些东西反映一个民族的能力，也是一个民族、一个国家兴旺发达的标志。”

神话故事的结尾，潘多拉在打开“魔盒”后，瘟疫、忧伤、灾祸……一涌而出，慌乱之中，她将盒子紧紧盖住，一切都太迟了，这个举动也把“希望”紧紧关在了“魔盒”里。

但值得庆幸的是，人类的理智战胜了慌张与狂热。

核裂变所产生的能量与放射性，也逐渐被人类社会加以控制管理并广泛应用。受控的能量被用于发电，受控的放射性则在农业保鲜、育种，工业照样、材料研制、医药、癌症放疗等方面做出了独有的贡献。

如何掌控核能并加以安全有效地利用？让我们一同畅游核科学、工程与技术发展的历史之海。

第四节 百花齐放“堆”满园

当人类迈入了和平利用核能的崭新时代，一时间，世界各国均投入了相当的人力物力进行核反应堆的相关研究。在这条滚滚而来的核电技术发展之河中，人类的智慧倾泻而出，迸发出无数闪耀的创意。早期的核电站多条技术路线并进，堆型多样，各种反应堆概念呈现百花齐放的局面。

人类由此迎来了核电技术发展的实验示范阶段。

这一时期横跨20世纪50年代中期至60年代初，研究主要集中在美国、苏联、英国、法国等少数几个国家，联邦德国和日本由于被禁止在二战后10年内进行核研究，因而核能技术应用起步较晚。1954—1965年间世界共有38个机组投入运行，苏联建成5兆瓦的石墨沸水堆，美国建成60兆瓦的原型压水堆，法国建成60兆瓦的天然铀石墨气冷堆，加拿大建成25兆瓦天然铀重水堆，但它们都属于早期原型反应堆，即“第一代”核电站，几万千瓦的发电功率只是现在动辄百万千瓦核电站的零头，只能带动一个大型社区，主要目的基本都是试验和示范。

直到今天，核电发展已历经“数代”，可公众对核电的初印象仍停留在“烧开水”，这是因为在核电站的工作过程中，核能转变成了推动汽轮机做功的蒸汽内能。只要再深入了解一些，就会像上文提到的那样，撞上“轻水堆（含压水堆、沸水堆）、重水堆、石墨堆、气冷堆、快堆”等各种各样的“堆”。这么多种“堆”堆在我们的脑子里，人们关于核电的深入印象，也就只剩下“花式烧开水”了。

繁多“堆型”的差别不是“花式”这两个字能解释清楚的。

根据慢化剂的不同，我们可以划分出同属于“热中子堆”的轻水堆、石墨堆、重水堆等；根据冷却剂的不同，反应堆又可以分为水冷堆、气冷堆、钠冷堆等；进一步按照核电站“锅炉”——反应堆的特征来分类，轻水堆/水冷堆又可以再划分为沸水堆和压水堆。

冷却剂与慢化剂

慢化剂，又称中子减速剂。以铀 -235 为例，原子在裂变的时候会释放中子，但释放的中子速度很快，远远超过了其他铀原子可以捕获它的速度，这时候需要慢化剂发挥功能，降低中子的速度，让链式反应持续进行下去。于是，科学家们开始寻找那些能让快中子“冷静”下来的介质。

通常用于反应堆慢化剂的有三种材料：

● 轻水（H_2O），就是我们生活中的常见的水，轻水的慢化能力强，而且价格低廉，但吸收截面积较大，吸收截面指入射粒子被靶核吸收的概率，这也意味着使用轻水作慢化剂时，会有较多的中子被水吸收，而不能用于链式反应，进而需要更高浓度的铀 -235。

● 重水（D_2O）的吸收截面小，这样就可以使用天然铀作为燃料，但缺点就是重水的价格很高，一毫升重水的价格大概在 20 ~ 50 元人民币。

● 最后一种材料是石墨，石墨作为慢化剂时有耐高温的优点，而且相对重水来说，价格要低得多。

冷却剂是核电站正常工作时不可缺少的一个部分，它的主要功能是冷却核反应堆的堆芯，并将堆芯所释放的热量转移出核反应堆。为了使冷却效率尽可能高，冷却剂需要具有以下特点：具有较高的传热性、流动性，高沸点，低熔点，对热和辐射有良好的稳定性，中子吸收截面要小，最好还能具有较大的热容量以拥有较高的载热能力。

常见的冷却剂可以分为气态和液态两种，其中，常见的气态冷却剂有二氧化碳和氦气。液态冷却剂有轻水、重水、液态金属。

想要了解它们的原理及差异，我们需要回溯核电技术的长河，找寻这些堆型的绰约身影。

压水堆

——来点儿压力

1955 年 1 月 17 日上午，美国康涅狄格州（Connecticut）的小城格罗顿（Groton）迎来了一艘新下水潜艇的试航。当潜艇缓缓驶离系泊码头，刚一驶入主航道，艇上的信号兵就用灯光发出了具有划时代意义的信号：

“我艇正在使用核动力航行！”

这是人类历史上的第一艘核潜艇，被命名为“鹦鹉螺”（Nautilus）号，以致敬儒勒 · 凡尔纳（Jules Gabriel Verne）的科幻小说《海底两万里》。但很多人不知道的是，世界上第一艘核潜艇使用的动力源正是一座由西屋公司生产的 S2W 压水堆。从此，压水堆进入了人们的视野。

航行中的核潜艇“鹦鹉螺”号

《海底两万里》中的“鹦鹉螺”号想象模型

压水堆，全称“加压水慢化冷却反应堆”，这个拗口的名字里包含了多重意思：水是慢化剂、水是冷却剂、水的压力很高、一回路传热处在不沸腾状态。

1957 年，世界第一座压水堆核电站美国希平港（Shippingport）核电站建成。

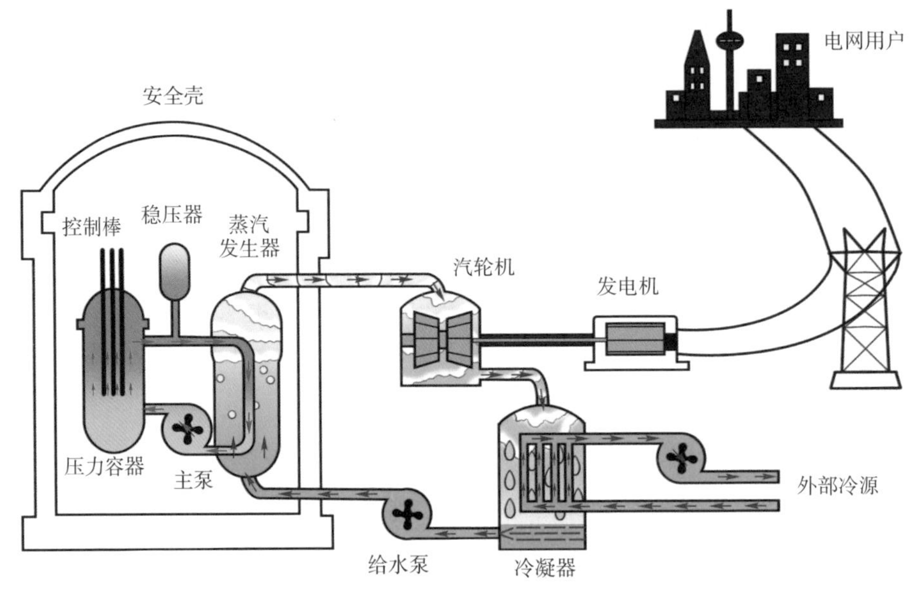

压水堆运行原理图

和十多年前费米在芝加哥大学制造的石墨堆相比，压水堆具有结构紧凑、体积小、功率密度高、平均燃耗较深、放射性裂变产物不易外逸、良好的功率自稳自调特性、较安全可靠等优点，这也是当初它被美国海军选中的直接原因。其一回路、二回路隔离的结构极大改善了沸水堆的缺陷，使放射性物质不与外界接触这一特性，也在安全性及公众的接受程度上获得了极大的优势。目前全世界正在运行的 400 多座核电站里有 300 多座是压水堆。

西屋公司在压水堆发展过程中起到了举足轻重的作用。其推出的 Model212、Model312、Model314、Model414 系列压水堆成为二代压水堆典型代表。各国典型的压水堆型号还有美国的 PWR、System80，法国在西屋公司标准四环路设计基础上研发的 P4、N4，以及在美国 M312 基础上改进而来的“经典”M310，俄罗斯 VVER 系列等，德国的 Konvoi 等。目前，全球范围内已经出现了大量第三代压水堆型号，我们将在后文做进一步介绍。

压水堆和沸水堆由于同样使用了“普通的水”，也合称为“轻水堆”。有“轻”自然就有“重”，轻重之分究竟在哪里呢？

沸水堆

——水真的烧开了

就像子弹射入水中会减速一样，人们很快意识到“水”这个最熟悉的老朋友可以用作慢化剂。一个水分子由一个氧原子和两个氢原子组成，当一个速度很快的中子撞到氢原子时，它的速度就会减慢，当经过多次碰撞后，中子的速度就可以降到一个能够和铀原子相撞发生反应的速度了。

1960 年 7 月，美国建成德累斯顿（Dresden-1）沸水堆核电厂，同时其他国家也在进行相关工程实践，正是这种不约而同的默契，开启了一支和压水堆完全不同的技术路线。

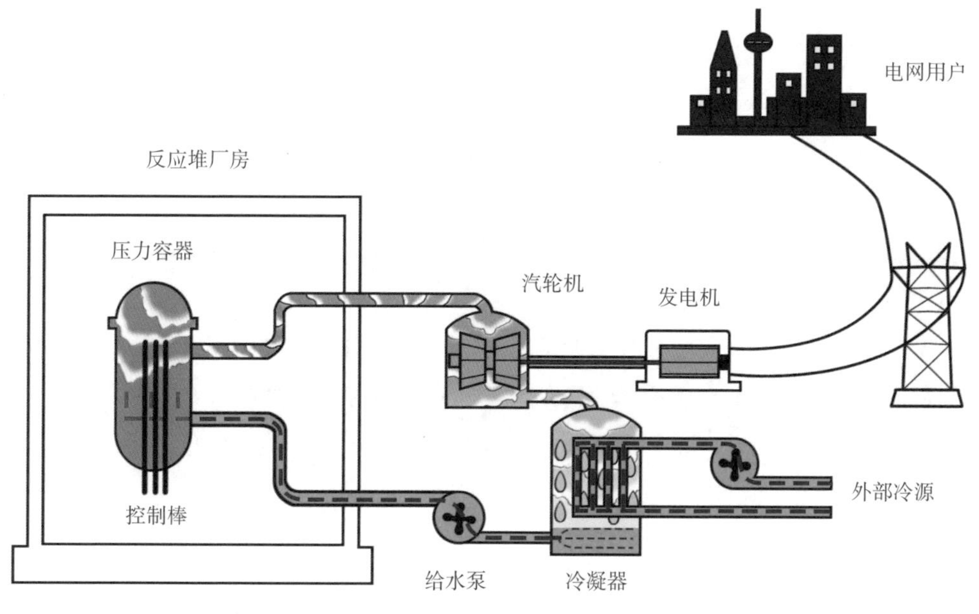

沸水堆运行原理图

和压水堆用水加热水的过程不同，沸水堆的原理非常直接：反应堆产生热量把水加热成蒸汽，蒸汽推动汽轮机转动发电。

沸水堆有一定的缺点，就像开窗通风会把蚊子请进屋内那样，图中橙色部分所代表的蒸汽会直接冲进汽轮机，它们所带来的不仅仅是强大的动能，还有令人生厌的放射性，这使得厂房需要屏蔽，就增加了检查和维修的困难。

但是沸水堆的优点也同样明显，水能够直接被核燃料加热转化为蒸汽，这使得自身压力相对较低。压水堆的堆芯中流的是 15 兆帕的水，加热二回路后产生的蒸汽只有 7 兆帕左右，而沸水堆的堆芯压力和蒸汽一样，都可以达到 7 兆帕以上。所以沸水堆的设备相对来说更少，但产热效率却更高。

美国沸水堆实验项目（BORAX）陆续建成的 BORAX-1 至 BORAX-5 以及实验沸水堆（EBWR）成为沸水堆的“开山鼻祖”。典型的商用沸水堆型号有美国通用公司的 MARK1、BWR-2 ~ BWR-6 以及 ABWR 等。

重水堆

——只多一笔

所谓水之轻重，顾名思义，“重水”就是比“轻水”要重一些。

重水和普通水一样，也是由氢和氧化合而成的液体化合物，两者在外观上没有任何区别。不过，重水分子和普通水分子的氢原子有所不同。我们知道，氢有 3 种同位素。中国的科学家和翻译家们用一撇代表一个质子，一竖代表一个中子，只多一笔，就创造了三个精妙的新字。

- 一种是氕（Protium），就像我们常用的笔画“丿（撇）”，也读作“piē”。它只含有一个质子。普通的水分子由两个只含有一个质子的氢原子和一个氧原子化合生成。

- 另一种是重氢——氘（Deuterium），就像“刀”字，读作“dāo”。它含有一个质子和一个中子。

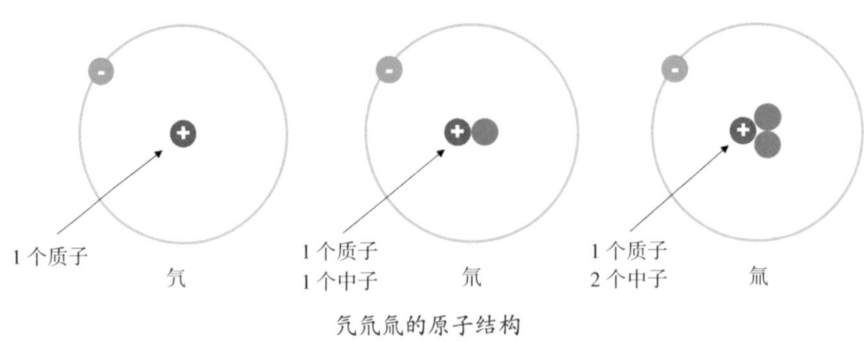

氕氘氚的原子结构

● 还有一种是超重氢——氚（Tritium），就像“川”字，读作“chuān”。它含有一个质子和两个中子。

我们所说的重水分子，就是两个氘和一个氧组成的化合物，分子式为 D_2O（D 代表氘），相对分子质量为 20.027 5，比水 H_2O 的相对分子质量 18.015 3 高出约 11%，密度为 1.105 克 / 毫升，也大于水的 1 克 / 毫升，因此叫做重水。

20 世纪 50 年代，世界各国争相发展核电的时候，加拿大既没有铀浓缩技术，又不具备制造大型反应堆压力容器工业基础，为了发展民用核电只好另辟蹊径，也因此成就了另一个经典技术路径——重水堆。

重水堆核电厂采用上文提到的重水 D_2O 作为慢化剂。轻水的慢化效果要好于重水，但轻水的吸收截面要大于重水，因此，轻水堆中核燃料使用浓度为 3%～5% 的低浓缩铀，就是为了弥补轻水吸收中子的能力及提高燃耗能力。当把反应堆中的轻水换为重水后，中子吸收截面降低，可以直接使用铀 -235 浓度极低（约为 0.7%）的天然铀，就可以让堆芯维持链式反应。

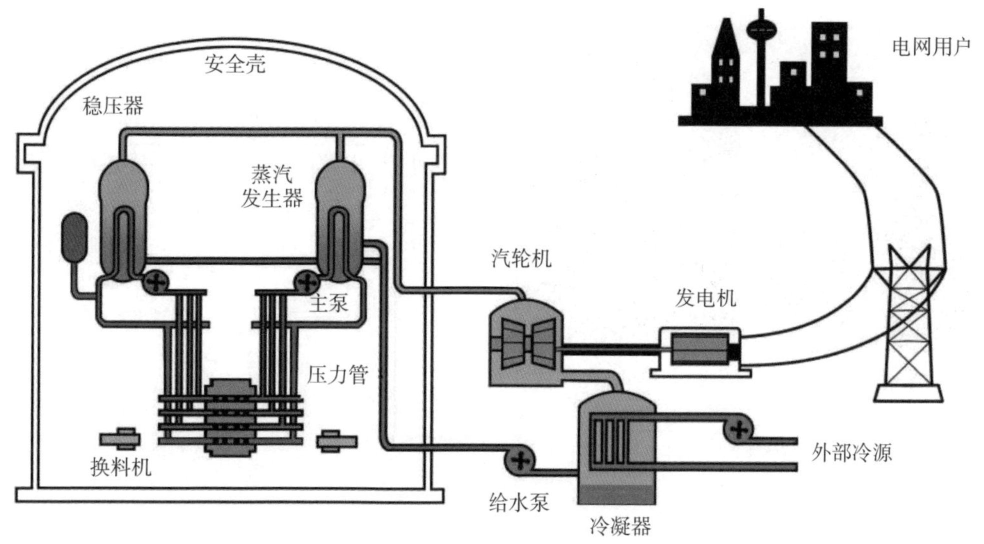

重水堆运行原理图

最为经典的加拿大坎杜堆（CANDU）系列，其本体由一个装满重水的卧式容器的排管容器和上百根装载着核燃料的压力管组成。其主要原理和压水堆类似，同样是核反应放出热量加热高压水，高温高压的一回路水把蒸汽发生器里的二回路水加热成蒸汽，蒸汽推动汽轮机转动，带动发电机转动产生电能。

在加拿大 CANDU 系列中，CANDU6 是最为经典的型号，即单机组容量为 60 万千瓦，后续又开发了 CANDU9 百万千瓦重水堆机型。

和沸水堆、压水堆都不一样，重水堆的核燃料是横向布置的，主要是为了实现不停机换料。这是因为重水堆使用的天然铀反应性后备量低，需要在运行期间使用特制的换料机器人从一端将乏燃料从压力管中捅出来，再从另一端塞入新燃料，随时为反应堆补充反应性。

石墨堆

——第一颗火种

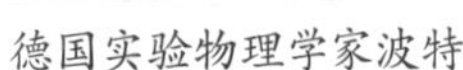

德国实验物理学家波特

哥伦比亚大学教授锡拉德

就在费米摆弄着“芝加哥一号”原型堆，即将推开原子时代大门的时候，几乎是同时，德国实验物理学家波特（Bothe）也在测量中子于石墨中的吸收截面。不过，由于他的测量有误，而推迟了德国制造原子弹的进程。而天真的费米用石墨制造原型堆成功后，想立即发表这一划时代成果，却被哥伦比亚大学锡拉德（Leo Szilard）教授制止，在同事们的劝说下，费米才同意锡拉德的建议。

如果不是这样，历史将如何书写？

正如杨振宁所说：“如真的发表，则以后的历史可能会完全不一样。德国因此会知道波特的实验结果是错的……这件事对世界历史有决定性影响。”

“芝加哥一号”堆建成以后，各国最初的核反应堆都是以石墨作为慢化剂，其中英、美、法等国主要发展石墨气冷堆技术，以生产钚为主要目的，发电为次要目的。然而，回望历史，正是这个让各国科学家不约而同选择的石墨，却在另一个大国手中发扬光大，又为人类带来了深重的灾难。

苏联正是世界上唯一发展石墨水冷堆核技术的国家，奥布宁斯克核电站（俄语：Обнинская АЭС）的建设是当时的最高机密，即使是身处建设工地的工人也不知道自己究竟在建造什么。直到 1954 年 7 月 1 日《真理报》刊登的一则新闻震惊了全世界："苏联在科学家和工程师们的努力下已经成功完成世界上第一座民用核电站的设计和建造，净功率可达 5 000 千瓦（0.5 万千瓦，即 5 兆瓦）。6 月 27 日，这座核电站已经投入使用，为周边地区的工农业项目提供电能。"这座被命名为"和平原子"（Atom Mirny）的石墨反应堆寄托了数以千计的苏联著名科学家和工程师共同的愿望，也真正点燃了人类和平利用原子能的第一颗时代火种。

在"和平原子"的基础上，苏联的石墨水冷堆技术路线不断发展，1973 年并网发电的列宁格勒核电厂一号机组（RBMK-1000）堪称石墨水冷堆的极致。而同为石墨水冷堆的切尔诺贝利却又暴露出了这种反应堆存在固有安全性的缺陷。

在整体布局上，RBMK 用石墨搭建了一个巨大的"蜂窝煤"结构，在蜂窝煤中，交替安装燃料棒、控制棒和冷却水管，中心放置启动中子源。在工作时，启动中子源释放

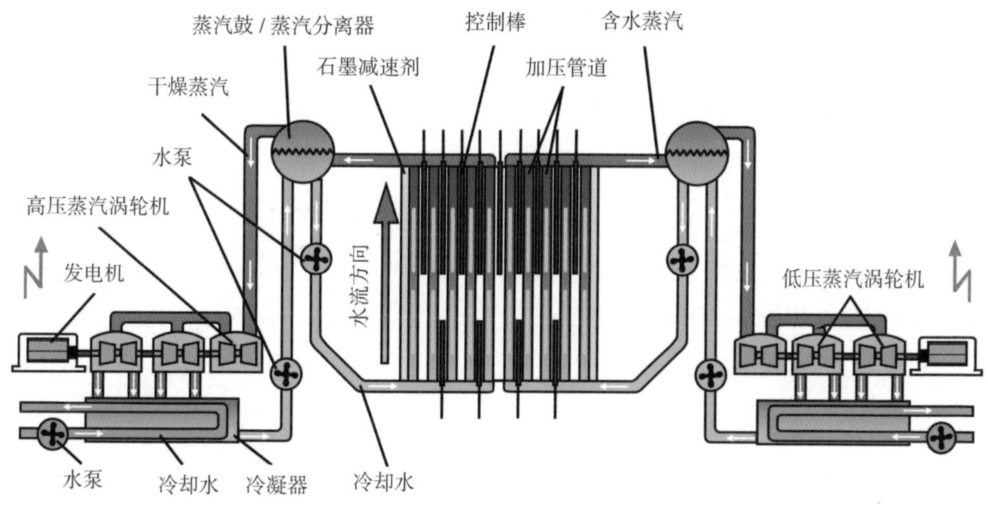

石墨水冷堆运行原理图

中子启动第一次链式反应，释放的快中子通过石墨和冷却水进行减速，在下一级燃料棒再次产生核裂变，从而源源不断产生热能。

石墨堆的典型型号有苏联的 RBMK 系列石墨水冷堆，主力堆型为 RBMK-1000 和 RBMK-1500 两种。

快中子堆

——隐秘“快客”

前文提及的均为热中子反应堆，它们以铀 -235 为裂变燃料，在热中子堆中仅有极小一部分的铀 -238 能在裂变反应中被利用，目前天然铀资源的利用率在热堆中的利用率仅为 1% ~ 2%，大部分的铀资源（主要是铀 -238）都被浪费掉了。要从根本上消除目前热中子堆对铀资源的浪费，使包括铀 -238 在内的铀资源在核反应堆中得到充分利用，就需要发展以铀 - 钚燃料循环为基础的快中子反应堆。

目前快堆常用的冷却剂有钠、铅（或铅铋合金）、氦气，使用钠和铅（或铅铋合金）进行冷却的快堆称为液态金属冷却快中子反应堆。快中子堆虽然不及热中子反应堆一样“名声大噪”，但是也有着相当长的发展历史。

快中子堆的典型型号有美国的 EBR-I，日本的常阳堆和文殊堆，法国的狂想曲号、凤凰号和超级凤凰号，苏联（俄罗斯）的 BN-350、BN-600 和 BN-800 等，都是钠冷快堆。

形形色色的“堆”

在核电技术路线的“大花园”里，主流堆型像是最明艳的几朵花。但实际上它们也只是冰山一角，在“花园”的深处还有着形形色色的“堆”，它们各具特色的设计凝结着科学家们无数的创意，让了解它的人们不得不由衷地感叹人类的智慧。

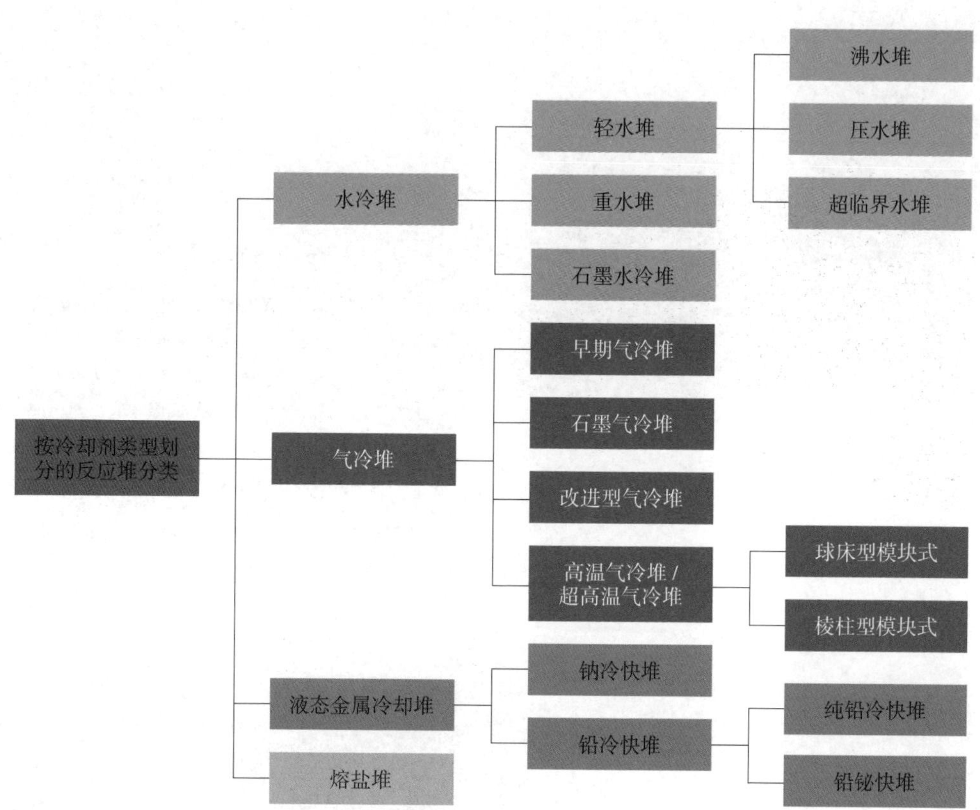
按冷却剂类型划分的反应堆分类
水冷堆
轻水堆
沸水堆
压水堆
超临界水堆
重水堆
石墨水冷堆
气冷堆
早期气冷堆
石墨气冷堆
改进型气冷堆
高温气冷堆 / 超高温气冷堆
球床型模块式
棱柱型模块式
液态金属冷却堆
钠冷快堆
铅冷快堆
纯铅冷快堆
铅铋快堆
熔盐堆

核电站技术路线分类

第二章

东方往事

——中国核电自主化之路

原子能蕴藏的巨大能量，让世界各国意识到掌握开启原子能世界大门钥匙的重要意义。而新中国面对强敌环伺的外部环境，面对朝鲜战场上对手动辄举起的核讹诈大棒，虽然百废待兴，也在全国经济生产逐步恢复后开始了原子能事业的长征路。早在 1955 年，我国第一代领导人就高瞻远瞩，做出了发展原子能工业的战略部署，在几代人的努力下，我国的核技术力量已经跻身世界强国之林。

第一节　路的原点

1945 年，美国用两颗原子弹打碎了日本“一亿玉碎”的幻想，提前结束了旷日持久的太平洋战争；1949 年，苏联也用蘑菇云宣布拥有了和美国平起平坐的核威慑力量。

“你扔你的原子弹，我扔我的手榴弹”毕竟太过悲壮，朝鲜半岛的硝烟散去，随着经济生产逐步恢复步入正轨，新中国的核工业建设也提上了议事日程。

苏联第一颗原子弹“RDS-1”爆炸
（RFNC-VNIIEF 核武器博物馆）

中国早期原子能规划

1954 年，新生的社会主义中国满怀憧憬与激情，各行各业都在蓬勃发展。可是，想要发展原子能事业，建立属于自己的核工业，哪是那么容易的事情呢?

一切还要从一块矿石说起。

铀，是核工业的粮食，要走出新中国核工业自己的道路，一定要把“饭碗”端在自己手里，找到属于自己的铀矿。

1954 年 2 月，新中国成立了地质部普查委员会第二办公室（简称“普委二办”），负责筹备铀矿地质勘查工作，并派出多个工作队在全国寻找铀矿的踪迹。1954 年 10 月，普委二办派出的由地质、物探、测量等 20 多人组成的花山工作队，在广西省（1965 年，经国务院批准，广西壮族自治区成立）富钟县花山区采集到了新中国的第一块铀矿石。

10 月下旬，这块铀矿石被带到北京。地质部党组书记、副部长刘杰等向毛泽东主

毛泽东、周恩来等中央领导研观过的铀矿石标本，被称为核电行业的“开业之石”

席、周恩来总理汇报了铀矿勘探情况，毛主席表示一定要看一看铀矿石。于是刘杰等选配了铀矿石标本送到他的办公室。毛主席一边亲自用探测器测量着矿石，一边对汇报的人说：“我们的矿石还有很多没被发现嘛！我们很有希望！要找！一定会发现大量铀矿。”他又说：“我们有丰富的矿物资源，我们国家也要发展原子能。”

1955 年 1 月 14 日，周总理邀地质学家李四光和核物理学家钱三强到他的办公室谈话，详细询问了我国核科学研究人员、设备和铀矿地质资源的情况，还认真细致地了解了核反应堆、原子弹的原理和发展原子能事业所需要的条件。

第二天下午，毛主席在中南海主持召开了中共中央书记处扩大会议。参加者包括刘少奇、周恩来、朱德、陈云、彭德怀、彭真、邓小平等国家领导人及物理学家钱三强和地质学家李四光。毛主席称这是一个“小学生向老师请教”的会议。

在会上，钱三强和李四光分别展示了原子弹的工作原理和铀矿石的探测操作。根据周总理的事先嘱咐，汇报人员将铀矿石标本和用于探测的盖革计数器带到会上进行操作表演。当盖革计数器扫过铀矿石时，发出了“嘎嘎嘎”的声音。

这几声计数器的声音在历史长河中并不起眼，但这次会议的意义却是极其深远的。它标志着中国核工业建设的开始。正如同年 3 月，毛主席在全国党代会上所指出的，新中国进入了“开始要钻原子能这样的历史的新时期”。

会议一直开到晚上七点多钟，毛主席做出了发展原子能事业、发展核工业的战略决策。聂荣臻、陈云、薄一波三人小组被任命为负责原子能工作的领导。同时，会议通过了新中国发展核武器研制计划。

这是一次绝密会议，没有任何文字或图像记录公开可查，唯一可资佐证的是 1955 年 1 月 14 日周总理在约见李四光、钱三强谈话后给毛主席的报告，以及亲身经历这次会议前后过程的刘杰、钱三强等人共同回忆所留下的文献。

中共中央做出了发展核工业的决定后，周总理亲自组织实施。1955 年 1 月 31 日，周总理主持召开国务院全体会议，讨论关于核工业的议题。1955 年 7 月 1 日，国务院决定设立国家建设委员会建筑技术局，负责建设新的核科研基地，做好苏联援助的研究性反应堆和回旋加速器的建设。

邮票中的我国第一个核反应堆
（1958 年发行）

邮票中的我国第一台回旋加速器
（1958 年发行）

当然，要统筹好整个核工业的建设，仅仅靠分布在各个部委的地质队、建筑局、科学院、工厂是不够的，因此成立能够统领建设整个核工业的各产业链的“原子能事业部”提上了日程。

1956 年 11 月 16 日，中国成立“原子能事业部”的建议在人大常委会议上正式通过，会议决定成立“第三机械工业部”，主管我国核工业的建设和发展工作，任命宋任穷上将为三机部的第一任部长。1958 年 2 月 11 日，原来的第一机械工业部、第二机械工业部和电机制造工业部合并为新的第一机械工业部，而原来的第三机械工业部更名为“第二机械工业部”，继续主管核工业。

至此，大名鼎鼎的“二机部”登上历史舞台。就像现在我国的国家标准编号以“GB”（“国标”二字的汉语拼音首字母）开头、电力行业标准以“DL”（“电力”二字的汉语拼音首字母）开头一样，核工业很多标准的编号均为“EJ”开头，即“二机”的汉语拼音首字母。而在 1982 年，二机部又正式改名为中华人民共和国核工业部，这是后话。

原子能，不是一件在实验室中用试管和显微镜就可以完成的研究，作为一个庞大的工业门类，它更需要齿轮和机械的加持。

原子弹的核心元素是铀 -235，而中国是个贫铀的国家，为了寻找可以用作生产核武器的铀，中国地质部门成立了三支勘探部队，代号分别为新疆的 519 部队、中南的 309 部队和西南的 209 部队。勘探队员最早在新疆伊犁找到了矿床，随后在湖南、广西、广东等地发现了更多的矿床，但十几位勘探队员也为此付出了生命。

由于正规的冶炼铀矿工厂还在建设中，研究单位又急需原料进行实验，二机部想出了一个解决办法：全民找矿炼铀。二机部提出，铀矿的勘测和开采也应该由全民来完成，经过中央批准，全国许多县甚至公社都组织了地质队，成千上万的农民投入找矿炼铀的工作。短短几个月时间，湖南、广东、辽宁等地的农民几乎把地表层的铀矿横扫一空。

虽然全民找矿、土法炼铀付出了一定代价，浪费了原料并造成了一定的污染，但通过这个办法，共获得了 163 吨土法冶炼的重铀酸铵。这 100 多吨铀原料为初期的中国核燃料生产提供了珍贵的原料，也为第一颗原子弹的研制赢得了时间。

从 1958 年 5 月开始陆续批准建立的衡阳铀水冶厂、包头核燃料元件厂、兰州铀浓缩厂、酒泉原子能联合企业、西北核武器研制基地，以及郴县铀矿、山大浦铀矿、上饶铀矿的选点方案，标志着新中国开始筹建从采矿、冶炼、浓缩到核武的核能产业链。后来，核工业人把这批企业亲切地称为“五厂三矿”。

湖南郴县铀矿

江西上饶铀矿

包头核燃料元件厂

衡阳铀水冶厂

20 世纪 60 年代初，我国第一批核工业厂矿

同时，为让全国都来关心和重视原子能事业的建设，周总理指示，要做好舆论宣传的先行工作，要让大家特别是领导干部懂得原子能的科学知识和应用。他要求中国科学院组织在北京的有关科学家和教授，宣讲原子能的科普知识，首先向中央和各部委的领导干部宣传，形成全国人民关心原子能事业的气氛。中国科学院成立了以时任副院长吴有训牵头的“原子能知识普及讲座委员会”。近代物理所钱三强等 20 多位科学工作者和高校教授组成宣传团，在全国宣讲原子能和平利用的科普知识。同时，还出版了《原子能通俗讲话》《原子能的原理和应用》等书。

20 世纪 60 年代的兰州铀浓缩厂

1955 年出版的《原子能通俗讲话》

后面的故事，我们就都再熟悉不过了。

1964 年 9 月，新疆罗布泊戈壁的原子弹试验基地，一座 102 米高的铁塔矗

立中央，试验基地周围60公里范围内密布着90多项效应工程和3 000多台测试仪器。

10月16日14时30分，核试验现场总指挥张爱萍向周总理电话报告："各项准备工作就绪，一切正常。"

30分钟之后，原子弹爆炸，金光四射，火球冲天，蘑菇云升腾。

那是一个民族挣脱百年屈辱的怒吼，也是中国早期原子能事业规划发展的"成人礼"。

万事开头难

——核工业人才培养体系

新中国成立前夕，党中央高度重视原子能研究与相关人才的使用与培养。

1949年春季，毛主席同意了周总理的提议，拨出外汇给在巴黎参加保卫世界和平大会的中国留学生，用于购买研究原子能的先进器材、图书资料和实验药品等。

新中国成立后，1950年5月19日，毛主席批准成立中国科学院近代物理研究所，也就是中国原子能科学研究院的前身，由钱三强担任所长，王淦昌和彭桓武担任副所长。

此后，许多有理论知识、实际经验，富有理想和实干精神的原子能科学家从美国、英国、法国和德国等国回国，来到这个原子能研究所工作，其中不少人曾在居里夫人的实验室工作过，包括在巴黎大学居里实验室获得博士学位的杨承宗。回国前，居里夫人的长女和女婿将亲手制作的10克碳酸钡镭标准源送给他，作为对中国开展核科学研究

中国科学院近代物理研究所旧址（东黄城根甲42号）

杨承宗（左一）与同事在一起

的支持。这也成为我国开展铀矿探测用电离辐射计量研究唯一的借鉴实物。

当然，原子能事业要发展，仅仅依靠零星几位“海归”科学家远远不够。

中国核工业的起步离不开苏联的支持，但以核工业在军事和工业上的战略地位，指望别人毫无保留地把自己教会是不现实的，核工业起步刚几年就遇到苏联撤走所有专家就证明了这一点。毛主席曾在二机部的报告上批示：“尊重苏联同志，刻苦虚心学习。但又一定要破除迷信，打倒贾桂！贾桂是谁也看不起的。”

贾桂，是京剧《法门寺》里的小太监，别人让座都不敢坐，被视为奴才的典型代表。要挺直腰杆做人，就要摒弃等着别人施舍的思想，要培养起自己的原子能人才队伍，学懂弄通，自力更生。

在中国核工业开始起步的20世纪50年代，只有少数发达国家的高等院校设置了核专业，之前我国在这方面是一片空白的。新中国要发展核能事业，必须从零开始培养自己的核技术人才。

20世纪50年代后期，中国核工业加快了发展步伐，专业技术人员的培养也同步加快。1955年初，教育部成立核教育领导小组，开始筹备高等院校的核专业建设工作，钱三强负责协助与苏联方面联系解决教材等问题。7月，北京大学物理研究室（三年后改为原子能系）成立。同年秋，清华大学筹建工程物理系并通过抽调划转等方式具备了几百人的师生规模。同时，国家有计划地从理工科大学选拔学完基础课的高年级学生到北大清华转学核专业。经国务院批准，又从在苏联和东欧的中国留学生中挑选了100多名相近专业的学生，学习核科学和核工程技术专业。

经过一年紧锣密鼓的筹备，1956年，我国终于有了自己培养的第一批核专业大学毕业生。

1958年10月，国家开始实施核能人才培养工程计划，核工程教育体系的建立对中国核工业发展作用与意义深远。北京大学、清华大学和兰州大学的核专业开始招收应届高中毕业生；交通大学（含上海、西安两个分部）、中国人民解放军军事工程学院（因校址在哈尔滨，通称“哈尔滨军事工程学院”，简称“哈军工”）、中国科技大学等高等院校陆续开设了核相关专业。到1959年，全国设有核专业的高等院校增加到27所。其中，交通大学当时还叫交通大学上海部分和西安部分，不但培养了众多优秀毕业生，其出版的教材也至今为多所高校所使用。而哈军工教研室众多骨干在20世纪六七十年代又来到上海，成为我国第一座核电站研发设计的中坚力量之一。

但之后几年的实践表明，这个时期核教育的发展速度有些过快，理科类专业招生规模有些偏大。1964 年，中央专门委员会决定对核专业进行调整，全国保留 18 个核专业系，年招生人数由 3 000 人减为 2 000 人，使核专业设置、布点和招生规模更趋于合理。

当然，在那个“大学生”十分金贵的时代，要构建体系完整的核工业大厦，光靠每年几千人的核专业高校毕业生是远远不够的，需要构建专业齐全、梯次合理的人才队伍。

在各高校致力培养核专业大学生的同时，二机部（即前身三机部）及所属的厂、矿、队、所也开始开办中专学校和技工学校，专业涵盖采矿、机械、建筑、化工、医护等。到 1963 年，中等专业学校增加到 7 所，技工学校增加到 15 所，核中等职工技术教育得到了迅速发展。

在全日制教育如火如荼开展的同时，在职教育也大力发展起来。1960 年前，相关工厂主要是组织学习、借鉴苏联的经验，在培训中逐步掌握生产技术。1960 年以后，第二机械工业部干部会议上提出了“自力更生，过技术关”的方针，结合科研生产需要，通过技术攻关和岗位练兵等途径，在生产中不断掌握甚至创新生产技术。

高校与职业教育相结合、在职与全职相结合，经过十来年的努力，一个专业比较齐全、结构比较合理的核教育体系逐渐形成，越来越多掌握核相关技术知识的人员走上工作岗位，这为新中国核工业厚积薄发、从量变到质变打下了人才基础。

上海“122”

——我国核电研究开端

上海，是我国重要的工业基地，工业产值一直稳居前列。但由于自然资源分布不均，彼时整个“江浙沪包邮区”都缺煤少油，铁路和电网建设也不如今日完善，这导致上海、杭州这样的用电大户长期饱受缺电困扰。同时，上海又有多年所积累的人才技术和工业制造底蕴。需求或是能力，不论从哪个角度来说，当时的上海都是我国最适合自主研发核电站的城市。

1964 年 12 月，在上海市科技界与高等教育界的多次提议下，上海市科技委员会（简称“市科委”）成立代号为“122”的反应堆规划小组，提出建造一座 2 000 千瓦功率研究性反应堆或一座5 000千瓦压水型实验性动力堆的建议。1965年9月9日，上海市122工程筹备处（简称“122工程处”）正式成立，承担反应堆筹建的组织工作。

1966年5月，聂荣臻副总理和国防科委副主任安东到上海检查工作时，建议上海研制战备发电用的反应堆。8月，二机部考虑了核燃料供应的可能性后，同意上海市建设发电用反应堆。9月11日，市委、中共二机部党组联名请示中共国防工业党委、聂荣臻副总理并周总理，由上海市在其“小三线”地区建一座10 000千瓦压水式动力堆。10月20日，中央专委办公室函告二机部和上海市：请示已被周总理主持的中央专委第十六次会议批准，指出建堆的“主要任务应是培养原子反应堆的科学技术队伍”。

当时，国内已经有一些试验性质的反应堆，但并未专门用于发电。在上海建设一座发电用的反应堆，既可以缓解上海用电紧张的问题，又可以培养核技术队伍，还能依托上海的工业底蕴提高国内制造水平，可谓一举多得。

1967年6月，上海市工程物理研究所（简称“上海工物所”）成立，连同附属工厂人员在内，编制规模定为370人，计划在两年内配齐，后来又确定与122工程处“两块牌子，一套班子”。1967年7月，经国防科委批准，哈尔滨军事工程学院核动力专业教师19人调入上海工物所，他们不但成为122工程的骨干，也成为后续我国第一座核电厂研发设计的重要力量。

可惜的是，随着社会动荡的开始，后续很多工作都未能及时启动。

在一段时间里，122工程甚至进入了一种“人无定编，居无定所”的状态。原本应投身核电研发的技术人员，先后去了公社、国棉厂、造纸厂等单位，仅有约两年时间用于技术调研。同时，在成立后的三年里，122工程处和上海工物所的办公地点也先后变更了9次，基本上每几个月就要搬一次家，其上级主管部门也发生了多次变动。

这样的状态是无法搞科研的。1969年6月，上海市开始考虑撤销122工程处和工程物理研究所，并着手制定人员安置方案，但国防科委表示希望上海继续搞核能发电，撤销之事才搁置下来。

122工程虽未最终成行，但其搭建起来的队伍为我国第一座核电站的成功研发积累了经验。

第二节 自己动手，丰衣足食

1964 年和 1967 年，我国的第一颗原子弹和第一颗氢弹先后成功引爆，同一时期，国内也已经先后建成多座实验用的核反应堆。但是，核能的发展不能只停留在核弹和实验堆上。

周总理曾打趣地说："二机部不能光是爆炸部。"

建设一个功率远大于实验堆的核电站需要被提上议事日程。

在经历过一系列的摸索后，一个代号为"728 工程"的核电项目终于在中央领导的关心下开始部署，开启了我国在核能领域铸剑为犁的新纪元。

而"728 工程"另一个耳熟能详的名字是什么？这个代号又代表了什么含义？让我们一起走进那段波澜壮阔的历史。

"国之光荣"

——728 工程

1970 年前后，美、苏、英、法等发达国家已进入核电开发高潮，而我国电力系统仍以火电为主。但我国资源分布不平衡，长三角等东部沿海地区作为用电负荷中心，长期受缺少煤炭资源和铁路运力不足影响。尤其是上海，"开三停四"（一周里有三天开工，四天断电停工）成为常态，严重影响了生产发展。

1969 年底，上海呈送中央的一份报告里写道："上海是我国命脉产业的基地，由于少煤缺电，许多工厂面临停产，更有新办的工厂不敢开工建设，上海的运输能力已承载不了更多的运载任务，仅用煤一项就占用了上海海上运输能力和铁路运输能力的一半还多……"

作为共和国的大管家，周总理比谁都清楚，长三角的能源短缺已到了火烧眉毛的程度。靠中西部的煤炭供给，沉重的运输压力将使铁路不堪重负，靠西南水力发电，也是远水难解近渴。

1970 年 2 月春节前夕，周总理在北京听取上海市领导汇报由于缺电导致工厂减产的情况后，答应设法缓解上海缺电问题。同时指示：

“从长远来看，华东地区缺煤少油，要解决华东地区用电问题，需要搞原子能发电，同意上海市研制核电站……”

周总理进一步表示，要和平利用核能，搞核电站。

1970 年 2 月 8 日，大年初三，爆竹声声，年味仍浓，上海市就召集市科技组、市工业交通组、市文化教育组开会，传达周总理关于同意上海市研制核电站的指示精神。

1970 年 6 月，在上海市科技组《关于加速筹建核动力电站的请示报告》中，提议以传达周总理指示的日期 1970 年 2 月 8 日作为筹建的核电站工程代号。据此，核电工程对外统一称“728 工程”。

上海市物理所与原“122 工程”的成员来了。

上海市各厂所院校借调的骨干来了。

二机部支援的专家来了。

海军七院十九所、哈军工、合肥中国科大等单位的同志来了。

五湖四海的核工业人才汇聚上海参加“728 工程大会战”。至 1972 年底，会战队伍已达 350 余人。“728 工程”虽立足上海，却称得上是全国的 728。

1968 年 7 月，迁至永嘉路 636 弄

1971 年 10 月，迁至南昌路 59 号

1974 年 7 月，迁至高安路 19 号

1978 年 1 月，迁至漕溪北路 502 号

728 工程历经多个办公场所

1970 年初，上海市科技组就开始研究堆型方案，因为上海积存了较多的钍 -233，为了减轻国家核燃料供应的压力，计划选用能利用钍的熔盐堆方案。但受限于技术条件，经过三年的研究发现，不得不把目光投向了可操作性更强的压水堆技术。从 1973 年开始，技术人员针对压水堆进行了一年的试验和技术验证，最终印证了它的可行性。

与此同时，工程所需的若干组织也逐步形成，负责管理协调的“728 办公室”，负责核电站研发设计的“728 工程设计队”，负责设备制造的“728 车间”等应运而生。

1974 年 3 月 31 日，728 工程设计队的技术人员带着压水堆核电站模型到北京人民大会堂新疆厅向周总理汇报了核电站的研究情况。当时还没有幻灯机投影仪这些设备，技术人员把图纸往地上一铺，席地讲了起来。周总理见状赶紧喊服务员搬来凳子，请技术人员坐下。

当天，周总理主持中央专委会，会上审查批准了 30 万千瓦压水堆核电厂的原则方案，还决定划拨 6.3 亿元专用资金。要知道，1974 年我国财政支出仅有 790 亿元，近 7 亿元资金在当时已是一笔巨款。

至此，压水堆成为我国首座核电站的选用堆型。

在国外技术封锁的背景下，作为我国第一座自行设计、自行建造的核电站，728 工程所缺乏的不仅仅是设计资料，还缺乏最基本的设计标准。为了确保核电站安全，728 设计队和全国上百个院、所、厂、校的科研人员开展了大量的科研试验和技术攻关工作。

核电厂最明显的圆柱形建筑物，被称为安全壳。为了获得参考，设计师在各大图书馆里大海捞针般寻找国外相关资料，哪怕是一张照片都不肯放过。

安全壳试验现场

为了模拟事故后安全壳内的高温、高压、高湿环境，研发人员搭建了类似大型锅炉的试验炉，用于验证各种设备在严酷环境下的性能。

连接压力容器和蒸汽发生器的主管道，上面有多达16个焊口，当时国内并没有这样的焊接技术。起初，一家外资企业同意以10万美元的价格提供焊接技术手册。但是随着工期的临近，这家企业所在国政府又提出两个“附加条件”：第一，中国人使用这种焊接技术必须向该国报备；第二，使用该技术焊接管道时，要派该国专家现场监督。听到这些条件，中方决定终止谈判。其后，中方技术人员就用这10万美元在工程现场建设了一个实验室，组织清华大学等单位的专家攻关，用半年时间拿下了这项技术。

正在建设中的728工程安全壳厂房

728工程蒸汽发生器吊装

堆内构件试验台架加工

类似的例子有很多。1974 年，经国家计划委员会批准下达的 728 工程科研试验和技术攻关项目达 264 项，随着设计和研究深入，又补充了 149 项科研项目，同时还建立了零功率试验、燃料组件水力试验、反应堆模型水力试验、驱动机构热态试验等 22 座科研试验台架，各制造厂也纷纷投入设备研制与制造工作中，为工程的设计验证和安全运行打下了坚实的基础，也为我国核工业的发展积累的宝贵的物质和精神财富。

Y 形波纹管截止阀试验

核电试验台架

同时，为寻找合适的厂址，728 设计队的技术人员先后踏勘了浙江富阳、江苏江阴、上海奉贤、浙江台州、温州及嘉兴等约 20 个点，综合考虑当地经济、人口、气象、地质等众多条件，经多轮筛选，最后选定了浙江省嘉兴市海盐县秦山镇双龙岗作为我国大陆第一座核电站的厂址。

秦山厂址地质稳定，整座山体完整，山脚向大海延伸，山的北、东、南是个海湾，秦山、杨柳山就自然形成了一个天然半岛。核电站冷却水用杭州湾的海水，淡水可取用流经澉浦镇的长山河。当时秦山 10 公里内无大中型企业，厂区直径一公里内无居民，

1981 年在海盐、长山、秦山选址

5 公里内常住人口约 100 人，无需移民，不占良田。核电站发电可并入华东电网，交通相对便利，距杭州约 90 公里，距上海约 130 公里，距离两大负荷中心距离适中。综合来看，各项条件都非常适合建设核电站。

1982 年 4 月，秦山海盐作为核电站厂址被正式确定。中国的核电发展之路，迈出了坚实的一步。

尽管其他踏勘点并没能成为我国首座核电站的出生地，但却为 40 年后浙江省建设更为先进的核电机组奠定了一些基础，这是后话。

1982 年 6 月 13 日，浙江省人民政府、核工业部正式上报《关于请示批准 30 万千瓦核电站厂址定在浙江省海盐县秦山的报告》。11 月，国家经济委员会批复同意。

1982 年 12 月 30 日，在第五届全国人大第五次会议上，中国政府向全世界宣布了建设秦山核电站的决定。

1985 年 3 月 20 日，秦山核电站开始浇筑第一罐混凝土，正式开工建设。

经过将近七年的紧张建设，1991 年 12 月 15 日 0 时 15 分，秦山核电站并网

1993 年建设中的秦山核电厂全景

发电，正式结束了我国大陆没有核电的历史。

秦山核电站的建设促进我国初步建立了核电研发体系、核电设计标准体系、核电设计与管理体系、核电安全审评体系、核电材料体系、核电人才体系和核电设备制造体系等八大核电体系，奠定了我国核电发展的基础。这座压水堆核电站的建成也标志着中国成为世界上第七个独立自主设计建造核电站的国家，被列入中国共产党建党100周年大事记，而被后人永远铭记。

1989年，时任国务院副总理邹家华为此题词：“国之光荣”。

1995年，时任国务院副总理吴邦国为此题词：“中国核电从这里起步”。

1991年12月31日，在秦山核电站并网发电仅仅15天后，我国就与巴基斯坦签订了建造同样堆型的30万千瓦级核电机组合同，为实现向国外“原装”出口核电机组、开创我国核电“走出去”的先河奠定了基础。

时光流逝，那些伴随着728工程走过风雨的老专家、老同志如今已白发苍苍，曾铭记他们挥洒青春的组织与机构却并未淹没在历史长河之中。728办公室、728设计队、728车

20世纪80年代的上海核工院外景，其大门右侧院名“上海核工程研究设计院”由时任国防部副部长张爱萍将军题写

今日的上海核工院外景

间……那些闪亮的名字成为今天上海市核电办公室、上海核工程研究设计院（简称“上海核工院”）、上海电气核电集团等单位的前身。

728，这个共同的名字将镌刻在共和国史册中，被代代传颂。

核电“自画像”

尽管在前文，我们提到了秦山核电站最终选择了压水堆技术路线，但却对它的样貌知之甚少。不妨请压水堆画一幅内部系统与结构的“自画像”，深入认识一下这位“时代之子”吧。

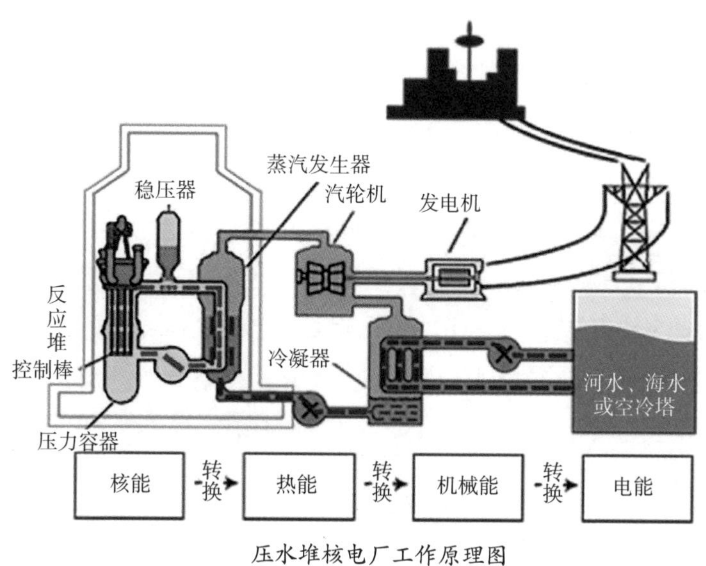

压水堆核电厂工作原理图

● 首先，是与核燃料紧密相连的一回路系统（左侧黄色回路）。

反应堆压力容器里的核燃料发生核反应时会产生大量热量，把水加热。压力容器中水的压力为 10 ~ 20 兆帕，高压使得水在此温度下保持在过冷状态，以保证反应堆的有效冷却和传热。水沿着管道进入蒸汽发生器，隔着管子将热量传给蒸汽发生器里的二次侧冷水（蓝色部分），再由主泵推送回压力容器重新加热。由此往复循环，被称为“一回路”。

● 然后，是和汽轮机相连的二回路（中部蓝色回路）。

根据机组功率大小，蒸汽发生器里有成千或上万根管子，不同型号机组的管子粗细也不尽相同。管子里流过一回路的热水（红色部分），管子外是二回路的冷水（蓝色部分），冷水可以隔着薄薄的管壁吸收一回路的热量。由于二回路的压力相对较低，所以二回路的水会在高温下被加热沸腾，变成蒸汽。随后，蒸汽从蒸汽发生器上方的口中进入汽轮机，推动汽轮机叶片转动，并带动同轴的发电机转动。发电机一转，电就出来了。同时，吹过汽轮机的乏汽经过冷凝器，被冷凝成水，再被泵推送回蒸汽发生器里，由此往复循环，被称为“二回路”。

● 最后，看看和外部冷却水源相连的三回路（右侧蓝色回路）。

冷凝器里也有很多细密的管子，管子外是需要被冷却成水的二回路做完功的乏蒸汽，管子里是冷却水源，有的电厂是用海水，有的电厂是用冷却塔的循环水。以海水冷却为例，海水被泵推送入冷凝器的管子中，冷却了管子外的蒸汽后再回到大海。

从这三个回路的循环可以看出，人们最担心的有辐射的核燃料被包在一回路里，而二回路只接受一回路的热量，不发生质量交换，也不会有任何放射性物质从一回路跑到二回路中。同样，从二回路到三回路也是只有隔着管子的热交换。二回路的水也不会跑到三回路。与此同时，为了防止一回路与二回路、二回路与三回路之间的泄漏，设有专门探测器来监督其系统完整性。所以说，有人担心核电厂抽了海水再排回大海，海水就会带出核电厂中的辐射，是完全没有必要的。

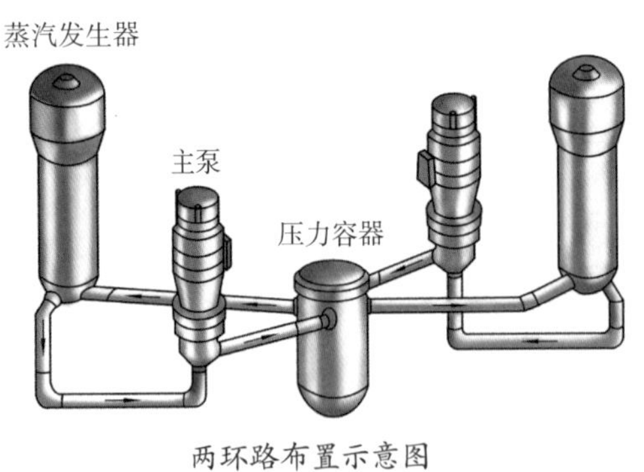

两环路布置示意图

此外，根据功率等级、设备标准化的不同，核电厂一回路的环路布置方案也多种多样，左图即采用了两条环路。同样的，我们也可以设计出三环路（如M310、M312、M314等型号）、四环路（如M412、M414、VVER、P4、N4、EPR等型号）布置的机组。

了解了核电厂的三大回路，那让我们再来看看核电厂的主要设备。

燃料组件

核电站的燃料是铀，其有效成分是其中低浓缩铀，含量为3%～5%。对压水堆核电站来说，核燃料被烧结成一个个圆柱状的二氧化铀陶瓷体，放射性物质约束其中。圆柱体高1厘米有余，直径小于1厘米，被称为燃料芯块。这些二氧化铀陶瓷体作为“第一道放射性屏障”，能有效防止放射性气体外泄。

将很多个燃料芯块首尾相接装在用锆合金做成的包壳管中，密封后两头用弹簧压实，就成为一根根细长的燃料棒。其中，燃料包壳能有效包容从燃料芯块中逃逸出来的放射性物质，故被称为“第二道放射性屏障”。

这些燃料棒按阵列做成方形的捆，并用燃料格架确保棒与棒之间的距离，加上位于下部的底座，位于上部的上管座，就成为燃料组件。其中的格架、管座等部件共同“支撑”起水流通道，确保堆芯核反应产生的热量能够被及时带走发电，确保核反应堆安全、可靠地运转。

燃料组件组成近似圆形的阵列，装入反应堆压力容器，就成为核电站的反应堆堆芯。通常，一个反应堆的堆芯内会有几十个到上百组燃料组件。

燃料芯块

管座

格架

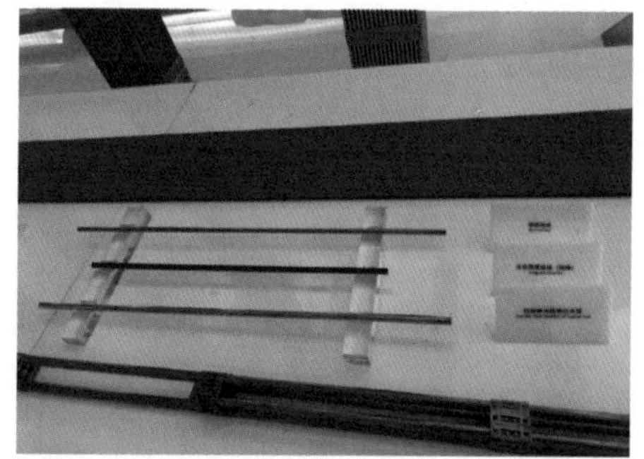
各种燃料棒

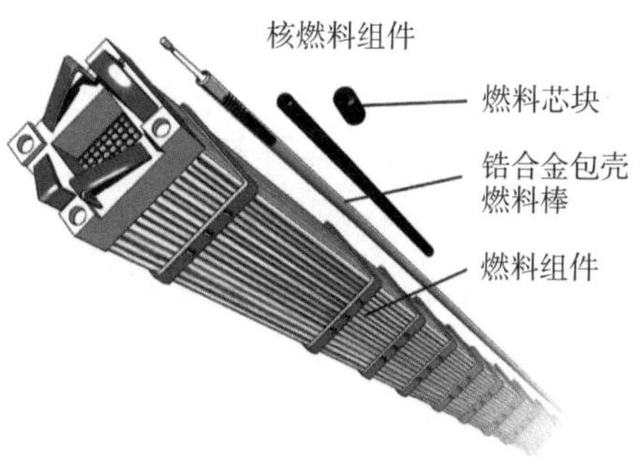

从燃料芯块到燃料棒到燃料组件

压力容器

压力容器是装载核燃料的地方，也是核反应发生的地方。它是决定核电站寿命的重要部件，因此需要对这个“大锻件”的化学成分、锻造过程进行严格的控制。压力容器是由一个高强度低碳合金钢制成的立式筒形结构。不同堆型电厂的压力容器体积略有不同，一般来说百万千瓦级核电站的压力容器高度可到 14 米，直径可到 4 ~ 5 米，大小相当于一辆竖起来的集装箱卡车。

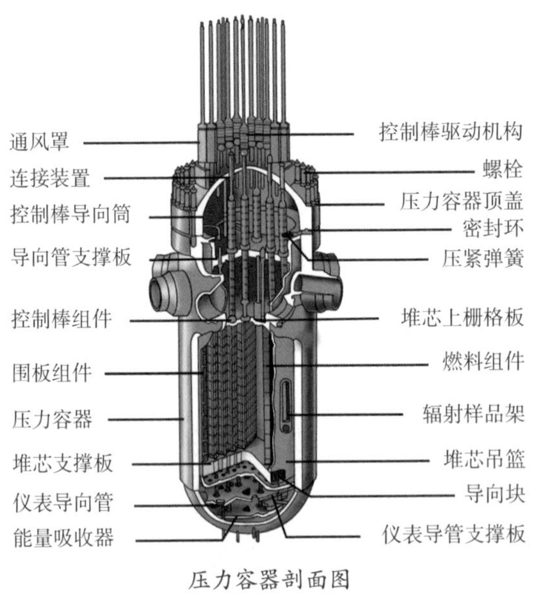

压力容器剖面图

控制棒

核裂变反应会产生中子，这些中子又可以驱动新的核裂变反应，如果堆芯的中子数量过多，核裂变反应就会越来越剧烈，所以我们需要控制中子的数量，从而控制堆芯的热功率。反应堆内一般会使用黑棒（银铟镉棒，用于停堆）和灰棒（钨棒，用于功率调节）作为中子的吸收体，称之为控制棒。

控制棒也组装成组件的形式，一根根合金管插入燃料组件的空隙中，上方通过蜘蛛形的吊架挂在连接柄上，连接柄上方连在压力容器外的控制棒驱动机构上。反应堆不运行时，控制棒从上方一直插到堆芯底部，因为中子都被控制棒吸收，此时反应堆功率为零。而启动反应堆时，控制棒驱动机构将控制棒一步步提起，中子就得到了撞击铀原子核发生核反应的机会。运行过程中，操作员还可以根据需要调节控制棒的高度，上提则功率增加，下插则功率降低。一旦发生事故，全部控制棒会在重力作用下自动快速下落，使反应堆内的裂变反应停止。

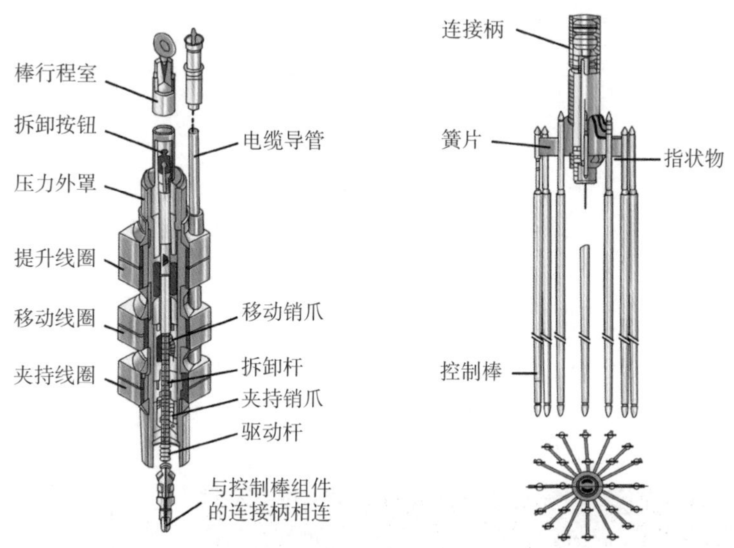

驱动机构（左）及控制棒组件（右）

主泵

全称反应堆冷却剂泵，位于核岛一回路系统中。它是核电运转控制水循环的关键、一回路中唯一转动的设备，也是设计难度最大、周期最长的核电站一级设备。主泵的作用类似于心脏，用于推动核电站的“血液”流动，也就是冷却水在一回路系统内流动，将堆芯燃料产生的热量传递给蒸汽发生器。

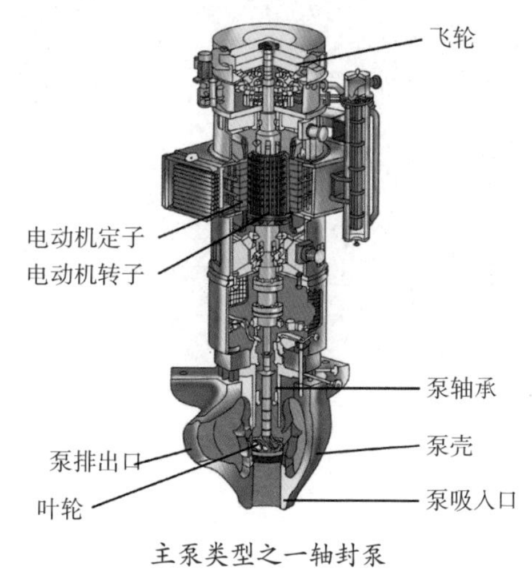

主泵类型之一轴封泵

主泵在不同的场景下也有着不同的功

能：在一回路充水时，可利用主泵赶走蒸汽发生器U形管里的空气；在反应堆启堆前，不停转动的主泵可以升高一回路冷却剂的温度，成为一个几千千瓦的大号“热得快”。

主泵可以分为轴封型和无轴封型两种，随着不同代的压水堆技术对于主泵不同的要求，主泵的技术也是大致经历了从无轴封到轴封，再回到无轴封的演化历程。无轴密封的主泵清除了在失去动力电源情况下轴封泵可能引起泄漏的冷却丧失事故可能性。

蒸汽发生器

蒸汽发生器类似于人体的肺，把一回路的热量传递到二回路，一回路的水从水室下封头的一侧（进口水室）进入蒸发器，经过U形传热管，放热后回到下封头的另一侧（出口水室），再流回一回路。同时，蒸汽发生器又是分隔一次侧、二次侧的屏障，对核电厂安全运行十分重要。

U形管是一回路和二回路，也就是放射性物质的边界。U形管外侧流的水就是二回路的水，二回路水被加热后，变成汽水混合物，进入上部的汽水分离器，经过汽水分离和干燥后，形成饱和干蒸汽，汇集到顶部的出口处，进入汽轮机。

1989年，秦山核电厂首台国产蒸汽发生器出厂

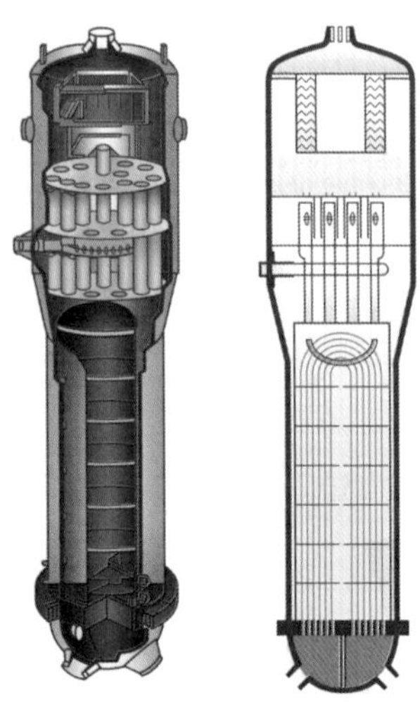

蒸汽发生器剖面图

“四道屏障”守护安全

核电站安全的基本目标是，确保公众和厂区工作人员在所有运行工况下受到的辐射照射保持在适当的规定限值之内；在事故工况下受到的辐射保持在可接受的限值之内。为此，核电站设计中设置了四道反应堆安全屏障。

- 第一道屏障——核燃料芯块。现代反应堆广泛采用耐高温、耐辐射和耐腐蚀的二氧化铀陶瓷核燃料。经过烧结、磨光的这些陶瓷型的核燃料芯块，只要不发生芯块烧毁能保留住 98% 以上的放射性裂变物质不逸出，只有穿透能力较强的中子和 γ 射线才能辐射出来。这就大大减少了放射性物质的泄漏。

- 第二道屏障——核燃料包壳。二氧化铀陶瓷芯块被装入包壳管，叠成柱体，组成了燃料棒。由锆合金或不锈钢制成的包壳管必须绝对密封，在长期运行的条件下不使放射性裂变产物逸出，一旦有破损，要能及时发现，采取措施。

- 第三道屏障——压力容器和封闭的一回路系统。这屏障足可挡住放射性物质，特别是运行过程中活化产生的放射性外泄。即使堆芯中有 1% 的核燃料元件发生破坏，放射性物质也不会从它里面泄漏出来。

- 第四道屏障——安全壳厂房。它是阻止放射性物质向环境逸散的最后一道屏障，它一般采用双层壳体结构，对放射性物质有很强的防护作用，万一反应堆发生严重事故，放射性物质从堆内漏出，由于有安全壳厂房的屏障，对厂房外的环境和人员的影响也微乎其微。

沙漠中的能源基地

——恰希玛核电站

20纪90年代，巴基斯坦，旁遮普平原，柴尔沙漠区旁。

一群中国人在工程机器的轰鸣声中忙碌着。附近的村落中的巴基斯坦儿童好奇地打量着这些黄皮肤的外来者，当得知是为他们家乡建设核电站时，这些儿童开心地与“老外”们争相合影。

中国科技人员在建设的工程，是巴基斯坦的第一座核电站，也是我国整套出口的第一座核电站——巴基斯坦恰希玛核电站。

恰希玛核电站从设计到设备研制到建造都是“中国心”，它的一号机组于1993年8月1日浇灌第一罐混凝土，2000年6月13日首次并网发电，被时任国务院总理朱镕基誉为“南南合作的成功典范”。此后，中方又在此厂址上新建了二号、三号、四号3台机组，总装机超过130万千瓦，年发电量一度达到巴基斯坦总发电量的6%。

建设中的恰希玛核电站

这座承载着中巴友谊的核电站，背后有什么鲜为人知的故事呢？

水到渠成的协议

早在 1986 年，中国就与巴基斯坦签署了《中巴和平利用核能合作协定》。1988 年，巴基斯坦原子能委员会就到上海了解上海核工院和秦山核电工程的建设情况。1989 年，38 名巴基斯坦技术人员又到上海核工院接受了为期三个多月的技术培训。同期，中方也多次到巴基斯坦进行电厂的实地研究并开展大量前期工作。

中巴恰希玛核电站合作合同签字仪式

经过多年的铺垫，1991 年 12 月 31 日，在秦山核电站并网仅仅 15 天后，中巴两国就签署了恰希玛核电站一期工程的合作合同。

恰希玛核电站俯视图（4 台机组一字排开，右上角便是运河）

运河“运来”的电站

恰希玛核电站位于巴基斯坦旁遮普平原，离它最近的海岸线在 900 多公里外的卡拉奇，接近北京到上海的直线距离，而且旁边就是柴尔沙漠区，难怪“巴铁”会称恰希玛核电站是“荒漠中的中国绿洲”呢！

恰希玛核电站的主要水源来自与印度河相通的一条运河。这条运河流量约每秒 600 立方米，只相当于长江平均流量的五十分之一。而就是这条小小的运河孕育了恰希玛核电站机组。

恰希玛核电厂厂址原貌

砂土带来的麻烦

在沙漠边上盖核电站已经很麻烦了，但更麻烦的是这地方爱地震，而且是砂性沉积土。

换句话说，和大部分核电站建在坚固的岩石上不同，恰希玛不但地震较多，而且地基是砂土。能否克服这样复杂的地质环境，成为电站能否建设的关键因素。

先说地震。中方设计人员用两年的时间成功解决了核电站土建结构在地震作用下的土体－结构的相互作用问题，获得了国际原子能专家的认可。也就是说，通过计算和改进，电厂的结构强度能够抵御地震袭击。

过了一关，再说砂土。幸运的是，通过钻孔勘探发现，砂土中除了细砂和中砂外，还有非常少的砾石、淤泥和黏土透镜体，为地基提供了必要的强度。即便如此，总重约为 20 万吨的核岛厂房建在上面，沉降依然是无法避免的，如果是均匀性沉降还好，但如果是非均匀沉降或两个底板（常规岛与核岛）非相容一致的沉降，将会“扯断”核岛与常规岛之间的管道，带来颠覆性影响。

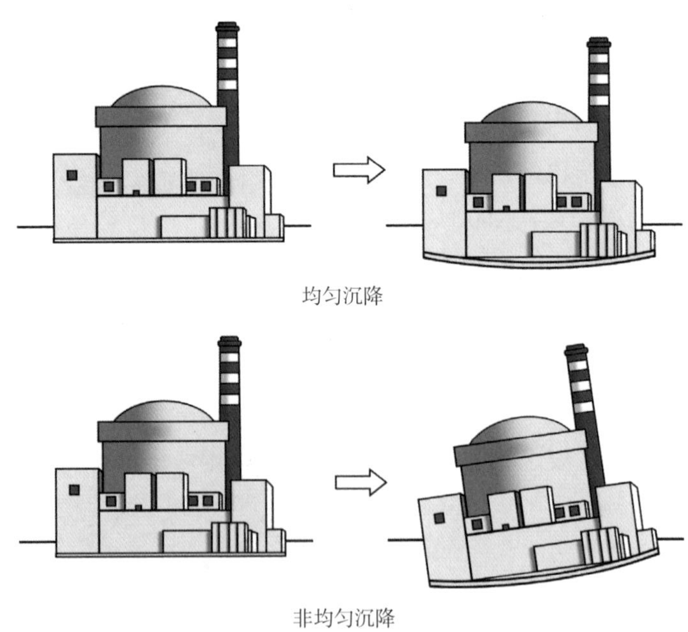

核电厂沉降示意图

如果说秦山核电站是桌子上的碗，恰希玛更像水上的船。

为了减少沉降带来的影响，设计师把反应堆厂房和各种辅助厂房设计成一个像“豆腐块”的四方体，放在一个85米×87米的底板上，反应堆厂房基本位于底板的中央位置。

从秦山核电站的卫星图，能看出核岛各辅助厂房（图里中下部偏右的位置）在安全壳（圆柱形建筑）的同一侧。

从恰希玛核电站一号机组的卫星图能够看出核岛各辅助厂房在安全壳（圆柱形建筑）的四周，这种设计可使电厂各部分重量更均衡，防止非均匀沉降带来的倾斜。

秦山核电站卫星图

恰希玛核电站一号机组

这些心思没有白费，恰希玛核电站一号机组从1993年正式开工到1998年土建基本完成，5年时间里机组沉降了51毫米，完全在预期的60毫米之内，而不均匀沉降只有3毫米，也在预期之内。

一生二，二生三，三生万物

2004年5月，在恰希玛一号机组发电四年之后，中巴两国又签署了关于二号机组的工程项目合同。本着“没有最好，只有更好”的精神，在二号及后续机组里，中方设计人员为提高安全性做出了多项改进，并引入一系列先进管理工具。2011年3月15日，二号机并网发电。同一年，同样由上海核工院设计的恰希玛三号机组和四号机组先后开工，并在2016年10月15日和2017年6月29日首次并网发电。

恰希玛核电站成为全球首个二代核电中采用比较完整的严重事故预防与完全实施的核电站，全球首个堆芯熔化频度小于10^{-5}堆年的反应堆，充分体现了设计方的创新创造。

四台机组全家福

在恰希玛核电站四台机组的建设过程中，中巴两国都非常重视。不仅巴方国家领导多次现场出席核电厂重大建设节点，还派出大量人员接受培训甚至到上海核工院参与设计，培养了大量自己的核电人才，也健全了本国的核电工业体系。

2005 年 1 月，第一批巴方设计参与人员在上海核工院结业

第三节 中国二代核电发展情况

核能利用是20世纪人类最伟大的发现之一，核电已经成为全球能源的重要组成部分，在减少二氧化碳的排放、实现能源多元化保障等方面发挥着重要作用。如果说早期原型堆验证了核能发电的工程与技术可行性，第二代核电则从商业角度验证了核电与其他发电形式相比的技术经济性。

20世纪60年代后期，在实验性和原型核电机组基础上，电功率在30万千瓦的压水堆、沸水堆、重水堆、石墨水冷堆等核电机组陆续建成。20世纪70年代，因石油涨价引发的能源危机促进了核电的大发展。全世界已投入商业运行的四百多座核电机组中绝大部分在这段时期建成的。从堆型上看，当时压水堆占核电的56%，沸水堆占21%，重水堆占7%，其他堆型占16%。到2005年，全球第二代核电站（堆）共有443台套，积累了超过1.2万多堆年的安全运行经验。核电装机占发电总装机的16%，核电占总发电量的20%左右。

第二代核电的设计没有把严重事故作为设计基准，仅考虑有限的防范和缓解，第二代核电厂的安全壳（防止放射性泄露的最后屏障）也没有考虑严重事故的负载，再加上美国三哩岛、苏联切尔诺贝利等严重核事故，让人们意识到第二代核电技术的不完善性。所以，第三代核电把预防和缓解严重事故作为设计上必须要满足的要求。这也是第三代和第二代在安全要求上的根本差别。

在我国核电从拉开序幕到批量发展的30余年中，秦山一期、大亚湾、岭澳、秦山二期等项目一起，为我国大型商用核电的产业化做出了不可磨灭的贡献。

中国二代核电主力型号

M310是法国法玛通公司在引进西屋公司M312第二代压水堆核电站900兆瓦电功率

的基础上设计的三环路标准化版本（CP0、CP1、CP2）的出口型机组，国内最早引进在大亚湾核电站。

VVER-1000（AES-91）是俄罗斯压水堆技术，单机容量106万千瓦，属于第二代压水堆核电技术，田湾核电站一期则使用了该技术。

CPR1000是我国改进型百万千瓦级（1 000兆瓦）压水堆核电技术方案。它是在引进、消化、吸收国外技术的基础上，结合20多年来的渐进式改进、特别结合三哩岛事故响应措施，自主创新形成的“二代加”百万千瓦级压水堆核电技术。技术来源于法国引进的第二代百万千瓦级机型M310堆型。

CNP1000（China Nuclear Power）是我国自主设计的百万千瓦级商用压水堆核电站，属于“二代+”核电技术。其兄弟机型还有CNP300、CNP600。

CP1000是在法国M310核电技术的基础上，经消化、吸收、持续改进和创新之后创出来的二代改进型百万千瓦核电技术，属于“二代+”核电技术。

中国典型二代核电站

大亚湾核电站

大亚湾核电站是我国大陆首座大型商用核电站，拥有两台装机容量为98.4万千瓦的压水堆核电机组，年发电能力近150亿千瓦时，其中80%电量输往香港，占香港用电量的四分之一。因其遵循“借贷建设、售电还钱、合资经营”

大亚湾核电站各机组建设商运时间

机　　组	开工时间	商运时间
大亚湾1号机组	1987年8月7日	1994年2月5日
大亚湾2号机组	1987年8月7日	1994年5月6日

的方针，大亚湾核电站被誉为改革开放的标志性工程。

秦山二期核电站

秦山二期是我国自主设计、自主建造、自主管理、自主运营的第一座国产化大型商业核电站，其设备国产化率达到55%。工程参考M310设计，装机容量为2×65万千瓦，设计寿命40年，综合国产化率约55%，扩建工程约70%。

秦山二期核电站各机组建设商运时间

机　　组	开工时间	商运时间
秦山二期1号机组	1996年6月2日	2002年4月15日
秦山二期2号机组	1997年3月23日	2004年5月3日
秦山二期3号机组	2006年4月28日	2010年10月5日
秦山二期4号机组	2006年4月28日	2011年12月30日

秦山三期核电站

秦山三期核电站是我国首座商用重水堆核电站，也是中国和加拿大两国迄今为止合作的最大项目。电站采用加拿大坎杜6型重水堆核电技术，建造两台核电机组综合国产化率约55%。秦山三期于1998年6月8日开工，2003年7月

秦山三期

秦山三期核电站各机组建设商运时间

机　　组	开工时间	商运时间
秦山三期1号机组	1998年6月8日	2002年12月31日
秦山三期2号机组	1998年9月25日	2003年7月24日

24 日全面建成投产，比中加主合同工期提前了 112 天，创造了国际 33 座重水堆核电站建设周期最短纪录。

田湾核电站

田湾核电站

田湾核电站位于江苏连云港，是中俄两国在核能领域开展的高科技合作，也是两国间迄今最大的技术经济合作项目。一期、二期工程采用俄罗斯 VVER-1000 核电技术。

扩建中的田湾核电站

田湾核电站各二代机组建设商运时间

机　　组	开工时间	商运时间
田湾一期 1 号机组	1999 年 10 月 20 日	2007 年 5 月 17 日
田湾一期 2 号机组	2000 年 9 月 20 日	2007 年 8 月 16 日
田湾二期 3 号机组	2012 年 12 月 27 日	2018 年 2 月 15 日
田湾二期 4 号机组	2013 年 9 月 27 日	2018 年 10 月 27 日
田湾三期 5 号机组	2015 年 12 月 27 日	2020 年 9 月 8 日
田湾三期 6 号机组	2016 年 9 月 7 日	2021 年 5 月 11 日

大师魅力，我国的核工程专家

中国核电一路走来，涌现出的许多杰出专家学者好似群星。而在群星之中，大师魅力尤为闪耀。

欧阳予：从中国核工业国防事业中锻炼成长起来的知名核工程专家，为我国核电事业做出了创造性的重大贡献，被誉为“中国核电之父”。

为了落实党中央和平利用核能的战略决策，已主持了我国第一座军用生产反应堆研究设计的欧阳予，投身到728工程（秦山核电站）的研发中。他和其他专家经过反复认真论证，得出结论：我国第一座核电站的堆型以采用压水堆为宜。1974年3月，周总理召开了第三次也是最后一次研究核电的中央专门委员会会议。彭士禄、欧阳予及上海核工院的专家在北京人民大会堂向专门委员会做了秦山核电站的设计汇报。就在这次会议上，中央批准了秦山核电站的建设方案。

作为728工程总设计师的欧阳予，结合我国国情，创造性地提出了一系列独具特色的技术方案、技术措施并获得了成功。

欧阳予清醒地认识到，安全和质量是核电发展的生命线。他组织制定了安全设计所必需的四条原则和十条措施，建立起一套权威的标准和严格的安全保证体系。大家也称这是核电站三道安全屏障以外的“第四道屏障”。1983年6月1日，秦山核电站正式开始土建施工。

此后不久，欧阳予又主持完成了我国第一个全面的、系统的核电站安全分析报告——《秦山核电厂最终安全分析报告》。它是20年间我国核电研究、设计和建设中有关安全分析的技术总结，也是留给核电建设后来者们的一份不可多得的第一手珍贵材料。

在工程参战各方的共同努力奋斗下，1991年12月15日，秦山核电站首次并网发电成功，实现了中国大陆核电零的突破。中国核电从这里起步，“国之光荣”在此诞生。

叶奇蓁：中国工程院院士、核反应堆及核电工程专家，秦山二期工程总设计师。

1986 年 1 月，国务院常务会议决定在秦山地区建造二期两台 60 万千瓦级压水堆核电机组。当时定下的建设方针是“以我为主、中外合作”，采用国际先进标准，与国际接轨，自主建设中国的商用核电站。时年 52 岁的叶奇蓁主持可行性研究，总体设计及重大技术方案的审定，提出堆芯设计方案，为节省厂用电在国内首次实施核岛、常规岛不同厂坪标高的设计方案等。处理协调了大量接口技术问题和施工中的重大技术问题，为秦山二期 1 号机组提前投产和 2 号机组建设努力推进做出了卓越贡献。

伴随二代核电在我国的发展，中国核电发展已走过三十年历程的年代。

2017 年，我国在役的二代核电机组一共 36 台，总装机容量 3 436 万千瓦，核电运行安全始终保持了国际先进水平，当时在建核电 20 台，在建的核电机组数量在世界上排名第一位。2016 年我国全年核电发电量是 2 105.24 亿千瓦时，尽管这个量听着很大，但是在全国总的发电量当中仅占 3.51%，所占比重并不高。

第二代核电站运行业绩良好，在一定时期内仍是我国核能发电的主体。

从无到有，从小到大，中国在核电研发设计、工程建设、装备制造、运行维护等各方面能力均有了大幅提升，培养了一大批核电专业技术人才，具备了核电技术及装备“走出去”的实力，已跻身世界核电大国的行列。

但是，“大国”并非“强国”，如何实现从“大”到“强”的转变，正是中国核电发展的“而立”之问。

第二篇

雾海

迷雾浓遮望眼
守初心见月明

第三章 野性难驯

——重大核事故及事故后改进

公元前3000年，当欧亚大草原西部上的游牧少年揉揉摔痛的屁股，准备再次跃上马背的时候，古埃及的年轻水手正紧握粗糙的麻质缆绳，学习操控四角船帆。从驯化马匹到扬帆出航，自古以来，每一次文明前行都伴随着挫折与疼痛。

当核电发展的航船刚刚驶入能源之海，现代人类社会如同稚嫩的舵手小心翼翼地绕开暗礁漩涡、冲破沉沉海雾……却依然要面临与祖先相同的挑战。

第一节 驯化“原子核”之殇

从20世纪60年代中后期开始，核能技术与核电工业在世界范围内迎来高速发展。伴随更适应商业应用的第二代核电技术趋于成熟，大量核电站如雨后春笋一般冒了出来，世界原子能事业的“青春期”张扬而热烈。但是，科学和理性发出了冰冷的疑问。

原子核真的被驯化了吗？我们仍需要从历史中找寻答案。

小小原子也曾带来深重的灾难，本是象征光与热的核电站也曾像挥舞着镰刀的死神收割了无辜的生命，也收割了核电“初生牛犊不怕虎”的冲劲。

美国三哩岛核事故

1979年3月28日凌晨4:00，“先驱者11号”（Pioneer-11）正在黑色宇宙背景上缓慢滑动，远远望去，地球像是滴在宇宙画卷中的“小蓝点”。这个微小光点上，几乎整个西半球都笼罩在夜色中，约有6亿人睡梦沉沉。

三哩岛核电站

“先驱者 11 号”飞向土星（NASA 官网）

此时，距离美国宾夕法尼亚州首府哈里斯堡（Harrisburg）西南 16 公里处的三哩岛核电站突然警报大作，尖厉的声音比阳光更早刺破了北美早春的长夜。

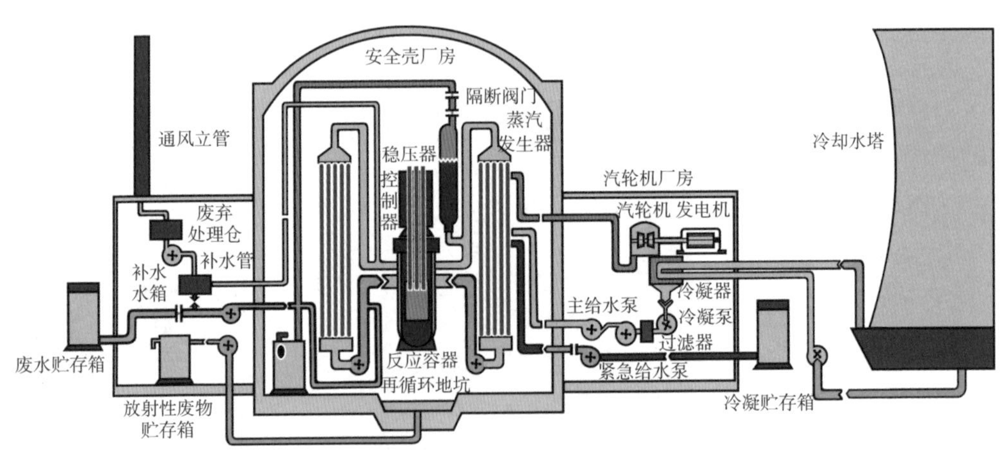

三哩岛核电站 TMI-2 堆型设备原理图

核电站中，几名值班人员例行完成了反应堆二回路的维修工作，正在进行树脂传送管路冲洗收尾工作。没人注意到，水流正通过一个因故障未能关闭的阀门漏入相关阀门的气动控制系统，这触发了凝结水断流并进一步引发二回路给水丧失。

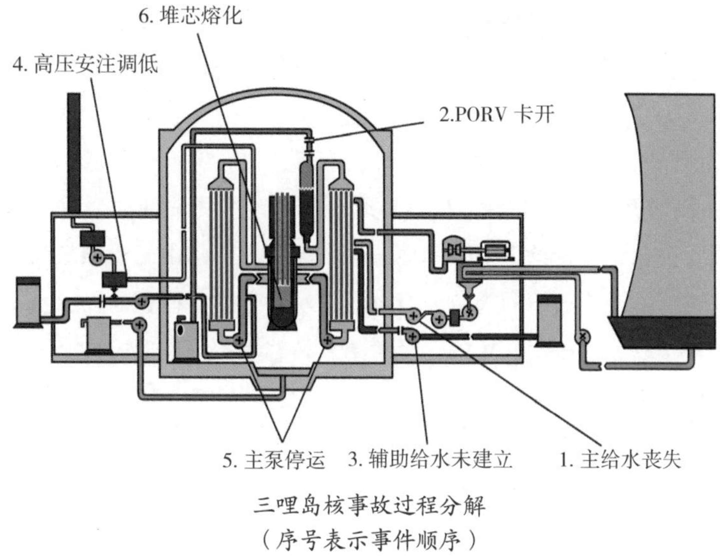

三哩岛核事故过程分解
（序号表示事件顺序）

如果此时其他“水源”补充到位，也可以避免出现严重后果。然而本应及时开动的辅助给水泵，却因为前不久一次试验后，隔离阀被工作人员设置为关闭状态，迟迟无法将“替补”送入二回路。祸不单行，主控室控制面板上的隔离阀状态指示灯被一个设备停役标牌遮盖，使得操纵员未能及时发现那个“无意”中阻挡了辅助给水的隔离阀存在异常。

缺乏二回路水流将反应堆热量带走，持续运行的反应堆难以导出热量，作为冷却剂的一回路水温度上升，体积膨胀并开始汽化，内部压力快速升高，反应堆“憋红了脸”，不得不自动打开稳压器卸压阀，就像常见的高压锅泄压阀一样，它将持续释放压力，防止反应堆压力容器超压失效。

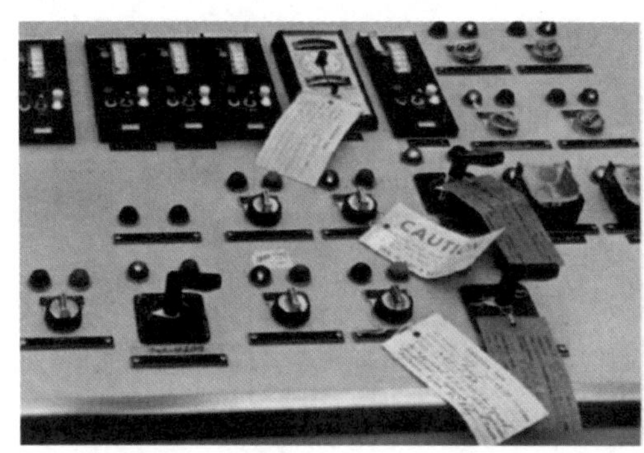

控制面板的信号灯被遮挡

蒸汽正从高压锅泄压阀中喷出

以上一切都发生在二回路水流中断的 3 秒之内。

事件开始 8 秒后，反应堆触发紧急停堆，控制棒快速插入堆芯，核裂变链式反应随之停止，一回路压力下降。

一切看似都在回归正常。

事件开始 13 秒后，按照设计，稳压器卸压阀本该在完成使命后关闭，以防止一回路冷却剂持续流失和压力持续下降，然而，这个关键部件却由于机械故障卡住了，无法回座。与此同时，由于该阀门的阀位没有直接指示，身在主控室的操纵员错误理解了指示灯的含义。他误以为稳压器卸压阀已经关闭。随着水和蒸汽通过这个故障阀门不断流失，一回路的压力和真实水位均下降，事件发生约 2 分钟后，用于冷却堆芯的高压安注系统自动启动。当反应堆正常运行时，操纵员可以根据稳压器水位来判断一回路水位。然而，此时由于稳压器卸压阀“卡开”，使得稳压器水“上涌”并通过卸压阀流出，堆芯水持续进入稳压器，稳压器水位快速上升，但堆芯水位实际是下降的，由于在电厂设计时未考虑到这种情况，操纵员误认为稳压器即将充满水，而稳压器充满水后将很难调节一回路压力，因此，在事件发生约 3 分钟后，操纵员错误地将一台高压安注泵关闭，并将另一台高压安注泵的流量调低，这个误操作使得安注系统注入的水流量小于通过故障卸压阀流失冷却剂的速率，导致一回路冷却剂通过该阀门持续泄漏长达两个半小时。

冷却剂丧失事故出现了。正是这个操纵员毫不知晓的“小破口”，引发了后面的大事故。

反应堆 LOCA 事故

LOCA 事故即反应堆冷却剂丧失事故（Loss of Coolant Accident）。根据破口尺寸划分为大、中、小破口 LOCA。通过对 LOCA 事故进行分类，一方面，可以指导研究人员更好地研究每类 LOCA 事故的特定现象，从而开发并使用适合的分析方法及分析软件，进而指导设计人员对不同 LOCA 事故采取适合的缓解措施和应对处理手段。另一方面，通过先漏后破技术（Leak-Before.Break，LBB）的研究和应用，可以避免发生较大尺寸的 LOCA 事故。

直到事故开始 8 分钟后，操纵员才恍然大悟，打开辅助给水隔离阀，恢复向蒸汽发生器的给水。然而，为时已晚，早在事故发生 1 分 45 秒后，反应堆内部已经“乱成了一锅粥”，一回路冷却剂大量汽化变为蒸汽，系统排水多于补水，堆芯传热过程恶化。两台蒸汽发生器难以“安抚”不断被加热、充满气泡膨胀的一回路冷却剂。

堆芯正走向裸露，危险即将来临！

此时，主控室里 800 个声音、灯光报警，打印机每分钟吐出 100 条报警信息。报警没有优先级，颜色编码没有逻辑性……巨量且纷杂的信息冲击着操纵员，但事实上主控室并不清楚重要设备的现场状况，就像是在雾里，既紧张，又有些无所适从。可事故进程还在继续。

事发时的主控室

凌晨 4:10，上充泵停运，操纵员尝试多次重启未果。

凌晨 4:15，疏水箱爆破盘破裂，更多的放射性水流入安全壳地坑。

凌晨 5:00，四台主泵开始剧烈震动，表明反应堆中的水已经开始沸腾并产生大量蒸汽。

凌晨 5:14，为了防止振动造成损坏，操纵员关闭两台主泵。

凌晨 5:41，关闭剩余两台主泵，冷却剂强迫循环中止，自然循环冷却未能建立。

至此，堆芯裂变产物产生的余热再无任何导出途径。

清晨 6:14，安全壳内放射性气体检测仪表读数升高并超出量程，燃料包壳可能发生破损。

清晨 6:22，操纵员终于意识到“小破口”的存在，旋即关闭卸压阀，LOCA 进程中止。

大约 6:30，堆芯开始熔化。

时钟指向 7:00，事故过去了整整 3 个小时，在厂区核应急、总体核应急等多方力量的努力下，事态开始稳定。尽管事故进程曾出现反复，堆芯多次裸露，反应堆严重损坏，安全壳内发生了氢气燃烧。直到当晚 7:50，随着一台主泵恢复运行，堆芯强迫冷却剂循环重新建立，事故进程得以中止。

早春时节的萨斯奎哈纳河（Susquehanna River）水流过三哩岛，格外冰冷。好在惊魂一日终于快要过去了。

萨斯奎哈纳河心的三哩岛核电站

在安全壳防护下，事故没有造成大量放射性物质释放的灾难性后果，没有造成任何人员伤亡。在后来长期监测中，事故所释放的放射性物质对公众的辐射健康影响也显示微乎其微，对公众健康的影响主要存在于精神方面。一种“核技术已经失控的愤怒情绪”弥漫在三哩岛周围。由于担心受到放射性危害，核电厂周围 15 英里范围内超过 39% 的民众，在事故后几天里选择了撤离，共涉及 5 万个家庭 144 000 人。

事故发生后，白宫指派美国核管理委员会（Nuclear Regulatory Commission，NRC）反应堆监管司司长哈罗德 · 丹顿（Harold Denton）全权负责现场调度，安全壳内的氢气聚集风险得以缓解，避免了公众最为担心的爆炸。4 月 1 日，在事故状况还不十分明朗的情况下，时任美国总统卡特（Jimmy Carter）抵达三哩岛事故现场视察并召开了新闻发布会。这位随“美国海军核动力之父”里科弗（Hyman George Rickover）参与过核潜艇制造并掌握核工程知识的前海军军官，在现场的表现相当专业。此举进一步稳定了民心，对驱散公众心理的阴霾起到很大作用。

随后的 4 月 11 日，卡特委派了由 12 名委员组成总统委员会，负责详细事故调查。

经委员会调查后认定：三哩岛核电站事故的发生，是人为的因素、制度上的缺陷和设备的故障等一系列原因造成的。

美国总统吉米·卡特在1979年4月1日与哈罗德·丹顿（左一）等人视察TMI-2控制室

基于调查结论和当时的社会氛围，卡特表明政府态度："核能应当作为最后一种可供选择的能源。"三哩岛事故成为美国核电发展史的分水岭。在各种因素综合作用下，美国核能事业被拦腰截断，前后共有130多台核电机组订单被取消。尽管后来不断有人宣传"核能复苏"，但直到2017年期间约30余年的时间，美国没有任何一座新建核电站投入运行。

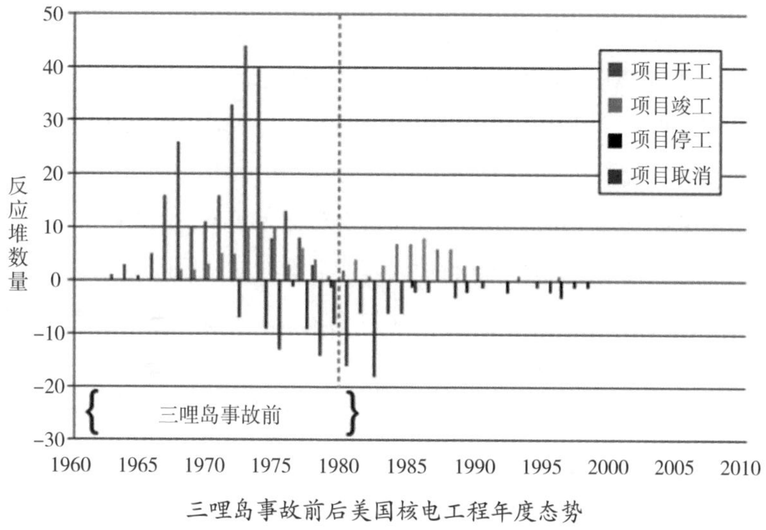

三哩岛事故前后美国核电工程年度态势

痛定思痛，三哩岛事故作为人类历史上第一次核电严重事故，也为核电事业带来了空前影响和积极的一面。

三哩岛事故第一次让核工业界切实感受到，堆芯熔化的严重事故是可能发生的。而在三哩岛事故之前，于 1974 年发布的 WASH-1400 报告已经采用概率安全评价的手段，预测了小破口事故、设备多重故障或失效可能引发严重事故所带来的风险，这说明当时的确定论安全分析以大破口为主开展评价是不完备的。因此，三哩岛事故后，核电厂的安全评价逐渐演化为更为全面的确定论结合概率论的综合体系，同时严重事故在三哩岛后也得到了足够的重视，国际上对于堆芯熔化进程、机理和安全壳内氢气行为等均开展了大量的试验和理论研究。

另外，三哩岛事故暴露了人员的错误判断和操作导致事故进一步恶化至严重事故的风险，让业界意识到，提升安全的一个先决条件是提高操纵人员素质，因此，监管部门重新起草了核电厂从业人员的基本标准，以提高人员资格方面的要求。此外，在事故高度紧张的环境下，操纵员如何将电厂带回稳定状态也成为研究和改进的重点方向，包括安全状态参数的设立，操作人员培训规范、规程 / 导则编写及使用要求，人员负荷评价，人机界面系统的友好性等。

三哩岛事故同样带来了一系列组织调整，其中标志性的事件是，成立核电运行研究院（INPO），INPO 的功能包括：为核电厂的管理和运行建立行业基准；对核电厂的管理和运行进行独立评估，确定其是否符合基准；审查核电运行的经验，对其进行分析并反馈给运营商，将获得的经验反馈融入人员培训项目中，与其他组织共同协调信息报告和分析工作；为核电厂操作人员和维护人员制定教育和培训要求；对培训项目和持证人员进行认证；为核电厂不同岗位的员工举办研讨会和通用培训；进行研究和分析，为核电厂运行、人员培训及核电厂设计和运行中人因方面的标准化提供支持等。为了促进核电厂运行达到最高水平的安全性和可靠性，即为了促进优良运行，它向美国公众和世界清楚地表明，美国核工业界不满足于达到最低标准。

此外也应注意到，虽然三哩岛事故发生了严重的堆芯熔毁。但事故中无人员伤亡，运行人员接受了有限的剂量辐射。周围居民受到的辐射相当于做了一次胸透，对其癌症发生率没有显著性影响，可以看到安全壳作为核电的最后一道屏障，在防止大规模放射性释放方面起到了关键性的作用。

就像 1945 年的吉米 · 卡特不会想到他将亲手“终结美国的第一核纪元”，参与三哩岛事故处理的哈罗德 · 丹顿也不会想到，他与核事故的“故事”将在 7 年后再次续写。

苏联切尔诺贝利核事故

1986 年 7 月 9 日，由约翰斯 · 霍普金斯大学主办的国际能源研讨会正在美国首都华盛顿召开。一篇特邀论文引起了与会者注意，论文摘要中写道：

“正如三哩岛核事故一样，切尔诺贝利核事故引起了全世界公众对核安全的关注……作者近期随美国核安全代表团对切尔诺贝利访问的经历，本文回顾了一些新的研究，以得出关于切尔诺贝利事故的原因、健康和环境后果，以及对美国核电站安全监管影响的结论。”

切尔诺贝利核电站

Ann. nucl. Energy, Vol. 14, No. 6, pp. 295-315, 1987
Printed in Great Britain

0306-4549/87 $3.00 + 0.00
Pergamon Journals Ltd

THE CAUSES AND CONSEQUENCES OF THE CHERNOBYL NUCLEAR ACCIDENT AND IMPLICATIONS FOR THE REGULATION OF U.S. NUCLEAR POWER PLANTS†

H. R. Denton
Director, Office of Nuclear Reactor Regulation, U.S. Nuclear Regulatory Commission, Washington, DC 20555, U.S.A.

(Received 5 March 1987)

Abstract—As in the case of the TMI accident public concern around the world over nuclear safety has been aroused by the Chernobyl nuclear accident. Because of its severity and enormous impact on public opinion, it is important to study the accident and its implications carefully and to provide accurate information to the public.

Since this was the first nuclear accident with large offsite releases of radionuclides, valuable insights are to be gained especially, for example, from Soviet actions to terminate the accident and mitigate its consequences, emergency preparedness and evacuation measures, medical treatment, protection against contaminated food and water supplies, and a variety of post-accident recovery measures.

With the perspective of a year since the accident and a recent visit by the Author to Chernobyl with a U.S. nuclear safety delegation this paper reviews a number of new studies to draw conclusions about the causes of the Chernobyl accident, its health and environmental consequences and some of the implications for regulation of the safety of U.S. nuclear power plants.

1. CAUSES OF THE CHERNOBYL NUCLEAR ACCIDENT

Until the tragic nuclear accident of the Unit 4 reactor at Chernobyl in the Soviet Ukraine beginning on April 26, 1986, there were well over 3000 yr of commercial nuclear power plant operations without loss of life to plant workers or the public due to a nuclear accident (Kemeny, 1979). Even after the Chernobyl accident, views were expressed as to the irrelevancy of the Soviet accident to the outlook for a similar worst case accident happening to reactors operating in the Western World. The design of the RBMK graphite-moderated, pressure tube reactor units at Chernobyl is simply too different from the more prevalent type of reactor designs in the West to draw meaningful inferences from this accident regarding their safety along with the presumptions that safety regulation in the USSR might not be so stringent as in other nations.

While not discounting the possible correctness of these views, government officials in the U.S. and other affected countries felt it prudent to withhold official judgments on what safety lessons, if any, are to be learned from the Chernobyl accident until adequate factual information and analyses could be generated. As in the case of the TMI accident, public concern around the world over nuclear safety had been aroused by the Chernobyl tragedy. Such anxieties are not readily allayed even with the availability of accident information at the level it exists today, let alone the sketchy facts that emerged in the first few months following the accident. Moreover, operator errors played a significant role in both the TMI and Chernobyl accidents—causal factors that are not wholly related to reactor designs or their differences. Also, of course, since this was the first nuclear accident with large off-site releases of radionuclides, there is an apparent potential for gaining valuable insights from the successes (or inefficiencies) of Soviet actions to terminate the accident and mitigate its consequences. The latter includes emergency preparedness and evacuation measures, medical treatment, protection against contaminated food and water supplies and a variety of post-accident recovery measures.

† An invited paper as a follow up to the International Energy Seminar on "Chernobyl: The Implications for Nuclear Power and the International Nuclear Regime", sponsored by the International Energy Program of The Johns Hopkins Foreign Policy Institute, Washington, DC, July 9, 1986.

Dr Miller B. Spangler, Special Assistant for Policy Development, assisted in the preparation of this paper.

295

296　H. R. Denton

In addition to providing an overview of the causes of the Chernobyl accident and actions taken to mitigate its consequences, the scope of this paper will also include methodological issues in assessing the health consequences of the accident and provide a preliminary view of some implications of the Chernobyl accident for the regulation of U.S. nuclear power plants.

Chronology of events in the accident scenario

NRC's Severe Accident Policy Statement defines a "severe nuclear accident" as an accident in which substantial damage is done to the reactor core whether or not there are serious offsite consequences (NRC, 1985a). It is almost impossible to have such an accident unless a number of equipment or human failures occur in sequence or concurrently. Each unique combination of failures that theoretically could yield a severe accident is called a *scenario*. Computer models and quantitative risk assessment methods are used in the U.S. and several other countries to compute the on-site and off-site consequences of each *scenario* and the probability of its occurrence, albeit with a broad range of uncertainty. If the severe accident *scenario* goes beyond large-scale core melt and breach of containment, then it also must include weather and radionuclide dispersion and deposition modelling as well as assumptions regarding time of day, momentary population distribution, emergency sheltering or evacuation measures, medical treatment and other factors to complete the basis for computing consequences. Accordingly, there are literally hundreds of theoretical severe accident scenarios that are in the realm of possibility, although some are of such very low probability as to provide a negligible contribution to the total (or overall) risk of the fuller spectrum of accident scenarios.

Positive and timely operator actions can sometimes terminate a sequence of accident precursor events, thus preventing a severe nuclear accident. In most cases, passive and automated engineered safety features are relied upon to assist in the defense-in-depth capability of accident prevention or consequence mitigation, given that one or more failures have already occurred. Redundancy and diversity of engineered safety features are employed to reduce the probability that a chain of failures will produce a severe nuclear accident. Among such functional safety features included in the Light Water Reactors (LWRs) prevalent in the U.S. and many other countries are (Okrent, 1981):

(1) reactor trip or scram system that rapidly inserts reactor control rods to stop the fission process and terminate core power generation,
(2) emergency core cooling system that cools the core, thereby keeping the release of radioactivity from the fuel into the containment building at low levels,
(3) post-accident radioactivity removal systems to remove radioactivity from the containment atmosphere,
(4) post-accident heat removal systems to remove decay heat from within the containment building, thereby preventing overpressurization of the containment building,
(5) containment integrity systems to prevent radioactivity within the containment building from escaping into the environment.

The systems reliability of the above ESFs, except possibly containment integrity, is greatly enhanced by the diversity and redundancy of various components and sub-systems. In addition to containment, defense in depth is also achieved by maintaining the integrity of several other barriers between the radioactive materials in the LWR reactor core and the human environment: the metal cladding of the reactor fuel rods; the water in the reactor coolant system; and a high-strength reactor vessel that provides the reactor coolant pressure boundary. The RBMK design of the Chernobyl-4 reactor unit contains some, but scarcely all, of the above LWR design features providing defense-in-depth capability to limit the risk of certain severe accident scenarios. Notably absent in the RBMK design is a reactor vessel and a containment with adequate strength for overpressure at the top of the reactor for the type of accident that occurred at Chernobyl.

The following is a brief chronology of the more salient events in the unique accident scenario that took place during the 10-day period between April 26 and May 6 1986 (USSR, 1986; INSAG, 1986; NRC, 1987a). Of necessity, some of the more technical and complex aspects of the scenario are omitted. The accident took place during a safety-related test being carried out on a turbogenerator at the time of a scheduled reactor shutdown. This was meant to test the ability of a turbogenerator, during station blackout, to supply electrical energy for a short period until the standby diesel generators could supply emergency power to avert a severe accident.

- From 01:00 to 13:05 on April 25, reactor power of Unit 4 was reduced from 3200 MWt to 1600 MWt in accordance with the start of the test procedure; turbine generator No. 7 was then removed from service as planned.

哈罗德 · 丹顿关于切尔诺贝利核事故的论文

这位到访切尔诺贝利核事故现场的美国人，正是在美国前总统卡特全权委托下处理三哩岛核事故的哈罗德 · 丹顿。在他看来，两起核事故的成因颇为相像，都是各种因素叠加的结果，其中既有操纵员的误操作，也有堆型设计的问题。

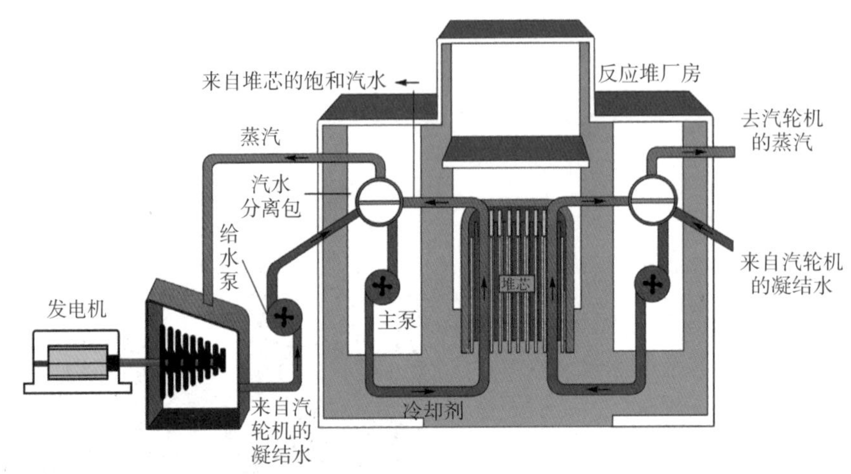

切尔诺贝利 RBMK-1000 型石墨反应堆热循环系统

事故前的切尔诺贝利核电站

时间回到 1986 年 4 月 25 日，切尔诺贝利核电站四号反应堆即将按计划停机检修。在停机之前，工程师们希望利用这段时间开展一次试验。

试验目的在于了解，当核电站失掉电力（发电机与外部电网脱开，且核电站没有外部电源支持），又无应急电源接入的前提下，依靠一台还在旋转的汽轮机（惰转）能为核电厂一些系统供应多长时间电力，使主泵能够多导出一些反应堆的热量。这好比一架飞机松开“刹车”，观察飞机还能低速滑行多远。滑行时间越长，自然对于确保飞机安全越有利。但是这个试验本身就存在着风险，试验计划未做好充足准备，也没有得到批准。试验大纲中未包含充分的安全防御事项，运行人员未察觉电气试验的核安全问题及潜在威胁，更不必说苏联工程师们在试验过程中出现一系列操作错误，堪比直接关闭了警报系统，还猛踩“油门”。正如后来切尔诺贝利事故调查委员会主任委员瓦列里 · 列加索夫（Валерий Алексеевич Легасов）批评得那样：“这就好比飞行员一边飞行，一边测试飞机引擎。”

4月25日凌晨1:06，4号反应堆开始“松油门”，这个功率降低过程持续到当天下午2:00。此时，操纵员违规切除了应急堆芯冷却系统（Emergency Core Cooling System，ECCS），以防止应急堆芯冷却系统的水进入系统干扰即将开始的试验。

切尔诺贝利事故调查委员会主任委员瓦列里·列加索夫

20世纪80年代的苏联冶金厂正在炼钢

但由于下午时分的基辅工业区仍在开足马力生产，电力需求很高，电网调度人员发来指令：

推迟试验。

现场试验人员只好耐着性子等待，四号反应堆在50%功率同时没有ECCS保护的情况下，运行了9个小时，直到当天夜里11:10。

深夜，基辅工业区终于安静下来，电力需求降低，具备试验条件。

在得到上级许可后，反应堆功率继续降低。可经过漫长等待，身心疲惫的操纵员忘记了将功率调节器复位。这是一个严重错误！四号反应堆热功率从 500 兆瓦一下子掉到了 30 兆瓦，几乎变成“空中停车”。

这一误操作导致堆芯充满了水，氙浓度升高，反应性掉入“碘坑”。为之一惊的操纵员马上采取措施提升功率并想要停止试验，但副总工程师迪亚特诺夫坚持继续试验。此时已是 4 月 26 日凌晨 1:00，现场操纵员为了让反应堆功率尽快提升到试验计划功率，开始违反操作规程，一根又一根地拔出控制棒。直到几乎抽出全部手动控制棒，反应堆功率也只回升到 200 兆瓦，远低于试验计划的 700 ~ 1 000 兆瓦水平。

“碘坑”有多坑

核反应堆在裂变与衰变过程中，发生着大量的物质转换，一些新产生的物质对中子平衡有重要影响。特别是个别的裂变产物具有很大的中子吸收截面，典型的裂变产物有钐（Sm-149）和氙 -135。

氙 -135 是气体，弥漫在反应堆中，会和硼一样会直接吸收中子导致核反应速率下降。反应堆正常运行状态下，足量的中子会很快消耗氙 -135，氙 -135 吸收一个中子后会变成氙 -136，不会再对核反应造成影响。

但是，核反应堆在低功率运行时，中子生成量减少，碘 -135 衰变成氙 -135 的过程却在继续，这导致氙 -135 的浓度持续上升。它的存在会大大降低反应堆的升功率速度，因此被形象地称为“碘坑”。

同时，操纵员接连违反运行规程，偏离试验计划、关闭紧急停堆保护系统信号、投入反应堆一回路上剩余的两台主泵以增加反应性……

事故后的数据分析证实，凌晨 1:22 时的反应堆运行反应性裕度约等于 8 根控制棒，这远低于维持正常运行规定的下限 30 根，而四号反应堆型号设计有 211 根控制棒。此时，切尔诺贝利核电站四号反应堆已经在悬崖上摇摇欲坠，而它“身上”吊着一根纤细的绳索。

正反应性空泡系数

冷却剂，也就是我们最熟悉的水，在流经“热腾腾”的堆芯时会发生沸腾，产生气泡。而气泡会引起反应性变化，这种现象被称为“空泡效应”。在冷却剂中所包含的蒸汽泡的体积分数（百分数）称为“空泡份额”。冷却剂空泡份额变化百分之一所引起的反应性变化，称为“空泡系数”。其可能是正值，也可能是负值，这取决于反应堆设计。

“正”意味着当堆芯中的空泡数增大时，反应堆的反应性会增加。而负反应性空泡系数的堆型则恰恰相反，当堆芯中的空泡系数增大，反应性降低。比如，现在常见的压水反应堆都是负反应性空泡系数设计，其以吸收截面比较大的水作为慢化剂和冷却剂，核裂变是由热中子（慢中子）引起的，中子慢化（减速）靠水分子。如果温度升高，水变成蒸汽气泡，则水分子数量大幅减少，产生慢中子数量将会下降，所以引起的核裂变减少，堆芯会产生能量降低。而切尔诺贝利核电站采用的 RBMK-1000 石墨沸水堆特殊设计，意味着在没有水、仅有水蒸气时，一方面石墨慢化产生大量慢中子，另一方面吸收的中子大大减少，降低的中子吸收作用会使反应堆的功率迅速增加，在这种情况会形成一个危险的正循环：气泡增加，降低了水吸收中子的效率，进而导致输出功率增加；而输出功率增加，又会导致更多的气泡产生。

因此，正反应性空泡系数所带来的正反馈是对反应堆安全十分不利的。回想一下，当你在生活中对着话筒说话，声音进入话筒经放大器放大后由扬声器发声音，从扬声器中传出的声音，再次进入话筒……无限次反复之后，通常会听到一些尖利的啸叫声。这便是一种声音的正反馈。我们通常设计反应堆要求反应性空泡系数必须为负值，形成一个负反馈，才有助于堆芯功率的自我稳定。

凌晨 1:23:04，试验正式开始。

汽轮机脱离，开始利用它转动的惯性继续驱动主泵旋转。随着汽轮机减速，泵的转速也慢下来，由于堆芯里的水流速过低，燃料升温，水中气泡开始增多。20 秒后，在正反应性空泡系数作用下，反应堆功率急剧升高。

到凌晨 1:23:40 时，反应堆功率已超过 530 兆瓦，操纵员立即按下紧急停堆按钮，想要快速插入控制棒。但为时已晚，由于之前的违规操作，这些停堆棒从堆芯完全抽出后高悬堆顶并处于闭锁状态，需要 6 秒钟才能回到堆芯。

事态发展可容不得秒针再跳动 6 次。

只有 4 秒，反应堆功率就暴涨到了约 33 000 兆瓦，远远超过反应堆的设计功率 3 200 兆瓦。运行日记记录道：“凌晨 01:24。猛烈振动，反应堆控制和保护系统的控制棒在到达低限位停止开关前停止移动，棒驱动机构电源开关关闭。”

而在核电站外的人们，先是听到了一声闷响，紧接着又看到了一次爆炸，反应堆顶有什么东西飞上了天，飞射而出的火焰四散溅落，沉沉夜色中顿时火光冲天。实际上，人们观察到的是两次来自反应堆的爆炸。

第一次，包裹着核燃料的金属管熔化，冷却时急剧蒸发，终于因为蒸汽压力过大，导致大规模的蒸汽爆炸，一口气将反应堆 2 000 吨的上盖炸飞。这次爆炸摧毁了更多燃料管道，大量的蒸汽涌出，冷却水的持续流失令反应堆的输出功率继续上升。

第二次，仅仅是 2 ~ 3 秒后，堆芯在爆炸中飞散，直接将屋顶炸飞，造成的危害也更大。尽管因此链式反应停止了，但在氧气与极端高温的反应堆燃料和石墨慢化剂结合

1986 年爆炸后的 4 号机组现场

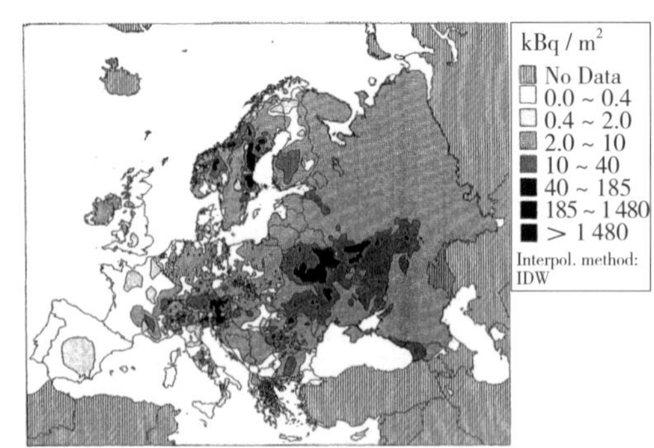

以 1986 年 5 月 10 日为标准的欧洲铯 -137 沉积水平图

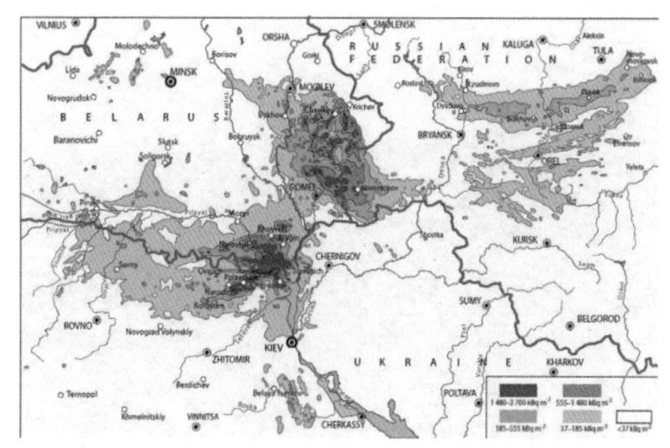

1989 年切尔诺贝利周围环境辐射污染剂量分布

后，马上引起了熊熊燃烧的石墨火和极大量的辐射落尘，大量放射性物质形成高压烟羽上升至高空，随大气流动污染了多个国家。

事故发生后，消防员在事故后几分钟内赶到现场，不顾一切冲进火海，试图扑灭大火。

直升机飞行员冒死飞抵反应堆上方，120 架直升机空投了 5 000 吨硼砂覆盖物，以吸收辐射。

核电工程师坚守岗位，两次组成敢死队，潜入满是高放射性水的地下室开启泄水阀，以避免出现蒸汽爆炸。

上万名矿工被组织起来，掘开 100 多米直达反应堆下方的隧道，安装液氮冷却装置，以便让堆芯“冷静”下来。

运输队伍及协调人员倾巢而出，用 1 000 多辆大型客车和 3 趟铁路专列花费 4 个小时撤离了 5.3 万居民。

核电工程师、应急部门人员和军人轮番上阵参与清污，他们身着厚重铅衣，每人每次只挥几铲子就被替换下来。第一个冲上去的是苏军工程兵司令塔拉克诺夫（Тараканов Николай Дмитриевич），那句著名的“我和政委先上，其次是党员，最后才轮到其他同志”就出自他口。

救援直升机飞越四号核反应堆

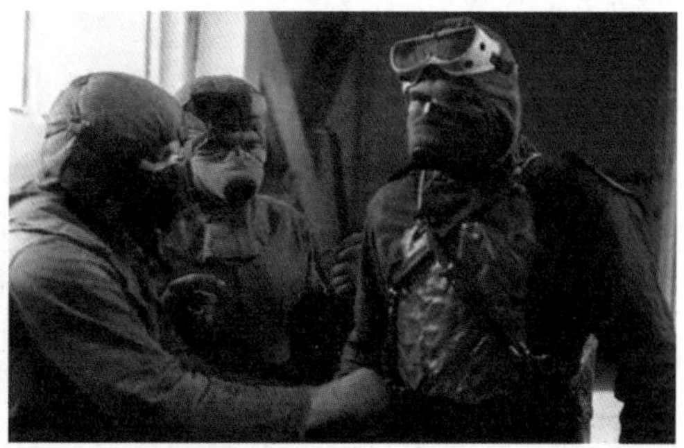
勇士出征开启泄水阀

核电站屋顶清理放射性残骸的工作人员

周边区域指挥交通的警察

切尔诺贝利救援纪念章

前赴后继，英雄无言。在他们收到的纪念章上，α、β 和 γ 射线的轨迹在一颗血滴中汇合，象征着他们为保护全人类的血色奉献。

而在事故后，为了进一步阻止核泄漏物质继续扩散，当年 12 月，苏联当局建造了一座消耗 40 万立方米混凝土和 7 300 吨钢铁的巨型遮蔽结构，将 4 号核反应堆被彻底封闭起来，这就是所谓的“切尔诺贝利石棺”。2013 年，在国际社会共同努力下，欧洲国家联合投资修建了一个巨型的拱形安全掩体（NSC），并用轨道滑动到位，用来替换年久失修的旧“石棺”，新的“石棺”宛若高大的山丘，接替使命，继续坚守岗位。

新旧切尔诺贝利石棺

与此同时，国际原子能机构（IAEA）迅速组织了国际核能安全咨询小组（INSAG）进行调查。事故后 4 个月在维也纳举行的切尔诺贝利事故国际会议上，专题报告 INSAG-1 将切尔诺贝利事故的主要原因归咎于操纵人员的严重失误。

然而，正如 INSAG-1 报告所指出的那样：“仅仅经过短时间的准备，且许多问题尚待分析确定的情况下，一份报告的每一个细节都保持正确，事实上是不可思议的。”随后多年的大量跟踪调查与分析，果然在反应堆堆型的特性及事故进程的细节方面提供了大量新信息，这促使国际原子能机构（IAEA）迫切需要对切尔诺贝利事故原因进行重新评价。

1992 年，国际原子能机构（IAEA）发布 INSAG-7 报告并指出，切尔诺贝利事故是一系列因素的共同作用造成的。这些因素涉及反应堆设计、操纵人员行为、运行经验反馈、核安全管理体制等。

两份报告所给出的清晰结论，并不意味着人类社会对事故调查与反思的终结。经过长期和全面地调查。INSAG 最终将事故的主要原因归结为：

- 反应堆在设计上存在重大缺陷，不具备固有安全性。具体是指其在低功率条件下的空泡反应性系数为正。当功率提高，产生的蒸汽（即空泡份额）更多，空泡对反应性的正反馈对进一步加剧裂变反应，这是一个不断正反馈的增益过程，使得反应堆变得相当不可控。
- 操纵员不按照规程执行试验。例如，将运行反应性裕度降低到允许的限值以下，在试验中发现无法按照试验大纲执行，擅自改变试验条件等。这显示了核安全文化建设的不足。
- 另外，与三哩岛事故相比，由于切尔诺贝利反应堆外只设计了具有辐射屏蔽作用的反应堆厂房，而没有专门的密封承压安全壳，蒸汽爆炸导致了放射性裂变产物进入高空并弥散至欧洲各国，侧面证明了外部采用安全壳设计的核电厂具备更高的放射性包容能力。

如今的切尔诺贝利城市入口标志

如今，切尔诺贝利城市道路入口处

矗立的纪念碑，默默注视着往来人群，时刻警醒着世人核电的发展必须以人类的安全为提前。

日本福岛核事故

事故后的福岛核电站

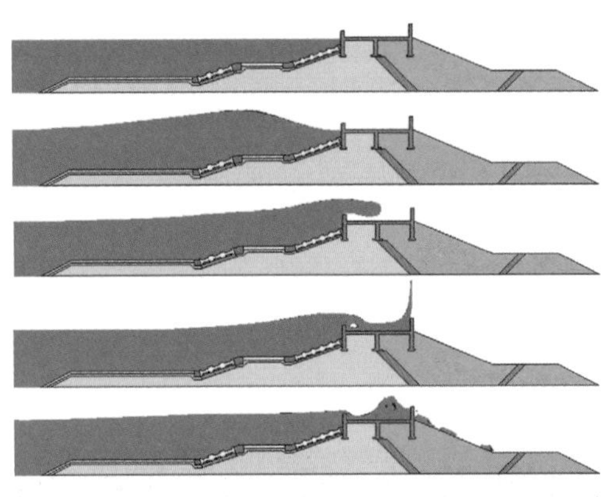

海啸波冲击挡浪墙过程数值计算模拟

“那面黑色的墙是什么？”

看着海上陡然增高的巨浪，很多身处日本东北部沿海的人们也难免惊措，尽管他们已经见惯了地震与海啸。

“黑墙”源头正是2011年3月11日14:46在太平洋地区发生的里氏9.0级地震，震中距离日本海岸线约130公里，震源深度24公里。铁臂阿童木的“十万马力”可以穿透岩石，哆啦A梦的“空气炮”可以击倒敌人，但它们都难以改变地球的“样貌”。而“3 · 11”地震作为日本有地震记录以来最强的一次地震，其大规模地质断裂过程中释放出的能量却足以“重塑山河”。测量数据显示，震后日本北部海岸平均向东位移了2.4米，局部地区位移达到4米；日本东部海岸平均沉降50厘米，最大处达到1.1米。

由于地震超过了核电站反应堆保护系统设定的阈值，运行中的机组立即插入控制棒，完成自动停堆。然而，停堆并不意味着危险的消散。了解过三哩岛核事故与切尔诺贝利核事故的你一定知道，避免事态进一步发展的关键在于——“散热”。

就像紧急制动后的车辆仍然会滑行一段时间，停堆后的反应堆短时间内仍然进行着衰变和少量裂变，它们都会产生热量，特别是衰变还会持续很长的时间。因此，需要外部动力的驱动，泵入冷水让反应堆“平复心情”。

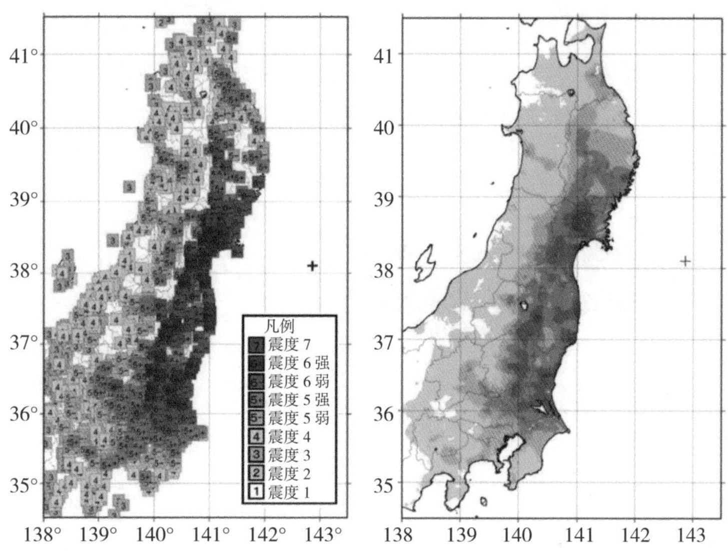

地震烈度分布和估计地震烈度分布，+ 号表示震中（日本气象厅）

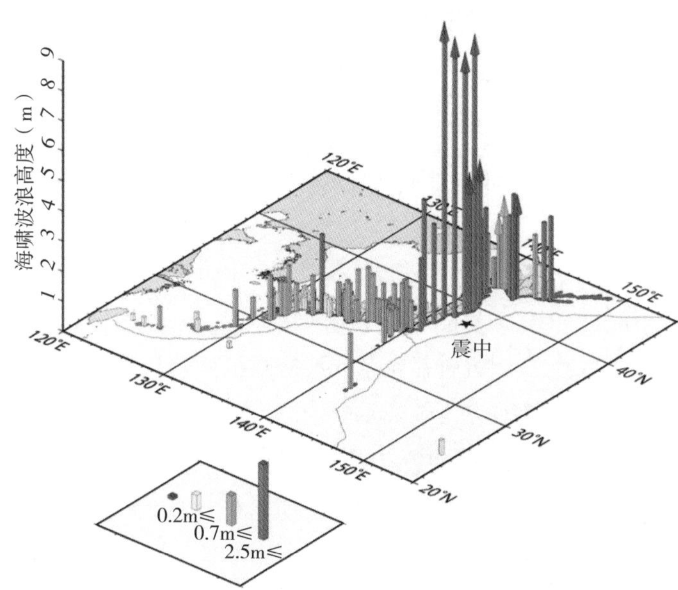

海啸观测设施观察到的海啸高度，箭头表示有一段时间由于海啸对海啸观测设施的破坏而无法获得数据，在随后的海浪中高度可能会更高（日本气象厅）

此时，连接核电厂和变电站的电缆在地震中受到损坏，导致丧失全部厂外电源。不过，厂内的应急柴油发电机已按照预期启动，负责提供动力。核电站各设备仍然保持运行，在安全系统与人员操作下进行反应堆余热排出工作。

余热与余热导出

核电厂需要定期维修或更换燃料时，将控制棒插入反应堆，燃料中的核裂变反应中止，核电厂"熄火"。然而在"熄火"后，反应堆内仍存在由于衰变辐射、缓发中子等产生的"余热"。据估算，在停堆后的瞬间，堆芯发热率可达到"熄火"前的6%到7%，之后随时间快速降低到1%以下。以热功率4 040兆瓦核电厂为例，停堆后仍能释放最大约280万千瓦的热功率。如果放任"余热"不管，可能导致堆芯持续升温、过热，甚至"烧坏"。综上，对核电厂而言，停堆并不类似家用电器拔掉电源后就可以直接关闭，"余热"能量的导出也是十分必要的，这也是利用核能发电时不同于其他形式能源的一个"痛点"。

一切看似有条不紊。但是接下来，包括福岛第一核电厂（即最终核事故的核电站）在内，日本东部沿岸各核电厂的事故进程才刚刚开始。

15:27，也就是地震发生41分钟后，第一波海啸抵达福岛第一核电厂，4米高的浪头并没有超过电厂防波堤（设计基准5.7米）。

15:35，第二波海啸抵达，旋即冲破了防波堤的阻挡。11.5～17米高的海浪是真正的"洪水猛兽"。反应堆厂房被淹，汽轮机被淹，一切具有出入口的构筑物全部失效，巨浪裹挟着厂房残骸不断冲击滤网、水泵、设备。

15:41以后，在冷却水丧失、柴油发电机厂房被淹没的情况下，各个机组配属的柴油机逐渐停止工作，当下唯一持久的动力不复存在。可海啸波仍在冲击，第三波，第四

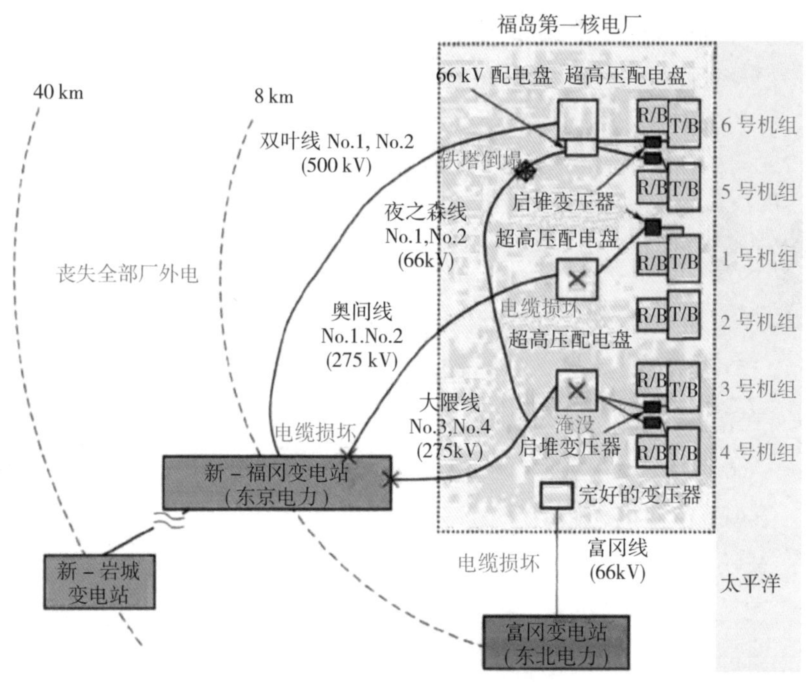

地震强度与日本东北部沿海核电站位置关系，震后福岛第一核电厂厂外供电线路情况

波……直到第七波。

福岛第一核电厂 1、2 号机组由于失去全部电源，直接进入“盲状态”，即失去仪控系统、显示系统、照明等，使应急人员无法判断反应堆内的具体状况。剩余两台机组依靠仅剩的蓄电池苦苦支撑。断电导致各机组内的主给水泵停止运转，应急冷却系统阀门无法打开，无法正常运行，在非能动的冷却系统超出其设计要求苦苦支撑若干小时后，由于没能及时建立其他的缓解手段，反应堆堆芯的冷却手段彻底丧失了。堆芯衰变热不能及时地被带出，主回路

救援福岛核电

内的温度压力不断升高，水蒸气与裸露的过热核燃料锆合金包壳材料发生锆水反应，产生大量氢气并释放热量，进一步提高反应堆内的温度和压力。

锆水反应

无色的锆石“模仿”钻石

锆（读音 gào，化学元素符号 Zr）的命名来源于锆石，这是一种夺目的珠宝，具有从红到橙、绿、黄等各种美丽的颜色，无颜色的锆石经过切割后会呈现出夺目的光彩。正是因为这个原因，锆石长期被误认为是一种软质的钻石。1789 年，德国化学家马丁·海因里希·克拉普罗斯（Martin Heinrich Klaproth）才为锆“验明正身”，证明了它是一种新的矿物，并将新元素命名为锆，但人们始终无法获得高纯度锆。直到 1938 年，卢森堡科学家克劳尔（J. W. Kroll）用镁热还原法成功从四氯化锆中获得锆，锆的提取冶金才有了新发展，锆拥有良好的核性能，吸收中子截面小，良好耐辐照能力、导热性能与耐腐蚀性能。1947 年，这种材料开始大规模应用于核反应堆领域，美国原子能委员会决定在核潜艇上用锆合金作为核反应堆的包壳和结构材料，以后又逐渐用于核电站，并随着燃耗与辐照性能要求的提高，不断形成新的锆合金。

作为反应堆核燃料的包壳材料，核级锆材是核电站不可或缺的关键材料，是保障核电站安全运行的第二道安全屏障。核级锆材是去除了铪（读音 hā，化学元素符号 Hf）的锆合金，所用原料是核级海绵锆。由于锆与铪是共生元素，化学性质极为相近且不易分离，所以核级海绵锆的生产是一个复杂的过程。今天，我们国家已经拥有了完整的锆产业链。

铺垫了这么多，终于可以来谈谈什么是锆水反应，即金属锆在

国产核级海绵锆

国产锆合金管

高温（900 摄氏度）下与水发生反应，生成氧化锆和氢气，反应式为：$Zr+2H_2O=ZrO_2+2H_2\uparrow$。这种剧烈化学反应通常发生在核燃料棒束未被冷却剂液体浸没而处于裸露状态时。氧化过程产生的氢气在超过 4% 时就容易燃烧，超过 12% 时就可能引起爆炸，目前的压水堆核电站设置有氢气消除系统或者氢气复合器，或者点火器，防止浓度增加发生燃烧或爆炸。

因泄压而裸露的锆合金包壳、不断产生的蒸汽、超高的温度、失电或损毁的排氢系统……悄然聚集的氢气，对于核电站来说可不是什么好事情。

3 月 12 日 15:36，1 号机组因氢气聚集发生爆炸，反应堆外墙和屋顶损毁。

3 月 14 日 11:01，3 号机组发生大规模氢气爆炸，大量爆炸产生的飞射物影响了附近便携发电机、临时电缆、消防车等的抢修工作，这也为后续的海水注入造成一定困难。

3 月 15 日，3 号机组排放气体回流进入 4 号机组燃料操作大厅，发生氢气爆炸。

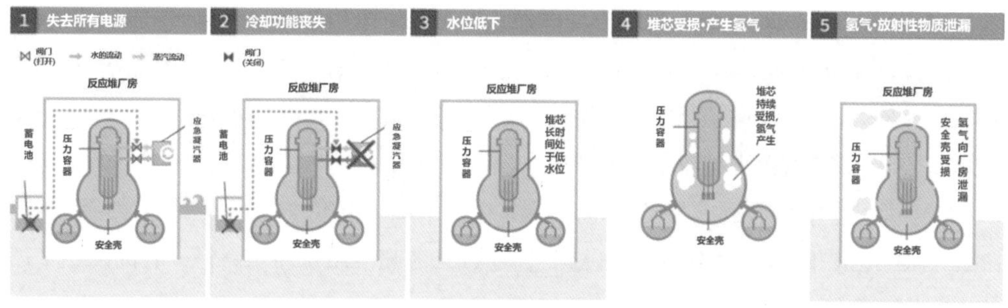

事故进程示意图

大量的放射性物质从被氢气爆炸冲开的厂房结构中泄漏出来，造成了十分严重的事故。日本官方的事故过程分析认为，可发现完全失去交流电源和海水冷却功能的情况下，运行冷却系统所需的电源是必不可少的。应急行动需采取大量措施，如首先确保基础设备和材料安全、事先准备响应计划和应急手册。

福岛第一核电厂 1 ~ 4 号机组损毁情况

回看福岛核事故进程，我们能更加清晰地观察到福岛第一核电厂如何向着危险走去。

1 号机组非能动的带热系统隔离冷凝器（IC）在事故初期被操纵员关闭后未向应急中心报告，导致 IC 状态不明，堆芯长期无法得到冷却，从 IC 停运后经历了约 14 小时无水注入堆芯，导致堆芯恶化至严重事故。3 月 12 日 5:46 建立注水路径后，注水速率较低，直至 14:30 安全壳排放才能大量注入。

2 号机组停堆后通过非能动的堆芯隔离冷凝系统（RCIC）带出衰变热，3 月 14 日 13:25 确认 RCIC 停运，直至 19:54 才建立起通过堆芯喷淋系统注水路径，其间发生了严重的堆芯裸露。

3 号机组停堆后依次通过 RCIC 和 HPCI 带出衰变热，3 月 13 日 2:42 确认 HPCI 停运，直至 9:25 建立含硼水注入，其间发生了堆芯裸露。后续由于含硼水源耗尽、切换海水水源液位低、安全壳压力高等原因，直至 3 月 14 日 16:30 建立稳定的海水水源注入，其间又导致全部堆芯裸露。

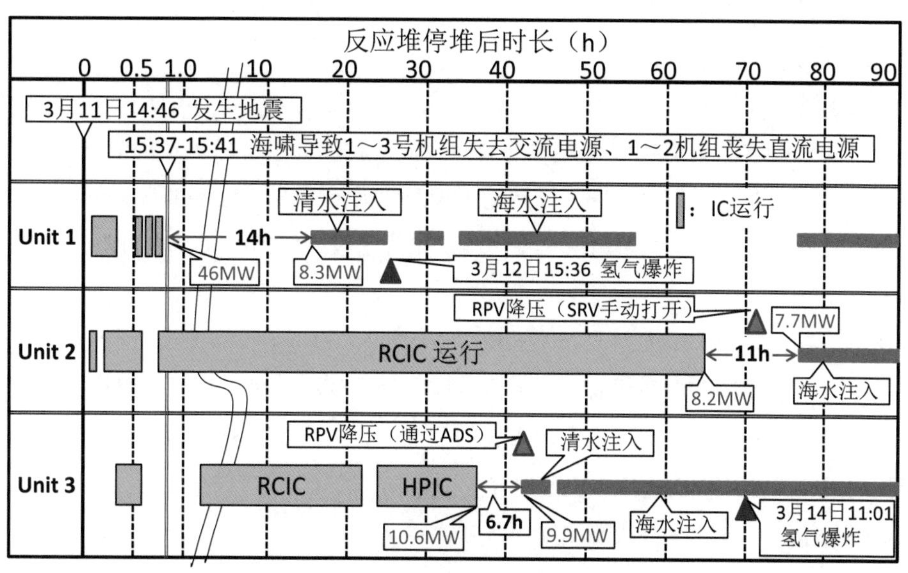

福岛核事故进展

读到这里，聪明的你有没有发现，前文似乎存在着一个 bug。

福岛核电站怎么会失去海水冷却功能?

福岛核电站与前两次核事故主角有一点很大的不同，它就坐落在海边呀！否则也不会受到海啸侵扰，那怎么会缺水呢?

东京电力公司迟迟没有意识到事故的严重性，抱有侥幸心理想保全设备，应急处理顾虑重重，所采取的措施比较保守。3 月 11 日地震当天晚间，日本原子能安全保安院已经发出警告福岛第一核电厂将于 3 小时内发生堆芯熔解，12 日凌晨检测到放射性碘和高水平的辐射后，决定采取应急卸压措施降低反应堆的压力，但是实现这些措施却拖延了半天时间，错失了缓解事故的机会。事故发生后，如果东京电力公司早下决心注入海水，也许就不会酿成厂房爆炸的大祸。

东京电力公司始终犹豫不决的是，一旦引入未经处理的海水，核反应堆将永久报废，花费数十亿美元建起的核电站会毁于一旦。直到爆炸后当晚，东京电力公司万般无奈才向反应堆内注入海水降温，事故终于得到初步遏制。

因此，极端的地震与海啸相叠加只是“导火索”，事故发生后处理不力才是事故扩大的真正源头。

福岛核事故发生后，日本国内及国际各相关组织机构均开展了调研和反思，总结核电设计、事故缓解、应急响应等方面的经验教训，就福岛第一核电厂的响应问题而言，总体上在电厂基本全部失电，场区受到地震和海啸大范围破坏的条件下，操纵员已经尽较大努力投入恢复操作，如采用汽车蓄电池供电等手段，但仍存在一些问题：

● 应急响应不力。

核电厂在全厂断电及大面积水淹的情况下，指挥人员认为解决核电现场问题是他们自己的事情，没有积极求助政府。而地方政府在处理受淹居民、化工厂爆炸、码头被淹等问题，没有把核电电力恢复排在最重要的位置上。错过了事故缓解的黄金时间，直到熔堆厂房发生爆炸，再引起注意已经晚了。

● 1 号机组 IC 系统运行状态的错误判断。

现场操纵员、现场应急响应中心和东京电力公司总部都未对 IC 功能是否实现有一个全面的了解。正常情况下，一旦丧失 IC 功能，应立即投入替代注水冷却堆芯，以降低压力容器内的压力使低压水注入。但是，由于对 IC 系统运行状态的错误判断，延迟了后续功能的投入，从而错失了早期堆芯冷却的机会。

● 3 号机组替代注水措施的不当处理。

地震发生后，福岛第一核电厂丧失厂外电源，反应堆紧急停堆，手动启动 3 号机组 RCIC 向反应堆注水。3 月 12 日，RCIC 停止工作，HPCI 自动启动，向堆芯注水。由于压力容器内压力水平较低，所以 HPCI 一直运行在预设转速以下。3 月 13 日，当操纵员注意到 HPCI 提供的水量不足，手动将其停止，而此时，替代水注入手段还没有就位。操纵员低估了蓄电池耗尽的风险，最终导致堆芯压力没有降到替代水可注入的压力水平。在 HPCI 停止运行约 6 小时 40 分钟后，操纵员才建立起消防管线向堆芯注水的通道，致使堆芯裸露，部分堆芯损坏。

● 2 号机组抑压水池（S/C）压力和温度的不适当监测。

在 2011 年 3 月 11 日丧失全部供电后，2 号机组 RCIC 还在继续运行。此时 RCIC 的水源由冷凝水箱切换至 S/C。然而此时由于丧失供电，RHRS（余热排出系统）没有实现预期冷却功能，长期维持这个运行方式会导致压力容器和 S/C 之间蒸汽循环的温度上升，继而导致 S/C 的温度和压力上升，相应的 RCIC 的冷却能力和注水能力也会削弱。此外，S/C 的完整性会受到破坏，这样会使为使用消防系统提供替代注水而操作 SRV（安全释放阀）降低反应堆压力变得困难。鉴于这种情况，必须考虑对 S/C 的压力和温度进行持续监测，准备消防车注水管线，进行反应堆卸压，而不是完全依靠 RCIC 的运行。事实上，东京电力公司直到 3 月 14 日才开始采取这些措施。

事故后，IAEA 等国际组织开展了大量调查分析，分析指出：福岛核事故的根本原因是东京电力公司始终没有对福岛核电站面对极端外部灾害的薄弱环节脆弱性进行再评价，事故发生时，日本没有建立类似的再评价监管要求。而直接原因是：1 号机组由于海啸袭击在早期阶段失去全部冷却手段；2、3 号机组由于海啸和 1 号机组氢气爆炸，造成恢复措施恶化，不能从高压堆芯注水平稳地转换到低压堆芯注水来进行持续冷却，最终失去了所有的冷却手段。

福岛事故后，日本政府经过反思，对核安全监管体系做出了调整，将原子力安全保安院（NISA）从经济产业省分离出来，与内阁办公室下辖安全委员会（NSC）以及文部科学省的环境监测部门合并，在环境省下重组一个新的核安全监管部门，称为原子力规划委员会（NRA），该机构可以直接向该国首相汇报。NRA 对国家放射综合研究所（NIRS）、日本原子能机构（JAEA）等独立组织实施统一管理。这样做不仅整合了核安全监管职能，将核安全、核安保、核保障、辐射监测和放射性同位素监管等功能全部纳入 NRA，增强了核安全管理部门的职能，同时将 NISA 同推动核电厂建设的经济产业省分离，也保证了监管功能的独立性。

为了进一步加强执照持有者的安全措施，不断提高其安全水平，日本核工业界设立了一个新的独立组织原子力安全推进协会（JANSI），目标是“在日本核工业成就世界最高安全水平——不断追求卓越”，其组织功能与美国核电运营协会（INPO）和世界核电运营者协会（WANO）类似。同时，日本对核安全监管要求进行了升级，建立了新的监管要求，于 2013 年 2 月公布，2013 年 7 月增补，并已将新的监管要求用于现有核电厂重启的安全审查。

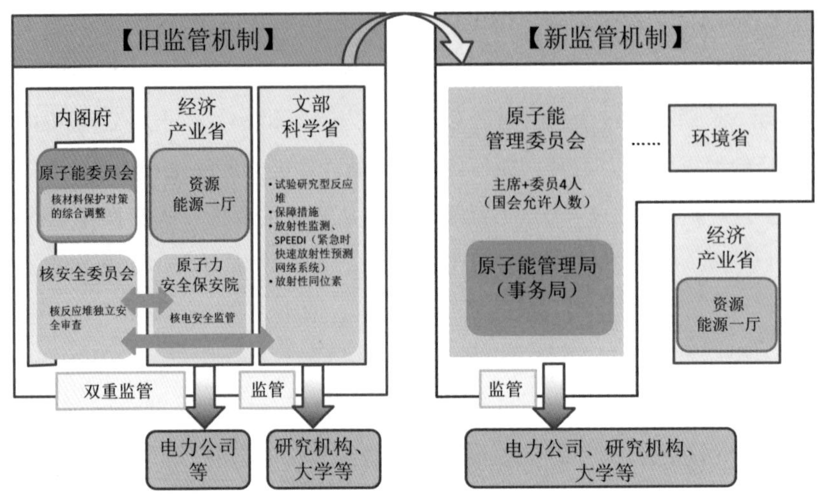

日本核监管体系调整

日本新的核安全监管要求一方面提高了对于地震、海啸等自然灾害的要求，以及事故下电源、冷却设备可靠性等方面的要求。另一方面，扩展了法规的范围，在原先事故预防的基础上，对于严重事故的缓解提出专门要求，如防止安全壳失效、防止大量裂变产物释放等。

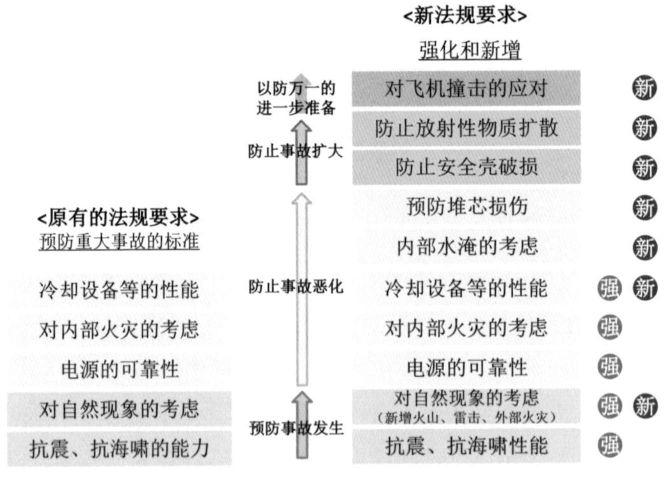

日本核安全法规调整

国际上其他国家和地区也纷纷做出响应：欧盟国家在开展的“压力测试”中对外部事件的裕度及超设计基准事件下陡边效应进行了评估。美国要求获得运行许可证的核电厂进行地震、洪水防护巡检，确认并解决电厂具体缺陷问题，确认在过渡时期内对防护措施进行了充分监管与维护，直到进一步开展长期行动，修订外部事件设计基准。我国环境保护部（国家核安全局）组织编制了《福岛核事故后电厂改进行动通用技术要求》，包含应急补水及相关设备技术要求；移动电源及设置的技术要求；乏燃料池监测的技术要求；氢气监测与控制系统改进的技术要求；应急控制中心可居留性及其功能的技术要求；辐射环境监测核应急改进的技术要求；外部灾害应对的技术要求。

综上所述，福岛事故的主要教训及对应的改进措施包括：

- 加强严重事故的预防，包括加强对地震和海啸的抵御措施、确保电力供应、确保乏燃料池冷却功能的可靠性等。
- 加强严重事故的缓解措施，包括加强预防氢气爆炸的措施，加强对严重事故应急响应的培训，增强反应堆和安全壳的仪表可用性等。
- 加强对核应急的响应，包括对重大自然灾害和长期核事故叠加造成的应急情况的响应，明确中央和地方组织间的职责划分、加强事故相关信息的交流等。
- 完善安全基础建设，包括安全监管机构的优化，法规及导则标准的升级等。
- 全面贯彻核安全文化。

在事故发生多年后，由于核反应堆仍然需要持续地供水来冷却，而这些进入反应堆的冷却水会沾染放射性物质，成为放射性废液，需要进行放射性核素净化处理与贮存衰变，不能直接排放到环境中。每天冷却堆芯产生的大量“核污水”，其净化与贮存是一个严峻的问题，至今没有完全解决。日本政府从自身利益出发，自当地时间 2023 年 8 月 24 日起将核污水排入大海，遭到日本国内民众，中、韩及世界各国的强烈反对。尽管 IAEA 报告认为其“总体符合国际安全标准”，但核污水对海洋环境的长期影响，我们拭目以待。

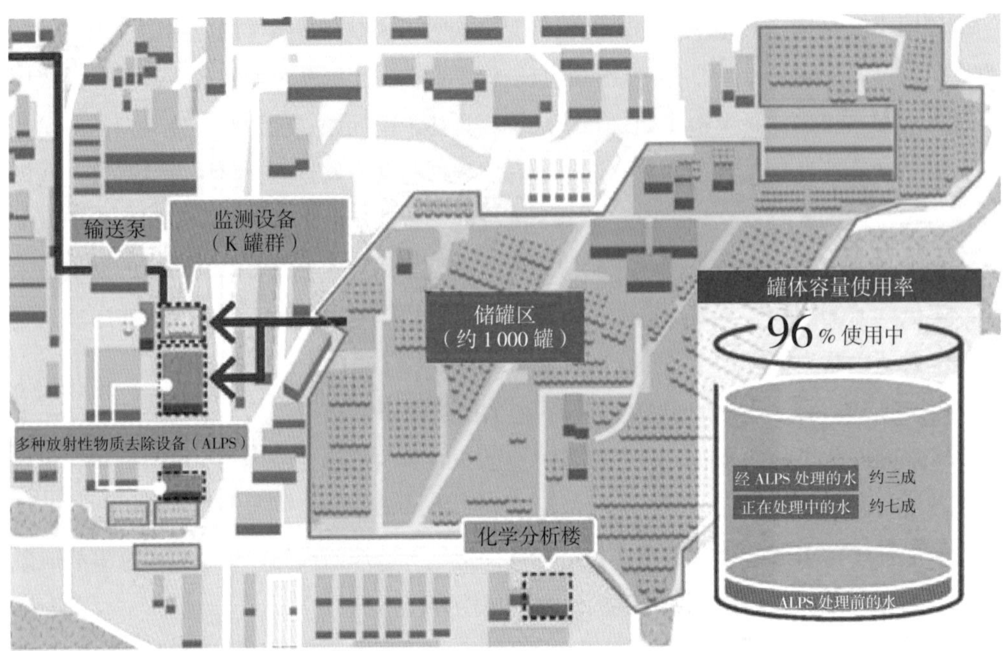

福岛第一核电厂“核污水”处理近况（东京电力 2023 年 2 月）

事故后福岛第一核电厂外密密麻麻的放射性废液贮存罐（东京电力）

环球同此凉热

——核事故教训及改进

还没有什么突发事件能轻易做到让全世界人民都神经紧绷，除非，是一次某种大威力核弹的试爆或发射，又或者是一颗炮弹“凑巧”落入了核电站。就像2022年开始的“俄乌冲突”一样，人们越来越担心，遭受炮击的扎波罗热核电站是否会再现“切尔诺贝利的一幕”？

遭受连续炮击的扎波罗热核电站，发生“切尔诺贝利”一幕的风险在增大

之所以有这样的担忧，正是三哩岛、切尔诺贝利、福岛这三次核事故对人类社会的广泛影响，长期以来，它们总会让人想起那种被某种力量支配的恐惧。而每一次事故都意味着核安全警钟被敲响一次。2003年，三哩岛核电站事故当值操纵员爱德华·弗雷德里克（Ed Fredrick）在一次演讲结尾提醒道：“忘记过去，意味着错误将再次发生！”

为了构筑人类文明的核安全屏障，许许多多科学家与工程师认真总结事故经验教训，使核电技术水平不断提高，性能持续完善，用更高要求的标准对所有在建的核电站进行安全评估，确保核电站安全可靠。

作为人类社会首次严重核事故，尽管三哩岛核事故仅对外部环境造成了微弱的放射性后果，证明了压水堆核电厂安全措施的有效可靠，但它仍然给核电行业带来了天翻地覆的改变。在此之前，谁又能预料到一个阀门故障并造成的冷却剂“小破口”竟然会酿成大祸？事故后，在新的压水堆核电厂设计时进行了重大核安全升级，加强了运行管理，采取了严格的运行人员培训、考核制度和运行管理制度，以杜绝操作失误。在设计中把人的差错考虑在内，万一操作失误，也不会发生大的事故。一般落实了三哩岛核事

三次核事故的影响与改进

事故名称	影　响	主要教训	改进措施
三哩岛核事故	核安全管理	针对设计的缺陷、人员安全技能培训不足	加强操纵员培训课程、制定新型事故处理课程，强调核安全文化建设，发布 NUREG-0737
切尔诺贝利核事故	核安全管理	核安全管理设计、管理、文化培训的缺失	设计遵循安全标准、规范人员操作规程、加大安全监管机构监管力度
福岛核事故	核安全防范	极端外部事件的设防能力不足	完善极端事故的设防能力、完善系统性的管理和技术手段

故响应措施的核电站称为“二代 +”，而随着社会进步与对安全认识的提高，“二代 +”的内涵也在不断丰富。

但有一点，对于此次改进的范围应该有多大，当时人们却没有达成共识。争论的核心在于，核安全改革示范是否应该只针对此次事故所暴露的问题。如果下次事故是由完全不同的事件所引发，并沿着不同的事故进程发展，那么只针对三哩岛核事故所做的改进就会显得过于狭隘。

其实，这种争论由来已久。美国核管会（NRC）的监管重点是设计基准事故，遵循一定的脚本，它从未全面审视过设计基准以外的事故。

对超设计基准事故的反感，可以追溯到 NRC 的前身——原子能委员会（AEC）。在 1973 年 1 月 5 日 AEC 关于反应堆选址标准的会议，我们的“老熟人”哈罗德 · 丹顿曾提出：“如果超设计基准事故被认为是可信的，这可能会排除在美国东北部建造反应堆的可能性。”

换句话说，如果认为防止反应堆事故需要反应堆和公众之间有很大的距离，那么美国东北地区可能再无合适的场址。三哩岛核事故后，众多专家再次呼吁：“应当从更广泛的角度来看待三哩岛核事故教训……还有其他重要因素会导致反应堆事故发生，它们也应当得到优先关注……”

这种未雨绸缪的考虑很现实。然而 NRC 并不认同这种观点，他们始终认为，设计

超设计基准事故

回想一下，体育老师经常会说以某某同学为基准向中看齐，用来整理队伍；国家中央银行会定期发布存贷款基准利率，用以指导金融市场定价……有没有隐约感受到“基准”的作用呢？没错，基准是一种具有普遍参考意义的条件。在核电领域，也会根据一般的实际情况选定某些参照条件，作为一种可信的边界，以方便设计工作开展。否则，设计人员将不得不把“彗星撞地球”这类人类文明此生难遇的小概率事件考虑其中，而陷入无边无尽的关于“范围”的探讨。

设计基准事故能够依靠专设安全设施来制止或缓解事故的发展，而超设计基准事故，从字面上理解，也就是超过设计基准以外，或者可以理解为其他一切可能出错的事故，此时专设安全设施已不能有效制止事故的发展。如果一定要给这类事故加上一个定量的“期限”，那就是每个反应堆运行一年，这类事故的发生概率在 10^{-6} 以下。

基准事故代表了核电厂最严峻的考验，如能经受此类事故，也就能经受其他一切事故。而超出设计基准的事故罕见，基本上可以忽略。直到人类社会遭受了另一场灾难——福岛核事故，才印证了这种做法的片面性。

美国原子能委员会（AEC）标志，美国核管会（NRC）标志

福岛核事故后，各个国家重点完善了针对极端外部事件的设防能力，以保证小概率但后果严重的超设计基准事故在选址和设计中得以恰当考虑，维持适当的安全裕量，并改进和强化严重事故管理，加强培训与监管，进一步完善系统性的管理和技术手段，持续提高严重事故有效预防和缓解能力。

日本沿海更高的防波堤

核安全检查（D. CalmaIAEA）

我国也积极采取行动，全面审查在运核电厂，有针对性地提高安全措施，如增高海堤防护墙、增设移动供电设备、增加非能动蓄水池等；制定和实施核电厂安全改进行动通用技术要求、新建核电厂安全要求等，用最先进的标准对所有在建核电厂进行安全评估，严格审批新上核电项目，编制出台了核安全规划，调整完善了核电发展中长期规划。

核安全容不得半点侥幸，从这个关于“超设计基准事故”的曲折探索中可见一斑。

再来说说人类从切尔诺贝利核事故中学到了什么吧。它使人类真正认识到核电厂系统的复杂性和安全的重要性。1986 年的《切尔诺贝利事故后评审会议

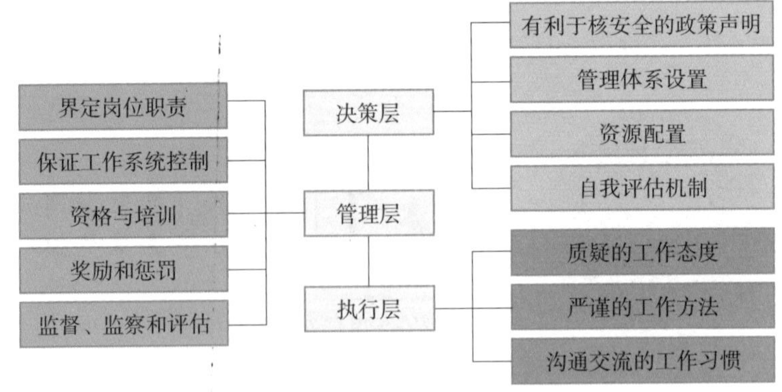

核安全文化的内容构成

总结报告》中首次引出“安全文化”一词，通过对该事故的总结和反思，国际原子能机构（IAEA）的国际核安全咨询组提出核安全文化的概念，并于 1991 年发表《安全文化》报告，在世界范围内被广泛接受。从那以后，核安全文化成为每一位核行业从业者的“思想钢印”，熟稔于心、融入血液，并时刻贯彻到每个人的手指尖。

读到这里，在大量核专业专有名词的冲击下，你有没有觉得“云里雾里”？

面对芜杂的核事件，如果使用专业性的术语进行通报，缺少专业知识的公众和媒体很难理解其所达到的程度，这就需要有一种易于理解的统一的术语向公众媒体通报核设施所发生事故的严重程度。我们缺少一把直观的“尺度”来衡量共识。也是在切尔诺贝利核事故之后，人们很快认识到这一点。1990 年国际原子能机构（IAEA）和联合国经济合作与发展组织核能机构（OECD/NEA）共同组织国际核能专家编制了国际核事件分级表，并于 1991 年 4 月使用。目前，国际核事件分级表在包括我国在内的全世界 60 多个国家使用。

较高的级别（4～7 级）被定为“事故”，较低的级别（1～3 级）为“事件”。不具有安全意义的事件被归类为零级，定为“偏离”。与安全无关的事件被定为“分级表以外”。正如前文所说到的，美国三哩岛核事故被认定为 5 级，更为严重的苏联切尔诺贝利核事故、日本福岛核事故则达到了 7 级。

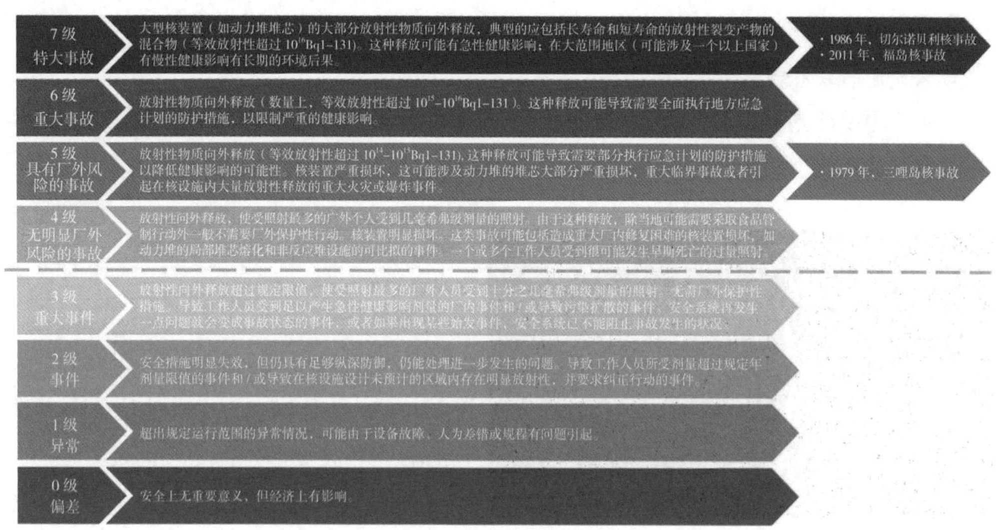

国际核事件分级表

核事故

核事故指任何的或一系列但源自同一的、引起核损害的事故，通常即大型核设施（如核燃料生产厂、核反应堆、核电厂、核动力舰船及后处理厂等）发生的意外事件，最终造成厂内人员受到放射损伤和放射性污染。严重时，放射性物质可能泄漏到厂外，污染周围环境，对社会公众健康造成危害。

有了这样的分类就像是给核事故扎好了大大小小的“笼子”，再有任何核电站“不听话”或犯了“错误”，我们就可以把它们种种“淘气”的行为分门别类地管理起来。

我国现有运行的核电机组是高起点起步、充分借鉴国际成熟先进技术、经过核工业行业持续技术改进发展起来的，良好的安全性已经过长期工程实践验证，中国核电安全是有保证的。到目前为止，未发生过国际核事件与事故（INES）二级以上的事件，更未发生过对人员和环境造成放射性污染和伤害的事件。国际原子能机构（IAEA）、世界核电营运者协会（WANO）等机构多次对中国核电发展及监管状况进行同行评估，对我国核电发展和监管方面的成就高度评价和充分肯定。

在“超设计基准事故”“核安全文化”“核事件分级”等几个方面的努力之外，人类对核安全的探索并没有终止。核与安全，性命攸关，也在一次次跌倒又爬起的过程中，逐渐成为深入人心的执念。在原子时代的殿堂，蹒跚起步的人类，正从伤痛中学会成长。

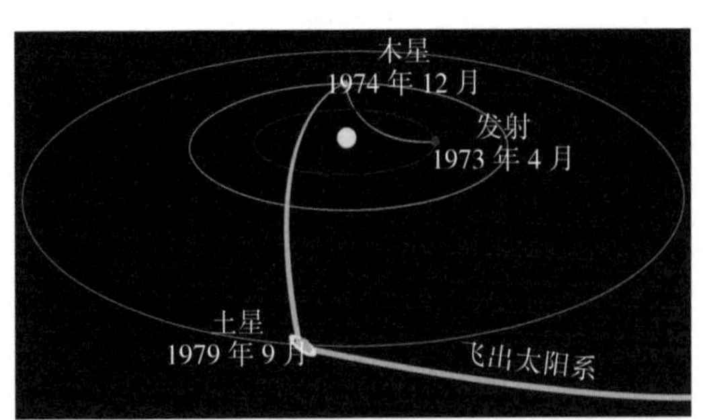

先驱者 11 号飞出太阳系的轨迹（NASA 官网）

读到这里，在本节开头提到的“先驱者 11 号”，早已在 1979 年 9 月悄然掠过土星，朝着银河中心前进。

核电发展的暗夜很快就会过去，就像无数个默默启程的夜晚一样。

第二节 从 10^{-7} 到 0

南美的一只蝴蝶挥动翅膀，有可能引起北美的一场龙卷风。

一件确定的事情经过漫长传导，很有可能引发不确定的后果，也正是这种“难以捉摸”造就了我们所身处世界的纷繁美丽。可是，当不确定性的“概率”碰上了需要确定性的核电，事情就并不那么美丽了。

原子核的“驯化”历程一路荆棘，是否有踏上征途的勇气尤为重要。但是，无畏前行不代表盲目蛮干，我们该如何科学看待并抓住潜藏在“概率”中的核安全?

安全 VS 风险

安全与风险是两个对立面一般的存在?事实并非如此。当我们认为某一件事情是安全的时候，这并不意味着它是百分百不会出事故；同样，当我们认为去做某件事情有一定风险性时，也仅仅是指它有一定的概率会出现问题，如百分之几、千分之几、万分之几等。

在我们生活的真实世界里，不存在所谓的绝对安全。一方面，安全是一个相对而非绝对的概念。严格地说，生活中的不安全因素无处不在，当我们吃饭、走路、开车、运动时都存在一定的危险性，但人们不会因此惧而止步，那是因为我们能够控制不安全因素而接受这种相对的安全。另一方面，安全又是个动态而非静态的概念，受到经济社会发展、技术水平、认知程度等因素的影响，在某一时期某一阶段被认定为安全的活动可能在改变了空间、时间后就是不安全的了。因为社会公众对安全的需求也随着认知水平、生命水平的提高而提高。比如，如今的汽车都已经配备了安全带和安全气囊，但这在汽车的发明之初可都是没有的。

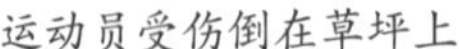
运动员受伤倒在草坪上

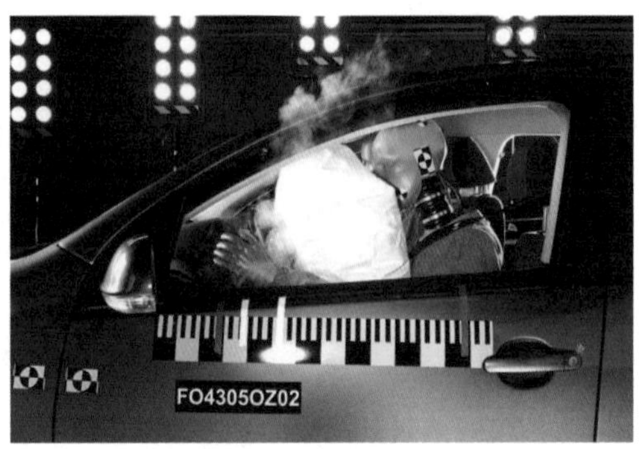

安全气囊在碰撞测试中被弹开

正是由于安全的相对性和动态性特征，为衡量一个活动或一件事情的安全程度，需要确定一个尺度。关于这个衡量的尺度，人们仁者见仁、智者见智。在科学技术领域，被广泛用来衡量安全性的概念是“风险”。

所以，当我们回想日常生活中人们对风险的谈论，就不难发现，其中包含着两层意思：第一层是发生的“可能性”，第二层是后果“伤害或损失”的严重程度。

这与“风险”的科学概念“不谋而合”。所谓风险，是指遭受伤害或损失的可能性与严重程度，通俗来说就是指人们从事某项活动，在一定的时间内给人类带来的危害。它主要包括经济损失和人员伤亡两个方面。这种危害不仅取决于事件发生频率，而且与事件发生后所造成的后果大小有关。

如果某个危害实实在在地发生了，那它也就不再是风险了。**风险的根本在于其不确定性**。

因此，要控制某活动可能带来的风险，可以从两方面入手：要么降低事件发生的概率，要么减少事件带来的后果。前者即是事故预防的范畴，后者则属于后果缓解的范畴。风险每天都伴随着我们的生活，追求零风险是不切实际的，人们所能做的只能合理地降低风险。从这个角度来说，安全工作的核心在于控制风险，而不是从根本上消除风险。

就核电站而言，其风险主要来自在事故工况下向环境释放的放射性核素所导致的辐射危害，它可以是因急性放射性病而造成的早期伤亡，或是因放射性照射诱发癌症而造成的晚期伤亡。它也可能是由于大面积的放射性沾污迫使核电站关闭、人员撤离，以及废弃那些被沾污的设备、物品和农作物等所造成的经济损失。

当你乘车飞驰在公路上，似乎并没有因为时刻担心交通事故而影响到看风景的心情。但只要谈到“核事故”，就难免让人神经紧绷，基于对“安全 VS 风险”的科学认识，我们规定一个的重要指标——核事故概率，用于衡量核电站风险或“核事故”。

事实上，事故概率既是公众最关心的话题，也是先进核电站的重要安全设计指标。核事故概率的单位通常为“每堆年”，即表示一个反应堆在运行一年的条件下事故发生的概率。在设计先进的核电机组时，要采取各种设计方法尽可能降低核电站的核事故概率。

科学家的“神谕书”

——概率安全评价

你是否好奇，上文刚刚提到的微小数字是怎样计算出来的？故事还要从核安全的历史讲起。

核安全是核能和平利用的前提与基础，如何保证核安全是业界及公众始终关切的问题。目前核电站的核安全设计与评价有确定论与概率论两种基本方法。

确定论分析方法（Deterministic approach）是指一套以纵深防御概念为基础，以确保基本安全功能为目标，针对一套确定的设计基准工况，采用一套保守的假设和分析方法，以满足特定的验收准则的方法。确定论分析方法假定事故已经发生，按要求采取合理的或保守的假设，分析计算整个核设施系统的响应，直至得出该事故的放射性后果。这种事故后果预审分析，其做法是规定典型的假想核事故，对其引起事态演变过程进行分析，来检验各项安全措施的有效性，重点是考虑设计基准事故。确定论事故分析过程包括以下四个方面：

- 确定一组设计基准事故。
- 选择特定事故故障假设。
- 确认分析所用的模型和参量具有包络性。
- 将最终结果与法定验收准则相对照，确认安全系统的设计是充分的。

由于设计基准事故的选择及分析模型中有很大的不确定性，为了确保分析结果的包络性，法规要求采用保守假定。因此，在确定论事故分析中采用两条基本假设，即单一故障假设和操纵员在事故后短期内不作任何干预的假设，并采用一套定量的验收准则来判定确定论事故分析结果是否符合安全法规的要求。确定论分析方法简单易于掌握，广泛应用于核设施设计、安全法规制定和安全评审的安全分析评价中。

这一方法的不足之处在于：将事故分为“可信”与“不可信”并不能完全反映真实情况。一方面，人们可能忽视一些事故下的故障或失效组合，因而可能忽视了一些更可能造成严重危害的事故；另一方面，单一“可信”事故后果不能反映核设施可能的事故危害，也无法与其他社会风险比较。有时反而会引起人们的错觉，影响公众对核设施的正确看待与接受度。

尽管在发展核电过程中，不存在所谓基于“主观”概率来断定核电安全的问题。不论是中国、美国还是欧洲其他一些国家，确定论安全要求都是必须要满足的，并且其通常作为颁发核设施许可证的基础。但需要了解的是，核安全领域的确定论安全要求并不像许多其他理论，譬如欧几里得的几何学，由几个公理，通过一套逻辑推理，就能得出一套自洽的体系。而确定论安全要求，正如它的创建者所说，是一个“打补丁”的工作。特别是，确定论安全要求不能将风险定量化，也就无法回答“多安全是足够的？”（how safe is safe enough?）这个基本安全命题。而这正是公众面对核电站、核能技术利用时常常冒出的问题。

以上种种促成了概率安全评价这一技术的诞生。

概率安全评价（Probabilistic Safety Assessment，PSA）方法又称“概率风险评价”（Probabilistic Risk Assessment，PRA），是20世纪70年代中期兴起的一种系统工程方法，是确定论分析法的发展。

虽然确定论安全要求充分保证了核电厂安全，但其本身也存在要求与现实的不平衡，特别是不能处理多重失效的缺陷。而PSA方法具有考察系统所有潜在事故、量化系统硬软件包括人员行为可靠性，便于优化改进设计，量化事故后果并给出便于与其他活动进行比较的风险，利于被公众接受等诸多优点。近年来，在核电站的安全分析中已获得广泛的应用。

核电站概率安全分析的目的之一就是从定量的角度评估核电站的安全性，找出核电站设计、建造或运行中存在的薄弱环节，从而提出确保核电站安全运行的改进建议。

早在 20 世纪 50 年代中期，人们就开始设想用概率论方法分析核电站的安全性，但早期的模型堆、实验堆规模很小，并不需要过多考虑与人口稠密区的位置关系。直到 60 年代中期，核能迎来的第一个飞速发展的时代，商业用途催生出新问题。为了降低成本，核电站不得不尽量靠近用户，彼时欧洲人口稠密，这种需求更迫切。大量新核电厂址究竟该摆在什么位置？这就需要制定用于厂址选择的定量安全标准。

在这样的历史背景下，英国原子能机构的安全专家法默（F. R. Farmer）于 1967 年提出了用概率的方法确定厂址的大小。他认为把事故分为“可信”与“不可信”是不合乎逻辑的，我们需要考虑整个事故谱系，包括那些后果更小、但发生概率更高的实践。在他的论文中，提出了用概率论这一定量化风险的概念所得出的一条各种事故所允许的发生概率的限制线，称为“法默曲线”。

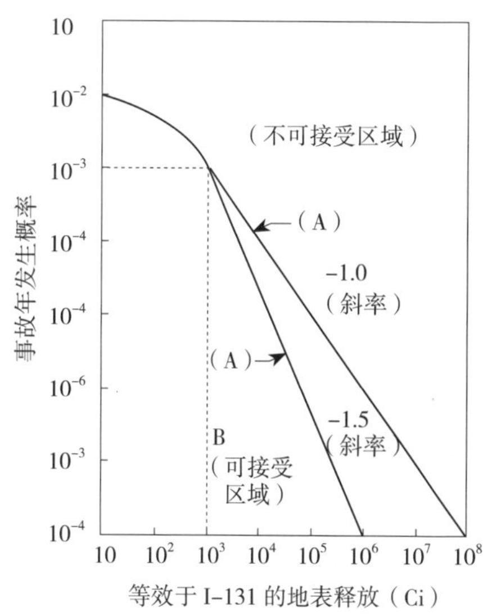

若对反应堆的全部事故进行分析，则每种事故的发生概率及后果值可对于图中的一个点。落在曲线左下方的点，对应的事故具有较低的风险值，落在曲线右上方的点，对应的事故具有较高的风险值。以释放 10^{3}Ci 的 ^{131}I 对应的事故发生概率 10^{-3} 所得出的风险值 1 为基准，若事故所致的 I 释放量为 10^{6}Ci，对应的发生概率为 10^{-6}，两者风险相等；但更易为公众接受的结果应是后者。故 10^{6}Ci 的 I 释放量应对应与 10^{-8} 的发生概率，即在经过人类心理更愿意接受结果的调节后，风险为 10^{-2} 会比 1 来得更为合理，如图中那条斜率为 -1.5 更陡峭的斜线。而曲线上方变得更为平坦，是为了把较小后果事故（10Ci 的 I 释放量）的最高发生概率限制在 10^{-2} 以下。

法默曲线

法默曲线规定了各种事故的频率上限值，它也揭示了一个关于“人性”的秘密。比起发生概率很低而后果很大的事故，公众更容易接受发生概率较高而后果相对小的事故，哪怕两起事故中“概率”与“后果”的乘积相等。为此，后果严重的事故只有产生更低的整体社会风险，才能为人们所接受。

这看似违背科学的认知就像“思想钢印”一般，被人类数万年进化经验根植于精神之中。尽管早期的 PSA 思想初步揭示了公众在潜意识中惧怕核事故的规律所在。而 PSA 作为一种科学分析方式，它真正在核电的历史舞台上大放异彩还要等到 1979 年。

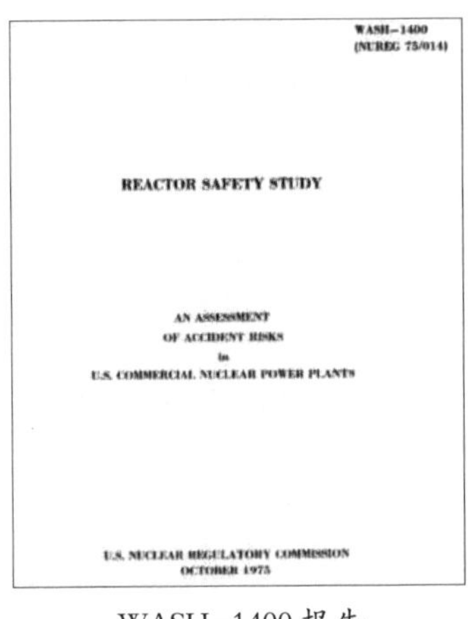

WASH-1400
(NUREG 75/014)

REACTOR SAFETY STUDY

AN ASSESSMENT
OF ACCIDENT RISKS
in
U.S. COMMERCIAL NUCLEAR POWER PLANTS

U.S. NUCLEAR REGULATORY COMMISSION
OCTOBER 1975

WASH-1400 报告

NUREG/CR-0400

RISK ASSESSMENT REVIEW GROUP REPORT
TO THE
U. S. NUCLEAR REGULATORY COMMISSION

H. W. Lewis, Chairman
R. J. Budnitz W. D. Rowe
H. J. C. Kouts F. von Hippel
W. B. Loewenstein F. Zachariasen

Ad Hoc Review Group

Prepared for
U. S. Nuclear Regulatory Commission

刘易斯委员会报告

1979 年 1 月 18 日，美国核管会（NEA）发布了一个政策声明：接受刘易斯委员会报告的结论；WASH-1400 研究报告中关于反应堆事故总体风险的估计是不可靠的……

此时，距离三哩岛核事故仅仅不到 2 个月。

美国概率和统计技术专家拉斯穆森，正是他牵头完成了核电领域第一份完整的概率风险分析报告

在此之前，我们有必要先将两份报告的“恩怨情仇”梳理清楚。针锋相对的它们，还要从反应堆风险计算说起。

起初，研究人员选择了“故障树”分析方法，希望通过模拟事故进程中安全功能的失效情况，来揭示可能导致安全功能失效的各种原因组合。但在当时的历史条件下，想要构建出整个核电厂的故障树进行分析，这项工程将是极为复杂。无奈之下，拉斯穆森（N. C. Rasmussen），这位概率和统计技术方面的专家当即拍板，决定换一棵“树”，利用“事件树”的原理来模拟事故发生的过程，通过“事件树”把紧随始发事件后可能导致堆芯损坏的任一可能过程，分解成一个个独立的故障单元，直至这些故障单元的概率能够估算为止，来展现各种事故序列的清晰“图像”。

两棵“大树”，两种思路，故障树与事件树

故障树分析又称“失效树分析”，是一种对复杂系统进行可靠性分析的有效方法。它采用的是演绎法，即从结果追溯到原因。很显然，底事件概率（通常指部件失效率）的数据是故障树分析的重要基础，一般通过实际运行或实验等手段予以积累和收集。

事件树源于决策分析领域，考察从始发事件至最终状态的事故序列，目的是系统地获得各种事故序列的清晰“图像”。它采用的是归纳法，即从原因分析到结果。

利用这一方法，研究人员总共调查了超过 1 000 个的压水堆堆芯损坏事件序列，并计算得到了堆芯损坏频率的最佳估计值为 5×10^{-5}/ 堆年，其原因在于反应堆堆芯损坏的风险主要来源于小破口 LOCA 和瞬态，而不是人们原先认为的大破口 LOCA，早期的风险计算低估甚至忽略了小破口 LOCA 的贡献。

但是，由于彼时的核电厂运行经验有限，很多部件的故障率数据缺乏。研究人员不得不参考了很多美国海军使用核反应堆时积累的可靠性数据，又或者是其他工业领域的数据。正是这一点，为后续结论埋下了隐患。

随后，在进一步对比核事故风险与其他自然和人类活动的风险后，研究团队的结论是核事故风险比其他工业活动风险小得多，反应堆相当安全。

1974 年 8 月，研究团队正式发布《反应堆安全研究：美国核电厂事故风险的评价》报告，报告编号为“WASH-1400”。

很快这份“惊天动地”的报告就被舆论旋涡所淹没，反对者们抓住概率安全分析的模型与数据来源，认为核事故的发生频率是根据模型和输入数据分析得到的，不确定性很大，而非核事故如飞机失事的频率是统计得到的，是比较确切的，把这两者作比有失客观性。

1977 年 6 月，在国会的介入下，美国核管会（NEA）邀请加州大学圣塔芭芭拉分校

（University of California，Santa Barbara）的刘易斯（Harold Lewis）教授牵头成立了针对WASH-1400报告的同行评审委员会。经过一年多的调查，刘易斯和他的团队表示认同概率风险评价方法的有效性，但也指出WASH-1400报告存在重大不足，采用的每项风险数据均有很大的不确定性，不确定性因子普遍在10～100，有的甚至高达1 000，不能确定报告中给出的事故序列概率偏高还是偏低。

面对这样两份针锋相对的报告及舆论批评，才出现了故事开头那段美国核管会（NEA）的政策声明。

令人唏嘘的是，短短2个月后，三哩岛核事故爆发，人们才如梦方醒。

科学与理性曾降下“神谕”，它正是被人类自身草草遗弃的WASH-1400报告。提前正确识别出三哩岛核事故那样的小破口LOCA风险，就是它无声的预言。

作为公认的第一份完整的概率风险分析报告，WASH-1400报告无疑是全世界范围内核安全研究历史中的重大里程碑，反映了人们对核电厂安全的认识达到一个全新的高度，并在后来的发展应用中展现了强大的生命力。正是依赖于概率风险评价技术，人们可以定量地评价风险，找出核电厂在设计、运行等各阶段存在的安全薄弱环节，解决了一批之前未能解决的涉及多重故障的难题，极大地提高了人们认识和控制风险的能力。

所以，尽管确定论安全要求仍然是颁发核设施许可证的必要条件，且PSA方法的数值结果也存在局限性和不确定性，但20世纪80年代后，PSA技术及其应用仍然获得迅速发展，成为美国、德国及法国等核工业大国核安全分析领域最热门研究课题之一，也是为下一代更先进、安全、经济的反应堆系统技术取得突破最有贡献的研究成果之一。与此同时，国际上也逐渐确定了“确定论安全要求为主，概率论安全要求为辅”的理念，即在满足确定论安全要求的同时，使用概率论安全分析方法识别并改进核电厂薄弱环节，进一步提高核电厂的安全水平。

目前，对于核电厂堆芯损坏或大规模放射性释放频度的评估并不是完全的主观概率，因为在评估过程中所使用的设备失效数据可以通过大量的工业经验获得或验证，同时在使用这些统计数据时，也会评估其不确定性，对具体设施同时可采用相关数学分析方法来修正。如果某些核电供货商或核电公司为了商业目的，可能会宣传某些极端条件结果，但任何一个国家的核安全当局在使用概率风险分析的结果时，都会评估分析不确定性及置信区间，科学合理地应用核电安全分析方法，有力论证核电安全。

因此，我们在理解核事故概率时应树立科学的核安全观，要认识到核能利用就像世界上任何事物一样，不可否认是有风险的，但“风险”并不等于“危险”。

核电安全意味着即使出现风险，我们也完全有能力来应对它、控制它，做到事故后果可控，不会使其对环境、社会及公众产生实质危害、实际影响，那么风险的存在是可承受的、可接受的，人类社会的发展进步也将受益于核能的发展利用。

现在我们可以回到标题的数字，10^{-7} 究竟代表着什么？

第三代核电发生事故的概率较第二代核电显著下降，意味着安全性得到显著提高。AP1000 和 EPR 预测的堆芯损坏频率分别降至 5.08×10^{-7}/ 堆年和 1.18×10^{-6}/ 堆年，大量放射性物质释放频率降至 5.94×10^{-8}/ 堆年和 9.6×10^{-8}/ 堆年，事故概率在千万分之一量级，相较第二代核电降低了一至二个数量级。10^{-7}，这个极小的数字背后是无数核电科研人员的努力，它更反映出认识风险的科学思维。

让人类社会形成共同认识十分困难，接受“概率安全”的理念依然任重道远。但核电领域的众多科学家与工程师一直在为了“概率安全”中的后两个字拼尽全力。

接受一种能源选择，就要理性地面对相应的安全风险。

第三节 加固“最后一道屏障”——人因工程

在核相关行业，有一句几乎人人耳熟能详的话——“每个人都是核安全的最后一道屏障”。核电行业围绕着安全问题进行的探究和改进，离不开怎样降低事故概率。检修人员的误操作，操纵员违规操作……这些核事故的原因背后似乎总有某个挥之不去的影子。某种意义上讲，“人”——这个为核电站“接生”的角色似乎正在成为它安全成长的阻碍。

我们再次踏上“驯化之路”之前，核电必须回答这个问题。

面对形形色色的工具器具，人们总会考虑如何让使用者舒适并发挥出更好潜能。这种不自觉地思考伴随着人类文明发展，发生在磨制石器的智人大脑里，也发生在火星四溅的铁匠铺里，这就是人因工程（Human Factor Engineering，HFE）的雏形。

人因工程是一个研究人与系统其他元素之间交互作用的科学领域，是一个将理论、原则、数据、方法进行设计以提升人类福利并优化整体系统表现的学科。

随着大规模工业生产的出现及第二次世界大战军事工业的飞速发展，人类对于自身的认识也在不断提高，各类工器具的设计者们越来越感受到人类存在这样那样的优势和不足，设计工作也越来越善于平衡人和系统的特性，以发挥集成系统的最佳效能。1949年，英国成立的第一个人体工效学研究组，标志着人因工程这一独立学科的诞生。随着科学技术的飞速发展，人因工程也在不断重新自我定义，广泛渗透到军事和民用的不同领域。近年来，随着信息和交互技术的发展，人机交互、以用户为中心的设计、用户体验成为热门的话题，甚至成为民用产品成败的关键因素。

我们有时候会有这样的体会，桌子太低看书时间长了不舒服，手机菜单找一个功能翻半天找不到，两个按钮离得很近容易按错……我们会说设计得“不科学”，这个科学就是“人因工程的科学”。主控制室是核电厂的运行人员监控电厂各系统参数状态、控制电厂运行的地方。早期主控室乍一看各种按钮仪表井井有条，但其实细看起来就会发现，它的设计其实也不够“科学”，受限于数字化技术的原因，早期核电站的主控室盘台极度扁平化，所有控制按钮和仪表参数密密麻直接呈现给运行人员，给其带来了物理和心理层面双重人因问题。

早期核电厂主控制室

早期核电厂忽视人因

比如，有些按钮需要伸长胳膊才能够到，有些参数需要踩着椅子才能看清……这不仅仅不方便，甚至会成为核安全的阻碍。另外，当发生核事故时，由于牵一发而动全身的连锁反应，往往会造成“雪崩式”的报警信息铺天盖地砸向操作人员。还记得三哩岛核事故中的主控室吗？事故中，主控室控制台上方的报警指示超过 1 300 个，这些报警无优先级规定，颜色编码无逻辑性。事故发生后的前 14 分钟内，超过 800 个的报警声音、灯光让主控室俨然成为一棵巨大的“圣诞树”。如此信息量之下，不要说做出正确的操作缓解事故，就连读完这些信息得出正确判断都很难。所以说，那些琳琅满目的仪表按钮并没有表面上那么美好，种种“不科学”之下已暗藏危机。三哩岛也为人们敲响了警钟，以前一味强调设备的可靠性是远远不够的，人的因素与核安全之间的关系被逐渐重视起来。

而人因工程，就是要尽量减少这种“不科学”，减少人员失误，帮助操纵员做出正确判断和操作，从而最终实现提高核电安全性的目标。人因工程并不直接参与产品设计，而是对产品或系统构架配置运行方式等进行改进，以提高舒适性、可靠性和安全性。

为了更好地解决这些问题，学术界则一般将人因工程的研究内容分为三个分支：

- 生理人因工程：主要指工作姿态、物料搬运、重复动作、工作引起的肌肉骨骼不适、工作地布置、环境条件、安全和健康等。

- 认知人因工程：主要指脑力负荷、决策、熟练操作、人机交互、人员可靠性、工作压力和训练、情境意识、自动化水平等。
- 组织人因工程：主要指沟通、团队资源管理、工作设计、工作时间设计、团队任务、参与式设计、社区人因工程、新工作范式、虚拟组织等。

在核电技术发展的最初20多年中，人因工程的一些理念已部分地用于指导核电厂的设计，特别是人机交互集中的主控制室。但直到1979年三哩岛核事故后，人因工程才开始系统性地应用于核设施的设计和运行中。国际原子能机构（IAEA）、国际电工委员会（IEC）、美国核管理委员会（NRC）、美国电气与电子工程师协会（IEEE）等组织相继发布了一系列法律、法规、导则、标准和技术文件。在国内，人因工程在20世纪90年代正式纳入核电设计和评审范围，它逐渐成为核电设计中的独立专业并开始系统应用。

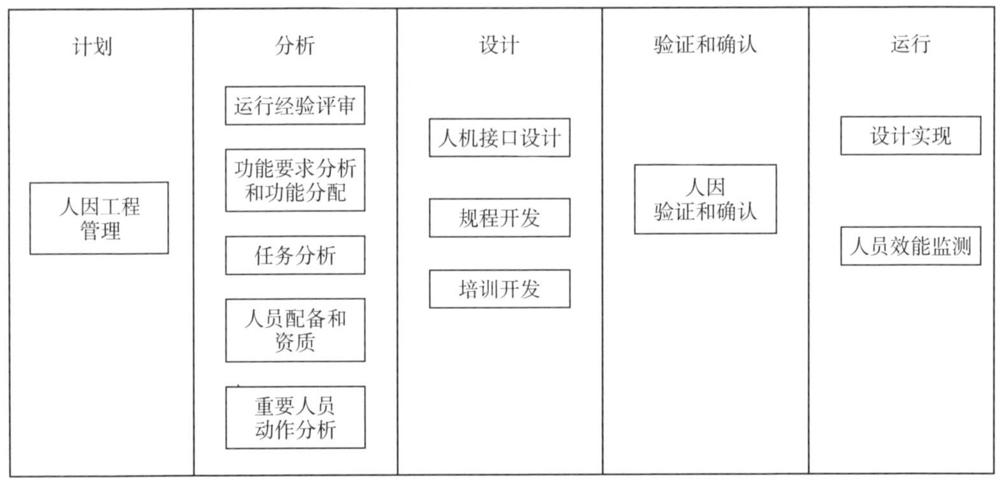

人因工程设计要素

上图是核电各环节需要考虑的人因工程设计十二要素，目前已体现在国内外的部分法规标准中。某些行业的人因工程应用可能仅涵盖其中一个要素，即设计环节中的人机接口设计；而对核电设计环节来说，则需要覆盖人因工程设计要素图中的所有要素。

在人因工程设计的保驾护航下，新建核电厂已经站在三哩岛的“肩膀”上进行了大量改进。比如：采用数字化报警显示系统，对报警信息进行分级，使运行人员可重点关注优先级高的报警，极大减轻了脑力负荷；对重要参数进行突出设计，易于识别；对稳压器安全阀等重要阀门增加流量或压差监测，侧面提示阀门的开关；增加运行人员对反应堆运行与安全的理论知识和干预准则掌握、加强各种处理预案的科学验证和演练；提升模拟机的仿真水平，使其能够满足各种复杂情况下的训练和试验要求……

报警分级也好、突出显示也好、增加参数监测也好，种种改进离不开更强大的“大脑”。于是，数字化主控室应运而生。在数字化主控室中，各报警被根据重要性分成不同优先级，并可在大屏幕上用红橙黄蓝等不同颜色进行区分；可调取的参数更多，当因仪表故障等原因出现虚假信号时，可有更多信息辅助判断；采用数字化大屏幕，可以根据不同工况切换屏幕内容，根据需要显示相关性最高的参数和设备，减少信息干扰……

当然，核电站数字化在解决了以上问题的同时，也导致了操纵员和系统角色定位及协作关系的改变，涌现了新的知识需求、认知负荷和失误模式，带来诸如锁孔效应、信息爆炸、次负荷增加等一些隐蔽的安全问题。针对于此，我们的设计师也在设计中进行了平衡和应对：

锁孔效应

受到显示器数量和窗口大小及数字化电厂的柔性带来了显示和控制数量增加的限制，数字化主控室无法像传统模拟控制室一样，将所有显示、报警和控制平铺在主控室盘台上，不得不将电厂切割到离散的一幅幅显示画面中。这往往使得操纵员难以掌控电厂的整体状况，形成了锁孔效应。

为此，数字化和先进主控室在传统主控室的基础上大幅增加大屏幕数量，从 2～4 块增加到近 20 块或满墙。在多块大屏幕上，既可以如前文调出所需要的画面，又可以对重要参数设备固定位置持续显示。

同时，在运行人员面前设置控制站显示屏幕，将电厂各系统的监控控制信息进行组合和分类，拓展信息显示深度，通过导航链接进行跳转。

信息爆炸

现在我们回看前文三哩岛核事故时几百个报警迎面砸来的问题。在现代核电厂中，由于信息量的增加，这个问题比传统核电厂更为突出，如三哩岛核电厂的主控室中报警数量不到 1 400 个，而国内某在建三代核电厂的报警数量则将近 20 000 个。为解决大量报警带来的雪崩信息，数字化和先进主控室在设计数字化报警系统时，综合了传统灯光报警和数字化列表的优势。大屏幕上可固定显示数字化的“光字牌”，即把电厂的每个系统名称显示在绿色的小格中，如发生报警则相应系统的小格可根据不同报警优先级变为红橙黄等不同颜色并闪烁。光字牌并不简单采用平铺的方式，而是划分为系统级、功能级等区域，便于运行人员迅速定位。光字牌下方显示报警列表，可根据需要进行分级、筛选、冻结、抑制、搜索等操作，帮助操纵员快速掌握电厂整体情况。

次任务负荷的增加

在传统主控室中，运行人员需要在大量按键旋钮中找到自己需要操作的设备，而在数字化主控室中运行人员只要坐在电脑前点鼠标就可以实现对设备的操作。这种特点一方面避免了运行人员寻找和移动的负荷，却也不可避免的增加了界面管理的负荷，如打开 / 关闭页面、数据搜索、参数配置和管理等。这些次任务和运行没有直接关系，但会分散操纵员的注意力，增加工作负荷，自然不会被设计人员放过。为此，数字化主控室以扁平化的思路进行画面系统导航架构设计，任意两幅画面之间最多 3 步即可访问，并提供了多种导航方式，以增加使用的流畅性；优化弹出窗口的位置，避免弹窗遮挡主窗口重要内容；用计算机化规程取代纸质规程，系统针对每一步，提供了相关显示画面的链接，可以直接点击调用；报警系统不但提供了主界面上具体报警到对应报警响应规程的链接，还在显示画面上提供了快速调用对应报警清单的按钮。

种种改进措施使数字化主控室体现出比传统主控室更好的人机交互特性，减小运行人员负荷、突出重要信息、提高操作准确性和响应速度……将人因工程对核电厂安全性的提高表现得淋漓尽致。目前，国内新建核电厂已经全部使用数字化主控室，并在研发和配备越来越强大的操纵员支持系统。

新核电厂使用数字化主控室了，“老”核电厂又该怎么办？

前文提到的我国大陆第一座核电站——秦山核电站一期工程，1994 年投入商业运行距今已经 30 来年，是我国核电界当之无愧的元老。作为业界“老兵”，秦山核电站面临延长“服役”的需求，更需要通过改造来减少因设备老化、技术过时、备件缺乏造成的运行和管理风险，同时更好地满足新标准、新法规的要求，保证改造后新的 20 年安全运行。

于是，秦山核电站主控室的改造被提上议事日程。和“新建”相比，“改造”更如螺蛳壳里做道场，需要考虑的问题更多，更精细。不能大笔一挥推倒重来，而是要在新技术与运行人员已有运行习惯间取得平衡；同时在老主控室设备拆除前，要搭建好“临时主控制室”进行过渡，保证在“换脑手术”过程中也能对核电厂时刻进行监视和控制。

2018 年，经过几年的设计、准备和几个月的施工安装，秦山核电厂主控室改造完成，人机交互更加合理，可靠性大幅提高。人因工程在降低事故概率、保障核电安全的方面再次迸发出巨大作用。

上海核工院人因工程实验室

虽然作为一个才有几十年历史的新学科，还有很多问题尚未得到完美解答，其他领域的技术发展也不断为人因工程提出新的课题。但在核电领域，人因工程一直在默默地让核电厂设计“更科学”，既于大局之处，又于毫末之间，不断加固核安全的“最后一道屏障”。

第四章 雾中纪行——辐射、放射性废物与退役

《三体 2：黑暗森林》的上半部结尾有这样一段话："现在，人类文明的航船已经孤独地驶到了茫茫大洋中，举目四望，只有无边无际的险恶波涛，谁也不知道，彼岸是不是真的存在。"

现如今，核电巨轮也来到了它的茫茫大洋，事故风险？辐射危险？放射性废物？核废料处理？……原子时代的舆论纷扰，一个又一个问题遮蔽双眼，一团又一团迷雾束缚思想。今天，就让我们用科学的目光洞穿迷雾，廓清困扰，找到驶向星海的方向。

第一节 谈“辐射”而色变?

想象一下太阳不再升起的世界……没有光亮，陷入黑暗，气温骤降，地球表面将慢慢变成冰冷的“石壳”，缤纷多彩的生物圈陷入死寂时，我们一定会怀念阳光照在身上的温暖，或许还会对享受日光浴时涂抹防晒霜感到懊恼。那么，人类对太阳“又爱又怕”的矛盾态度究竟意味着什么?

无相“精灵”

辐射是名副其实的“三无”产品，之所以有这样的比喻，正是因为辐射在自然界和人类社会中无相无形，看不见又摸不着，这第一个“无”便说的是它广泛存在的属性。

从广义上来说，**辐射**是指以波或粒子的形式向周围空间或物质发射并在其中传播的能量（如声辐射、热辐射、电磁辐射、粒子辐射等）的统称。例如，物质受热向周围发射热量叫做热辐射，不稳定的原子核发生衰变时发射出的微观粒子叫做核辐射。

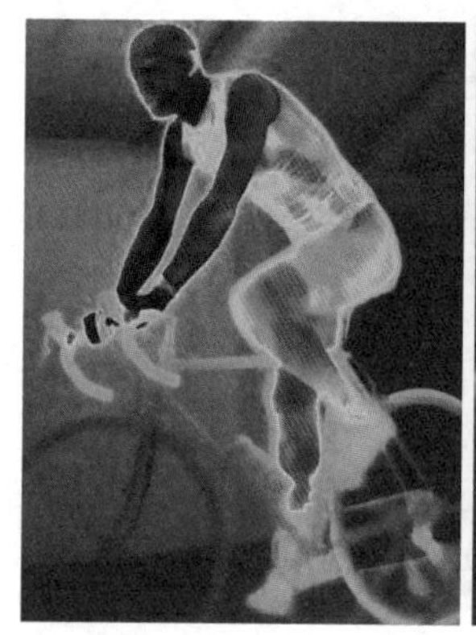
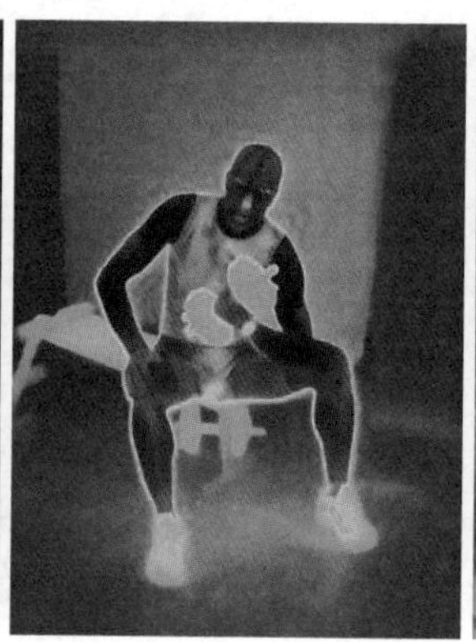
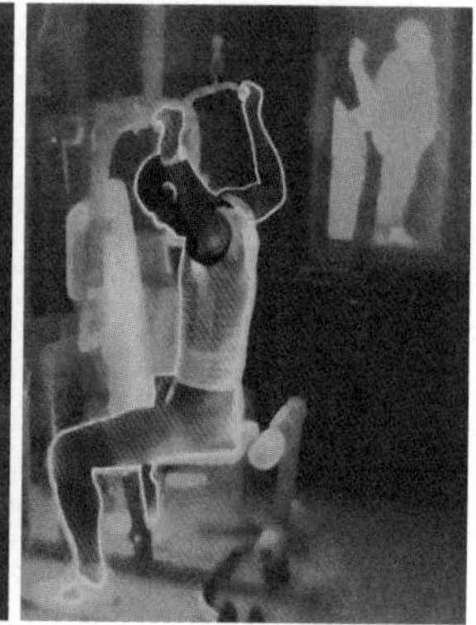

人体热成像

烟叶生长过程中也会自然聚集放射性物质

人类接触到自然界中最大的辐射源就是太阳，有阳光的时候会感到热，它就是通过辐射的方式将热量传给地球，如果没有辐射的存在，那么地球表面就会是冰冷的石头。

一些放射性物质也会在自然界的植物体内聚集，从而产生辐射。当你手举香烟吞云吐雾的时候，会想到烟叶正向外释放着辐射吗？许多香烟中含有放射性物质。在整个卷烟生产过程中，这些物质在烟叶中留存下来，当香烟燃烧时的烟气被释放到空气中时，这些物质会以气固混合物的形式释放到空气中。尽管这些物质是以低浓度释放的。

随着科学技术的进步，进入电气化时代之后的人类也创造出了无数家用电器、工业设备，并通过它们深刻改造了自然环境。却不曾料到，大到家庭中的电视、电冰箱、电烤箱、微波炉，小到手机、Wi-Fi 都成了日常生活中的辐射源。特别是老式电视机屏幕内的显像管会发射出微量 X 射线，提高了癌变及婴儿畸形的风险。除此之外，乘坐飞机时也会受到辐射，有研究表明，旅客受到的辐射剂量与飞行时间有关，在天空中停留得越久，就会受到更多的照射。

如此看来，人类社会已经被辐射这张“网”笼罩得严严实实。但千万不要恐慌，我们需要了解什么是辐射，辐射怎么分类。我们通常论及的“辐射”概念是狭义的，仅指高能电磁辐射和粒子辐射，这种狭义的“辐射”又称“射线”。

法国物理学家贝克勒尔

所有生物体无时无刻不接受着自然界中始终存在的辐射，我们称其为**天然本底辐射**。本底辐射是指人类生活环境本来存在的辐射，主要包括宇宙射线和自然界中天然放射性核素发出的射线。就像音乐剧中自带的“背景音”，它天然存在，无法根除。生活在地球上的人都受到天然本底辐射，但不同地区、不同居住条件下的居民，所接受的天然本底辐射的剂量水平有很大差异。

这种“纯天然”的本底辐射源自何处？

1896 年，法国物理学家贝克勒尔（Antoine Henri Becquerel）在研究铀盐的实验中，首先发现了铀原子核的天然放射性。在进一步研究中，他发现铀盐所放出的这种射线能使空气电离，也可以穿透黑纸使照相底片感光。他还发现，外界压强和温度等因素的变化不会对实验产生任何影响。贝克勒尔的这一发现意义深远，它使人们对物质的微观结构有了更新的认识，并由此打开了原子核物理学的大门。

1898 年，居里夫人（Marie Curie）和她的丈夫皮埃尔 · 居里（Pierre Curie）合力发现了放射性更强的钋（Pu）和镭（Rn）。由于天然放射性这一划时代的发现，居里夫妇和贝克勒尔共同获得了 1903 年诺贝尔物理学奖。此后，居里夫妇继续研究了镭在化学和医学上的应用，并于 1902 年分离出高纯度的金属镭。因此，居里夫人又获得了 1911 年诺贝尔化学奖。在贝克勒尔和居里夫妇等人研究的基础上，后来又陆续发现了其他元素的许多放射性核素。

人工放射性则要等到 1934 年才被发现，它的发现者正是居里夫人的女儿和女婿——法国科学家约里奥 - 居里（Joliot-Curie）夫妇。而在 1937 年 5 月，一位 24 岁的中国小伙子经人介绍成为伊蕾娜 · 约里奥 - 居里（Irène Joliot-Curie）的入室弟子，27 年之后，他的名字将伴随新中国原子弹的第一声巨响而被世人铭记。他就是中国原子能事业的奠基人、“中国原子弹之父”——钱三强。现在，我们知

法国物理学家居里夫人和她的丈夫皮埃尔 · 居里

道许多天然和人工生产的核素都能自发地放射出射线。放出的射线类型除 α、β、γ 以外，还有正电子、质子、中子、中微子等其他粒子。我们将能自发地放射出射线的核素，称为“放射性核素”（以前常称为“放射性同位素”）或“不稳定核素”。

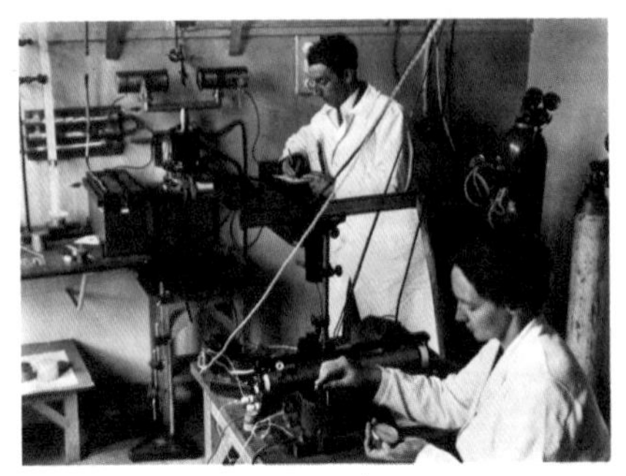

约里奥 · 居里夫妇

放射性与电磁波

放射性是元素从不稳定的原子核向稳定的原子核转变时，自发放出核辐射的一种现象。而能够自发地进行这个过程的元素被称为放射性元素。在化学元素周期表中，原子序数在 83（铋）及以上的元素都具有放射性，少数原子序数小于 83 的元素（如锝）也具有放射性。

按照放射源对人体健康和环境的潜在危害程度，从高到低可将放射源分为Ⅰ、Ⅱ、Ⅲ、Ⅳ、Ⅴ类。其中，Ⅰ类放射源为极危险源。在没有任何防护下，接触此类放射源几分钟到 1 小时就可能致人死亡。

电磁波是很常见的辐射，对人体的影响主要由功率（与场强有关）和频率决定。通信用的无线电波是频率较低的电磁波，如果按照频率从低到高（波长从长到短）给它们“排个队”，电磁波由无线电波、微波、红外线、可见光、紫外线、X 射线、γ 射线组成。

- X 射线：是原子核外电子能级跃迁释放的射线。
- γ 射线：是原子核能级跃迁时释放出的射线，是波长短于 0.2 埃的电磁波。
- α、β、γ 属于原子核射线，其中，α 是氦原子核射线、β 是电子射线。中子、α 与 β 不属于电磁波。

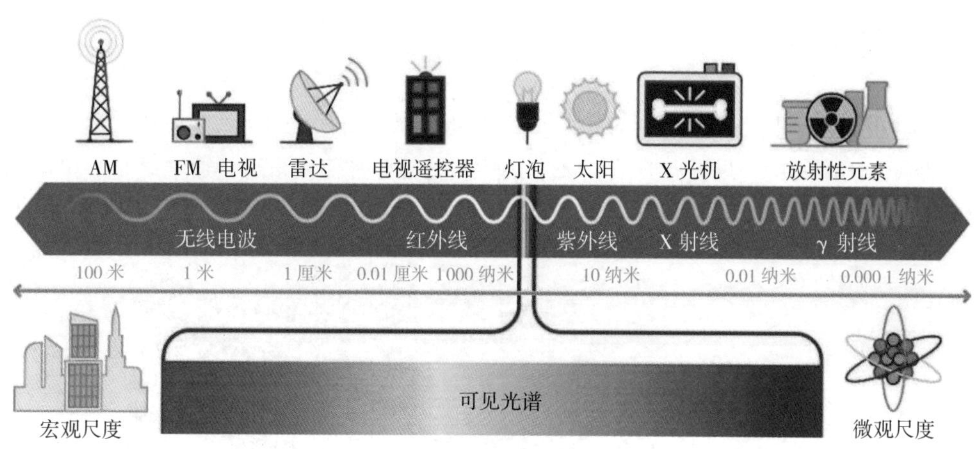

电磁波谱

如果按辐射的能量大小来加以区分，那辐射又被分为**电离辐射和非电离辐射**。其中，电离辐射能量高，能使原子、分子产生电离，使不带电的物质在射线作用下变成带电物质，可以破坏生物细胞结构；而非电离辐射的能量较低，是不会产生电离作用的辐射的，一般不会破坏生物细胞。

辐射虽然在我们的生活中无处不在，看不见也摸不着，我们仍需记住：远离电离辐射危害，避免长时间、近距离接触非电离辐射。

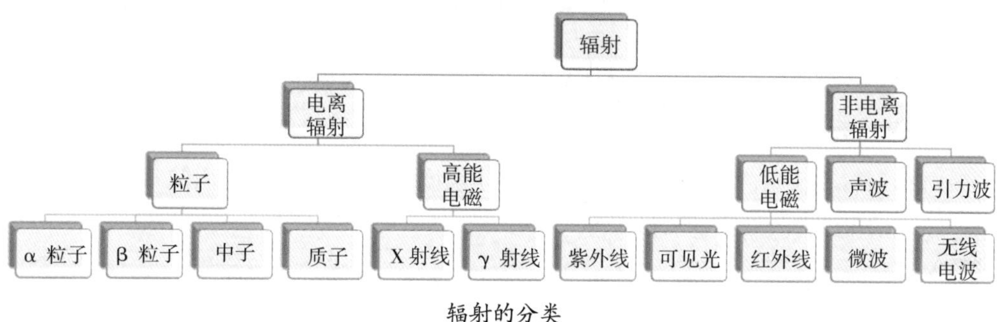

辐射的分类

现在，我们似乎对这个潜藏的“精灵”建立了初步认识，但日常生活中，我们该如何探测、区分、衡量这些无处不在、无相无形的辐射呢？

衡量辐射之“尺”

1927年，第五届索尔维会议留下了一张堪称物理学界“全明星”的照片，众多科学先驱的名字闪耀其中，以至于今天，人们仍然对这幅照片津津乐道，追忆那个群星璀璨的时代。

1927年，物理学泰斗云集的索尔维会议

事实上，那些做出了卓越贡献的科学家们并没有离我们远去。翻开初中物理课本，各种各样以科学家命名的物理学单位名称，就像形形色色的“尺子”，度量着这个世界。

对于辐射的计量，我们同样需要这样的“尺度”，既是纪念先贤们的开创精神，也是让我们站在巨人的肩膀上不断前行。

放射性活度

当我们看到字面的“活度”二字，就能隐约窥探到它的含义——“活跃的程度”。就像课堂上积极举手发言的同学，运动场上奋力奔跑的运动员，身体里不断分裂更新的细胞，越活跃越能够成为群体中的“显眼包”。诸如此类，放射性活度指的就是原子核活跃的程度。

而对放射性活度（Activity，A）更科学化的语言描述则是，给定样品在一定时间间隔内发生放射性衰变次数的期望值。放射性活度表征了一个放射源的强弱，不仅与核素的衰变常数有关，也与放射源内的放射性原子核数量有关。

$$A=\lambda N_t=\lambda N_0 e^{-\lambda t}=A_0 e^{-\lambda t}$$

式中，N_0 为原子核数量；t 为衰变时间；影响衰变快慢的是衰变常数 λ，衰变常数表示某种放射性核素的一个原子在单位时间内发生衰变的概率。一个放射源的放射性活度随时间呈指数衰减，在实际情况下，放射源的放射性活度可以通过测量确定。

贝克勒尔与他的实验装置

人们将放射性活度的国际单位规定为 Bq，这正是贝克勒尔名字的缩写。在此之前，放射性活度曾采用 Ci 为单位，这是为了纪念居里夫人。1Ci 定义为 1g 镭每秒衰变的数目。在 1950 年，国际上共同规定一个放射源每秒钟有 3.7×10^{10} 次衰变为 1Ci。由于该单位较大，在 1975 年国际计量大会才规定的放射性活度的新国际单位 Bq，它表示每秒钟发生一次核衰变。其相互关系为：$1Ci=3.7\times10^{10}Bq$。

为纪念居里夫人而发行的各式邮票、徽章和钱币，放射性活度曾采用的单位 Ci 出于同样目的

就像一杯水安静地放在那里，放射性活度 A 是一种对客观属性的描述。而事实上人们最关心的，是物体受辐射照射的整个过程该如何描述？这就要用到多个物理量，它们需要表述辐射特征并能够加以测定。辐射量就是为了描述放射源、辐射场、辐射作用于物质时的能量传递及受照物质内部变化程度和规律而建立起来的物理量，简单地说辐射量就是一种用来度量辐射能量多少的物理量。

射线的穿透能力有强有弱，而人类的血肉之躯

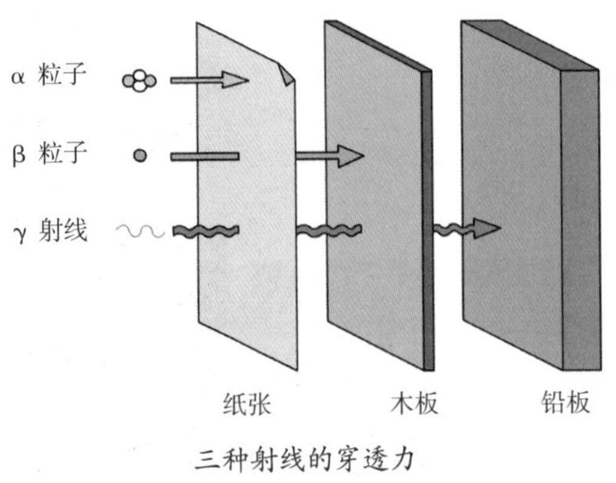

三种射线的穿透力

还难以抵挡这样的“射击”。例如，α 射线是氦核，外照射穿透能力很弱，只要用一张纸就能挡住，但吸入体内危害大；β 射线是电子流，可穿透纸张和木板，照射皮肤后烧伤明显。这两种射线由于穿透力小，影响距离比较近，只要辐射源不进入体内，影响不会太大；γ 射线的穿透力很强，是一种波长很短的电磁波。γ 射线和 X 射线相似，能穿透人体和建筑物，危害距离远。

吸收剂量

吸收剂量 D 是用来描述单位质量的物质吸收电离辐射能量大小的物理量。国际单位制单位为焦 / 千克（J/kg），专用名称为戈瑞，用符号 Gy 表示，用于取代历史上曾经使用过的吸收剂量单位是拉德（rad），1Gy=100rad。测量和计算它的主要目的之一，就是为了定量地说明个人或群体实际受到或可能受到的辐射照射。

英国物理学家、放射生物学之父路易斯·哈罗德·戈瑞（Louis Harold Gray）

然而，在未加说明的情况下，吸收剂量 D 并不能用来表示辐射照射所产生的生物效应的有害程度。这是因为，某一吸收剂量所产生的生物效应与电离辐射的种类、能量和照射条件有关。即使受到相同吸收剂量的照射，因为电离辐射种类和辐照条件不同，其所导致的生物效应无论严重程度还是发生概率都不相同。为了统一表示各种电离辐射对机体的危害程度，在辐射防护中还需要使用另一个概念。

剂量当量

这样一个衡量人体接受了多少辐射剂量的专有量是从居里夫人发现的放射性活度 A 所演变而来的。剂量当量 H 是指组织内某一点处的吸收剂量与品质因数的乘积，国际

单位制单位为焦 / 千克（J/kg），专用名称为希沃特，用符号 Sv 表示。它替代了历史上曾经使用过的剂量当量单位“雷姆（rem）”，所纪念的是瑞典生物物理学家、辐射防护专家——罗尔夫 · 马克西米利安 · 希沃特（Rolf Maximilian Sievert）。正如人们经常会用受到了“成吨的伤害”来比喻自己承受伤害的程度，尽管这只是一句调侃，在这里“吨（t）”也是一种抽象的计量单位，但它足够直白、清晰，易于理解。

瑞典生物物理学家、辐射防护专家罗尔夫 · 马克西米利安 · 希沃特

辐射与健康

在日常生活中，人们经常受到各种辐射，不同辐射剂量对人体的影响有所不同。在放射医学和人体辐射防护中，人们就会用刚刚提到的 Sv 来衡量辐射对生物组织的伤害。但 Sv 是个非常大的单位，因此，在实际使用中，更常见的是单位是 mSv（“毫希”或“毫希沃特”）、μSv（“微希”或“微希沃特”）。其换算关系如下：

$$1Sv = 1 \times 10^3 mSv = 1 \times 10^6 \mu Sv$$

研究表明，人类所受到的辐射照射有 75% 来自自然界，其余的才是人造辐射。根据联合国原子辐射影响科学委员会 2010 年发布的报告，在其剩余的 25% 人为因素导致的辐射中，医疗辐射所占的比例高达 98%，核电厂产生的辐射占比非常小，只有约 0.25%。

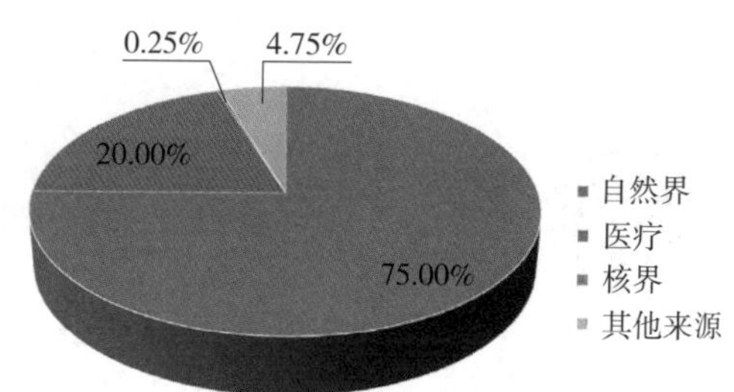

人类所受到的各类辐射占比

从联合国公布的世界平均数据来看，日常工作中不接触辐射源的人每年正常所承受的天然辐射大约为 2.4 毫希，其中约 0.4 毫希来自宇宙，约 0.5 毫希来自地面 γ 辐射，呼吸吸入的剂量约为 1.2 毫希，通过饮水或食物摄入体内的放射性核素导致的剂量约为 0.3 毫希。

按我们国家的标准来说，每一个人都会受到一定的天然本底放射性照射，世界上某些高本底区域的天然辐射水平可达 10 毫希，在中国这片领土的地质情况下，每人每年

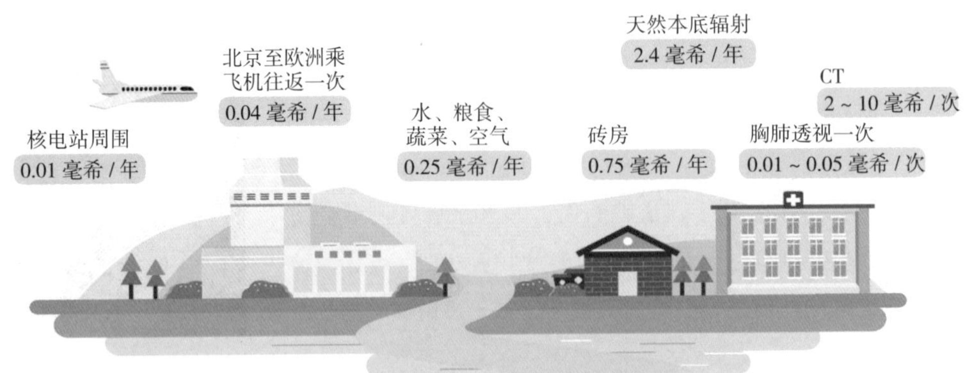

日常生活中常见电离辐射剂量参考值

所受到天然辐射的累积剂量约为 2.7 毫希。

在日常生活中，人们乘坐 10 小时飞机，相当于接受 30 微希的辐射。烟草燃烧过程中也产生辐射，一个吸烟者每天吸 4 支烟，累积一年的辐射量为 0.1 ~ 0.2 毫希，相当于拍 5 ~ 10 次 X 射线胸片，是核电站周围居民每年接受辐射剂量的 10 ~ 20 倍。由此看来，正常运行状态下的核电辐射影响可以说是微乎其微。

会呼吸的“痛”——氡

我们在日常生活中受到的大部分辐射照射对健康并不构成威胁。而“氡”——一种无色、无味的放射性气体——是一种危险的天然辐射源。

它从基岩物质中释放出来，并可以穿过土壤。它会在空气中稀释，所以在室外，氡不会对人体健康造成伤害。但是，室内的氡具有危险性，中国的研究已经证实，即使是存在于建筑物内中等浓度的氡也会对健康构成威胁。室内高浓度的氡则更加危险，长时间吸入会大大增加患肺癌的风险。

空气中的氡约为每年正常所受天然辐射剂量的一半，氡气主要来源于土

家用空气质量检测仪，用来寻找藏在建筑物中的“氡”

壤及各种建筑材料。室内氡暴露导致的肺癌仅次于吸烟，是诱发肺癌的第二重要因素，因此国际上和中国都对室内氡浓度都给出了限值。

为了保护公众健康，国家管理当局或运行管理部门会制定剂量约束，应用于职业照射、公众照射及生物医学研究、病人的非职业性治疗中的志愿者。通俗来说，剂量约束就是人们需要在利益与剂量危害中找到一个平衡点。

辐射防护标准规定

剂量限值		人员 /（毫希 / 年）	
		任何从事涉放射性的职业人员	公众
有效剂量	在规定的 5 年内平均上限	20	1
	5 年内的任何一年不得超过	50	5
当量剂量	眼晶体	150	15
	皮肤	500	50
	手和足	500	—

* 根据《电离辐射防护与辐射源安全基本标准》整理（GB 18871—2002）。

此外，当任何一位职业人员自此延长平均期开始以来所接受的剂量累积达到 100 毫希时，应对这种情况进行审查。对于公众而言如果 5 年连续的年平均剂量不超过 1 毫希，则某一单一年份的有效剂量可提高到 5 毫希。

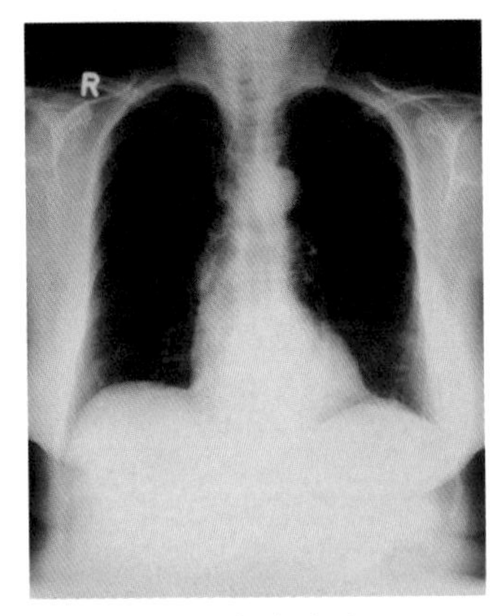
拍 X 射线胸片

除了“有效剂量”外，我们在表格中还会看到不同的身体部位对应的当量剂量限值。这是由于在接受相同的辐射类型与范围的情况下，不同的器官或组织对其敏感程度不同，其受到相同剂量的照射所吸收到的剂量值也是不同的。就好似人体中每个部位的神经敏感度不同，不同部位受到同样力度的打击，所体现出的痛感也有所不同。

研究表明，在短时间内，辐射量低于 100 毫希时，对人体没有危害。如果这个数值超过 100 毫希，就会对人体造成危害；如果这个数值持续达到 400 毫希及以上，那么就会由于辐射直接导致死亡，也正是杀人于无形之中。如果以平时拍 X 射线胸片的次数来换算人体所受照剂量，就会出现以下受照剂量与人类健康的关系。

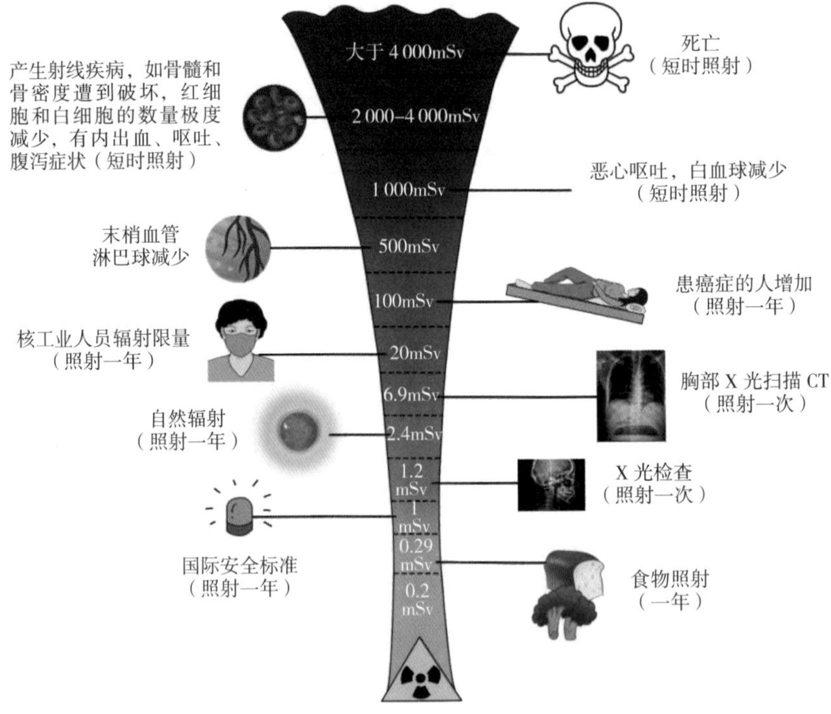

受辐照剂量与人类健康的关系

受照射剂量与人类健康的关系

受照射剂量/毫希	相当于拍X射线胸片的次数（以一次X射线胸片0.02毫希算）/次	和人类健康的关系
2～3	100～150	天然辐射的年剂量水平，即使不从事和辐射相关的工作或医疗服务，每个普通人每年都会受到来自自然界2～3毫希的辐射，高本底地区会更高
20	1 000	职业照射剂量限值：规定在5年内平均有效剂量不得超过20毫希
50	2 500	职业照射剂量限值：5年内的任何一年不得超过50毫希
100	5 000	一次性受照大于100毫希，能够观察到致癌危险的增加，没有疾病感觉，但血样中白细胞数在减少
200	10 000	小剂量照射上限值
500	25 000	一次性受照，约2%的人会出现症状
1 000	50 000	一次性受照，10%～25%的人发生急性放射病
1 000～2 000	50 000～100 000	辐射会导致轻微的射线疾病，如疲劳、呕吐、食欲减退、暂时性脱发、红细胞减少等
2 000～4 000	100 000～200 000	人的骨髓和骨密度遭到破坏，红细胞和白细胞数量极度减少，有内出血、呕吐等症状
4 000～5 000	200 000～250 000	一次性受照，50%的受照射者如不经治疗，在30～60天死亡

* 根据科普中国绿色核能主题科普活动推荐读物《核能》读本资料整理。

除了日常生活中辐射对人类对影响外，近几十年辐射对遗传基因的影响也颇受争议，有学者认为，电离辐射是使人的遗传基因有时突然发生偶发性变化的“突然变异”的因素之一。

辐射遗传效应是生物体的生殖细胞受到照射而产生的后果，通常辐射遗传效应具有以下两个特点：

- 遗传效应并不在受到照射的个体本身出现，而是出现在该个体所繁衍的某些后代身上，因而效应的产生与个体受照射情况的联系不易被发现。
- 从生物体受照到显现出遗传效应之间相隔的时间过长（超过了生物体寿命），有时甚至为寿命的数倍，即几个世代。

基于以上辐射遗传效应的特点，目前人类还较难判断出辐射对遗传基因是否有实质性的影响。而目前最有价值的人类资料是广岛放射性影响研究所（RERF）对日本原子弹爆炸受照人群数十年的不断观察。观察结果表明，遗传学异常的发生率虽然高于未受照射对照组，但并没有达到统计学显著水平。现在看来，原子弹爆炸可能对遗传效应带来影响，远不像早年设想的那样严重和危险。因此，我们有理由相信，目前提出的针对防止辐射遗传效应的剂量控制足够安全。

辐射防护

在 2011 年福岛事故后，似乎越来越多的人关注起了辐射防护这个问题。万一发生核事故辐射泄漏了，我们该如何保护自己呢？又有哪些真正有效的办法来预防辐射剂量呢？

对于辐射防护最优化的选择遵循“ALARA（As Low As Reasonably Achievable）”原则，并非指所受剂量越低越好，而是综合考虑了多种因素后，照射水平低到可合理达到的程度。

在建立了这样的防护理念之后，首先，我们就要了解辐射一般分为外照射与内照射。

外照射是指由存在于人体外的辐射源放出的电离辐射对机体的照射。

辐射源包括：

- 放射性物质和载有放射性物质或产生辐射的器件，如含放射性物质的密封源、非密封源和辐射发生器。

辐射通过内照射和外照射影响人类

- 拥有放射性物质的装置、设施及产生辐射的设备，如辐照装置、放射性矿石的开发或选冶设施、放射性物质加工设施、核设施和放射性废物管理设施。
- 审管部门规定的其他源。

外照射防护主要针对 γ 射线、X 射线、中子和高能带电粒子等，对于 5 兆电子伏以下的 α 粒子和 2 兆电子伏以下的质子，由于其几乎不能穿透皮肤层，所以在外照射防护中不予考虑。外照射防护的目的是尽可能降低辐射对机体的照射，使之保持在可合理达到的尽量低水平。

内照射是沉积于人体内的放射性核素作为辐射源对机体产生的照射。造成内照射的原因通常是吸入被放射性污染的空气、饮用被放射性污染的水或食入被放射性污染的食物等。内照射中放射性核素对人体危害的方式不仅表现在射线对机体的电离辐射，还有重金属本身的危害，可能造成重金属中毒。重金属中毒是指相对原子质量大于 65 的重金属元素或其化合物引起的中毒，重金属能够使蛋白质的结构发生不可逆的改变，从而影响机体组织细胞功能，进而影响人体健康。因此，要尽可能防止放射性物质进入人体内。

小时候，每当使用水银温度计测量体温时，父母总是叮嘱我们千万不能摔碎。其实这也是由于水银温度计里的汞也是重金属之一，一旦释放到房间中，空气里存在的水

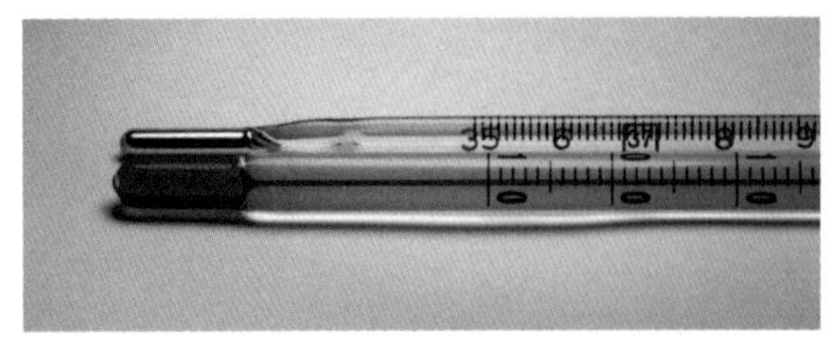
即将退出历史舞台的水银温度计

银蒸汽浓度达到一定值时，就会导致水银中毒。因此，自 2026 年起我们熟悉的水银温度计将全面停产退出市场。

放射性物质主要通过吸入、食入、伤口及完好皮肤渗透等方式进入人体内，对人体产生内照射。内照射防护的基本原则是采取各种措施，隔断放射性核素进入人体的途径，使摄入量减少到尽可能低的水平。

了解辐射的分类后才能根据辐射类型“对症下药”，采用相应的防护方法。

外照射防护方法主要分为三种：时间防护、距离防护和屏蔽防护。此外，对工作场所具有放射性的设备进行去污和减少辐射源的活度也是常用的方法。

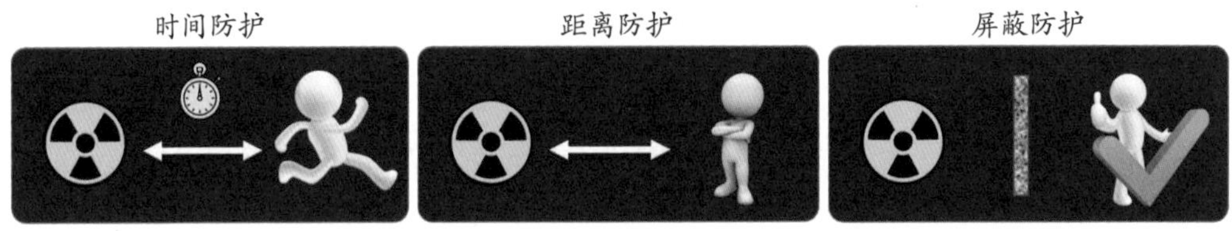

外照射的三种主要防护方法

时间防护：通过缩短照射时间来减少照射量。人体所受的累积剂量随着接触放射源时间的延长而增加，个人在辐射场内停留的时间越长，所接受的累积剂量越大。因此，缩短受照时间是简易而有效的防护措施，为此应避免在辐射场一切不必要的逗留，即使工作需要，也尽量缩短在辐射场逗留时间。

距离防护：人体受到照射的剂量率与距辐射源距离的平方成反比，即距离增加一倍，人体受到照射的剂量率会减少到原来的 1/4。因此，“敬而远之”，增大与辐射源的距离，与辐射源之间有足够的距离是十分必要的。

屏蔽防护：在人员与放射源之间设置屏蔽设施，通过屏蔽材料对射线的屏蔽，减少屏蔽设施后方的辐射照射量。在放射防护不可能无限制地缩短受照时间和增大与源的距离。那么采用屏障防护是实用而有效的防护措施。我们可以利用铅板、钢板或水泥墙屏蔽，保障安全，如防护服的使用、医院 CT 影像室中铅门和铅窗的安置，以及放射源的屏蔽罩等都属于屏蔽防护的方法。

内照射防护的一般方法有**包容、隔离、稀释和净化**。

穿着辐射防护服用以隔离放射性

- 包容，就是采用通风柜等方法，将放射性物质密闭起来，同时采用穿工作服的方法，将操作人员封闭起来。
- 隔离，就是按放射性毒素及操作环境等因素，进行分级分区管理。
- 稀释，就是利用干净的空气、水等，使场所放射性浓度降下来。
- 净化，就是通过各种物理、化学手段，尽量降低场所放射性浓度，降低物体污染水平。

核电站对辐射的监测

核电站中通常设置辐射监测系统、个人剂量和控制区出入口辐射监测系统及环境监测系统用以对核电站厂区及其周围环境的辐射剂量进行实时监测。

我国生态环境部辐射环境监测技术中心的“全国空气吸收剂量率发布系统”可以做到对核电厂周边环境的实时监测截图

辐射监测系统提供用于自动触发和控制功能的信号，并向电厂操纵员提供信息，以便于采取措施保护公众和电厂工作人员的健康和安全。辐射监测系统连续监测电厂工艺流、流出物、气载和电厂区域放射性，在正常运行和设计基准事故工况期间，辐射监测系统提供电厂流出物的排放、选定区域的辐射和选定系统中放射性物质的实时测量值和历史测量值。辐射监测系统的设计还用于向报告提供足够的放射性排放数据。

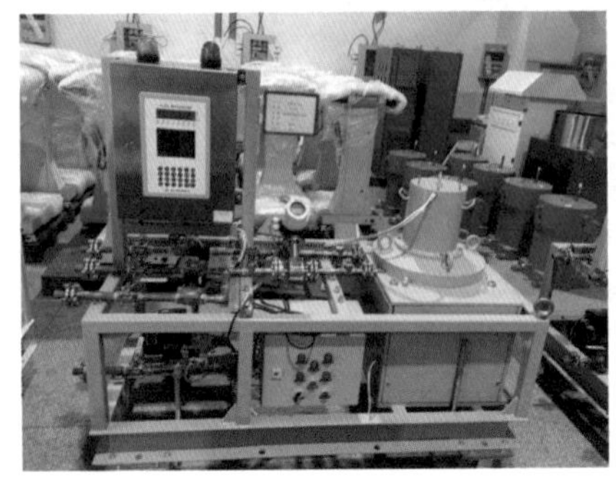

区域辐射监测仪就地处理箱

在线液体辐射监测仪

放射性气体废物排放辐射监测仪

对于三代核电而言，辐射监测系统的设备必须具有60年的设计目标寿命，对于那些不可能达到60年寿命的仪表，必须提供一份维修计划和（或）更换计划。辐射监测系统中使用的辐射监测仪通常分为工艺监测仪、排出流监测仪、气载监测仪和区域监测仪四个种类。虽然“其貌不扬”，但它们时刻不停监控一切企图“不听话”的辐射“精灵”，守护人民生命安全。

捕获一只田野中飞舞的蝴蝶，抓住一片秋日里离枝飘零的落叶，这都很容易。但是想要抓住辐射这只无形的“精灵”却殊为不易，从发现放射性、到观察和甄别辐射，再到用一系列计量单位表征辐射并将之“监管”起来，科学家和工程师们走过了漫长的研究、实践之路。如今，当我们了解了这些知识，就不会再谈“核”而色变，遇“辐射”而大惊了。

第二节　扔给“怪兽”吃掉？——核电放废处理

日本是创造了影史著名大怪兽“哥斯拉”的国家，2023 年，该国将核污水排进太平洋，全世界顿时高度紧张，颇有种“魔幻”照进现实的既视感。即便该国官方宣称核污水已经经过处理，达到了可排放的水平，但一想到核事故废物直接与环境接触，仿佛在那片土地上，“潘多拉的魔盒”要再次被打开。

核电厂毕竟不是只进不出的“貔貅”，如同塑料垃圾带来的“白色污染”一样，放射性废物对于环境的影响始终牵动着人们的心。还记得前文关于“辐射”的小知识吗？一个人每年正常受到的环境辐射（主要来自空气中的氡）大约为 3 毫希。每年一次的例行体检，胸部或腹部 CT 的有效剂量为 7 毫希甚至更多！而在我国国家标准《核动力厂环境辐射防护规定》中，对于核电厂运行状态下的剂量约束值和排放控制值提出了明确的

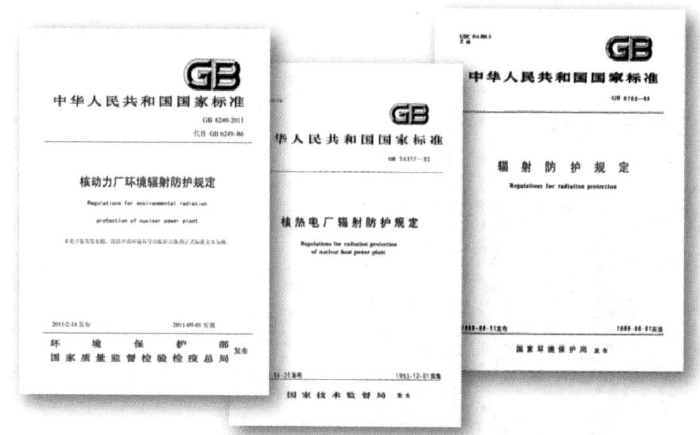

我国关于核电厂的环境辐射防护规定已历经多个版本

要求。其规定任何厂址的所有核动力堆向环境释放的放射性物质对公众中任何个人造成的有效剂量必须小于 0.25 毫希 / 年的剂量约束值，仅为正常人每年接受环境辐射的十二分之一。辐射，不仅仅存在于放射检查或核相关产业中，自然生态环境中的辐射线也正像空气一般，存在于人类生活空间的“老朋友”。

核电三废的灵魂三问

什么是三废？它们从哪儿来？到哪儿去？这是“核电废物管理哲学”的灵魂三问。

自然界常见的物质被分为了气、液、固三种形态。当它们完成了自己的使命后，便被冠以“废”字，在核电厂中，它们叫废气、废液和废固，统称为“三废”。

三废家族中的废气，像是性格最为调皮活泼的“小弟”。它的体内主要包括含氢废气和含氧废气，主要放射性核素是裂变产生的惰性气体、碘及其他活化气体等，此外还包括放射性气溶胶。放射性废气处理系统就是专门教导小弟废气的“好老师”，既要立规矩，把它控制在合适的区域不能随意乱跑；又要教知识，把它处理至符合国家标准要求中有关气态物年排放总量限值和放射性活度浓度的相关规定，排放的气态流出物中除放射性以外的其他物理和化学成分也会符合相关标准的要求。

三废家族中的废液包括工艺废液、化学废液、杂项废液、洗涤废液等，包含了钴、铯、锶、氢等元素，颇像是外表温柔、内心开放又多元的“姐姐”。废液又进一步被分为可复用废水和不可复用废水，核电厂液态流出物向环境排放采用槽式排放的形式，且必须符合有关规定。

常规的垃圾分类

三废家族中的废固类型更为丰富，主要包括湿废物与干废物，被放射性污染的防护用品、擦拭材料、纸张、塑料、橡胶制品，被放射性污染的设备、堆芯一次测量管道或通道、零部件、工具和保温材料等统统包含在内。这位藏污纳垢的家族“大哥”也有一位“好老师”——放射性废固处理系统，它必须能够安全地分类收集、分拣、处理、整备、暂存和监测核电厂正常运行工况产生的放射性固体废物，经处理和整备后形成的废物体和废物包能满足贮存、运输和处置的相关要求。

三废家族出生于核设施运行的各个阶段，与其他表兄弟姐妹一样，它们同样需要“上学”，但就是因为姓“核”，常常受到特别的关注。不过不用担心，即使它们有着放射性的标签，核电行业也请了各个专业的“老师”，时时刻刻坚守自己的岗位，悉心教导。

实际上，核电废物还可以根据放射性水平高低来划分为高放射性废物、中放射性废物、低放射性废物。其中，对于已经过处理或是本身低于审查管理机构所规定的放射性水平时，还可以申请解除审管控制，成为免管废物。

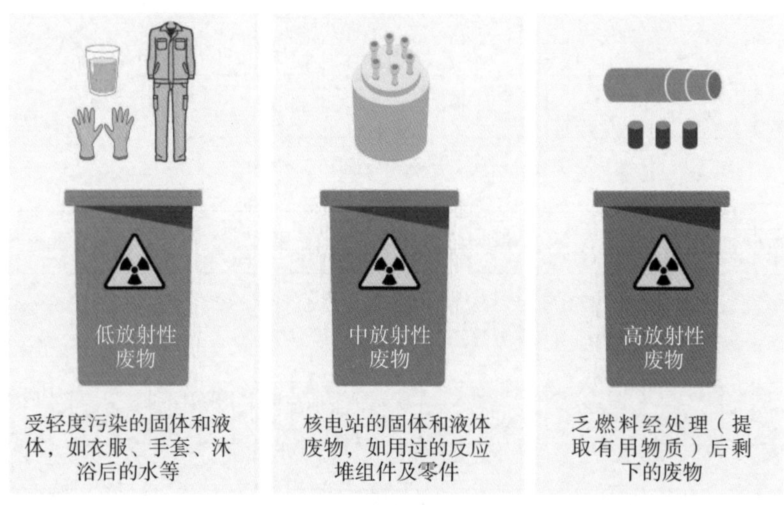

对不同放射性水平的核电废物实行有区别管理

核电三废的处理方式

环境容量有限，废物处理“老师”的教学宗旨是要减少废物体积。2019 年，上海的垃圾分类拉开了国内生活废物分类立法的序幕，也是减少废物体积的方法。由于废物处理和处置方式的不同，减少废物最终体积的第一步是分类收集，放射性废物也不例外。生物学有界门纲目科属种，核电厂放射性废物也有严格的层层分类，最终决定了请哪位“名师”针对性教学。

废气处理

放射性气体废物的常见处理办法有过滤、滞留衰变、除尘、洗涤、利用吸收塔吸收几种。

核电厂的含氢废气和含氧废气应分别进行处理。含氢废气的处理工艺有加压贮存衰变处理工艺、活性炭延迟衰变处理工艺，以及氢氧复合与活性炭延迟衰变组合处理工艺。

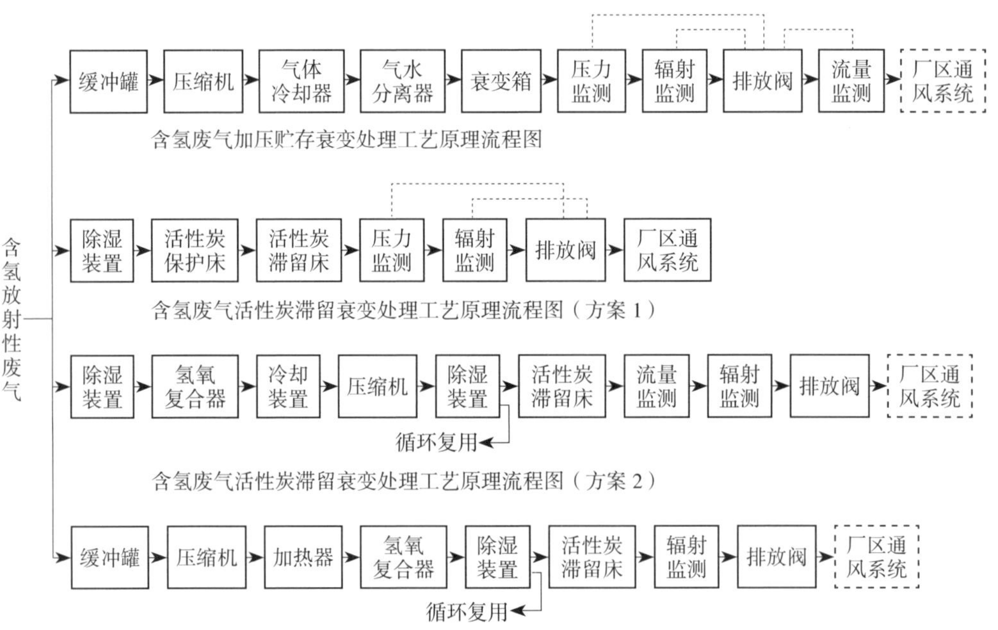

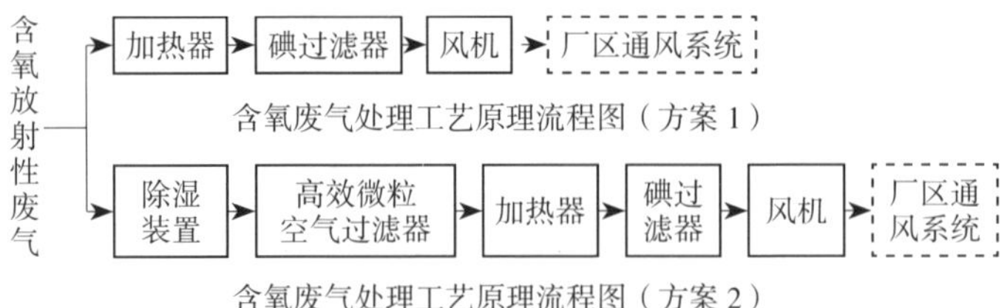

注：—— 表示属于放射性废气处理系统。
- - - 表示属于其他处理系统，如厂区通风系统。
······ 表示联锁。

典型废气处理流程图

废液处理

“因材施教”本是教育理念。对于液体废物的处理，也同样要根据液体废物的不同特点采取不同的方法。放射性液体废物的处理方法有化学沉淀法、离子交换法、吸附法、蒸发浓缩法、膜处理法等。放射性液体废物包括化学废液、工业废液、杂项废液、洗涤废液。根据不同特点处理方法如下：

- 化学废液具有活跃度高、盐类成分高的特点，一般采用蒸发处理，蒸发处理后的流出液可根据要求确定是否进一步精处理，如采用离子交换或膜技术等。若化学废液的可溶性固体或放射性活度浓度不适于采用蒸发或其他工艺处理时，可以直接送往固体废物处理系统进行固化处理。
- 工业废液具有活跃度高、盐类成分低的特点，一般采用离子交换处理。当工艺废液中可溶性盐含量不适于采用离子交换或其他工艺处理时，可蒸发处理。
- 杂项废液往往由于来源不同水质差异很大，一般采用过滤即可满足处理要求。如果杂项废液经过滤不能达到要求，可以根据水质的实际情况选择采用蒸发、离子交换、膜技术等方法处理。
- 洗涤废液的放射性活度浓度较低，且含有一定的洗涤剂和表面活性剂等物质，因此一般单独处理。洗涤废液的处理至少应设有过滤装置。如有必要也可采用膜处理或蒸发等方法处理。

核电厂所排放出的液体废物一般主要由工业废液组成，液体废物排放出之后，要先向其中添加高分子絮凝剂，调整液体废物的酸碱值，通过这一过程，液体当中的一些金属元素发生中和反应，形成细小的固体颗粒，便于下一环节的处理。然后，液体废物流向活性炭床，将上一环节形成的固体颗粒吸附出来，如钴、银、铬、锰、铁等，同时，这一环节还能够去除一些油脂和有机物，防止对下一阶段的处理进行破坏。经过两道工序处理后，工业废液与地面排水一同流入

某型核电站三废处理装置（模型）化学絮凝与离子交换装置

过滤器，将废液中的直径超过 25 微米的颗粒截留，再去进行离子交换。通过离子交换，能够把液体废物当中的放射性粒子分离出来，降低液体废物的放射危害。在液体废物处理工序的最后，还要设置监测系统，确保液体废物经过处理后能够符合国家的排放标准。一旦液体废物的处理过程中发生问题，导致液体废物的排放超过标准，就自动发出报警信号，并且终止液体废物的排放。

废固处理

核电厂的放射性固体废物主要由湿固体废物和干固体废物两部分组成，因此放射性固体废物的处理，要根据固体废物的种类不同采取不同的方法。常见的湿废物处理方法有固化处理、干燥、压实和装入高整体容器处理、直接装入高整体容器、直接固定处理等。干废物处理方法包括分拣、初级压实、超级压实、焚烧等。

核电厂在生产过程中产生的不可燃废物、可压缩废物、废过滤器芯等物质大多是干固体废物，要通过超级压缩机进行压缩。超级压缩机将装有上述废物的桶压成饼状，高度达到原来桶高的 1/10 ~ 1/5，节省了空间。这些压饼要送往水泥站进行灌浆，形成成品废物桶，废物桶检验合格之后，可以送到暂存库贮存一年，再送往最终处理场所进行处理。

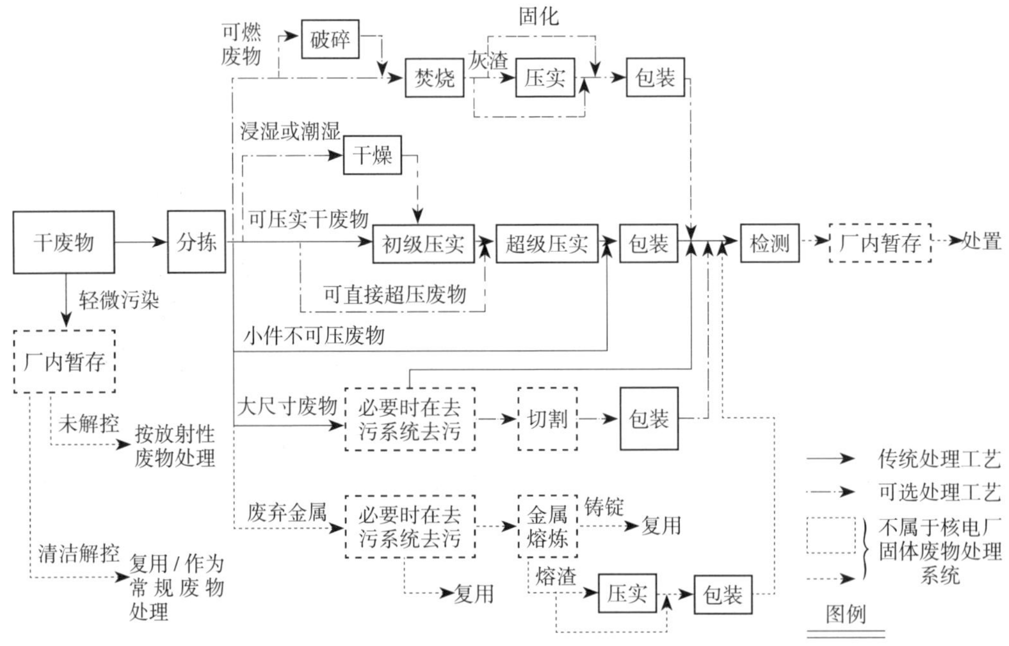

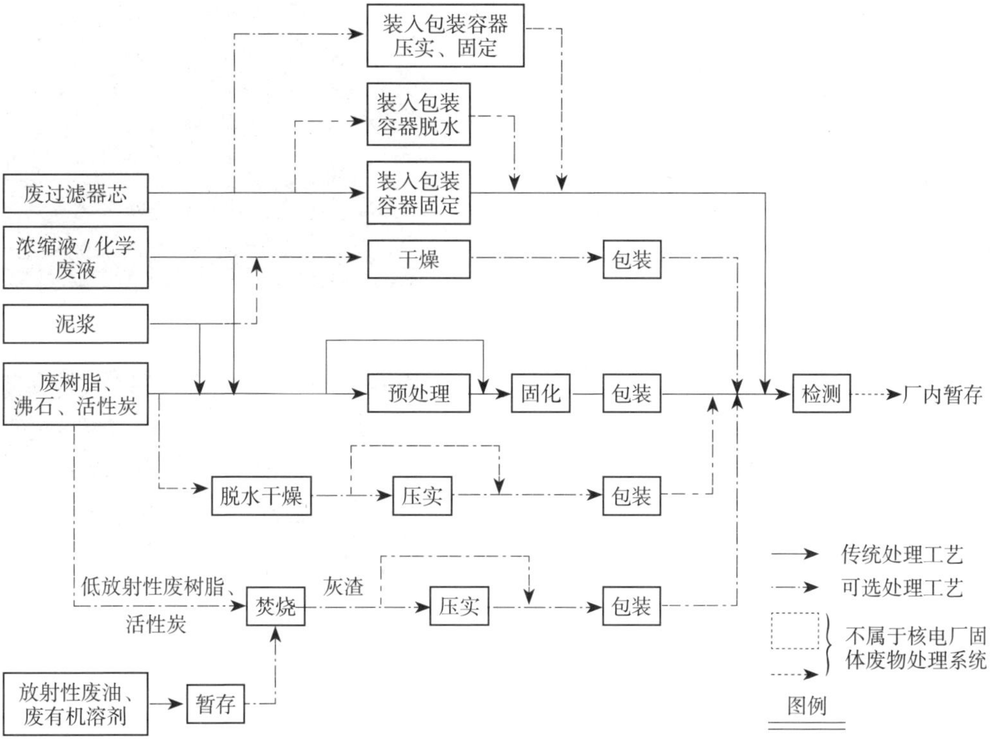

装入包装容器压实、固定
装入包装容器脱水
废过滤器芯
装入包装容器固定
浓缩液 / 化学废液
干燥
包装
泥浆
废树脂、沸石、活性炭
预处理
固化
包装
检测
厂内暂存
脱水干燥
压实
包装
传统处理工艺
可选处理工艺
低放射性废树脂、活性炭
焚烧
灰渣
压实
包装
不属于核电厂固体废物处理系统
放射性废油、废有机溶剂
暂存
图例

典型废固处理流程图

核电站的“煤渣”——乏燃料为什么很重要?

随着核燃料中铀的裂变，已经使用的 3%～4% 的铀燃料被称为“乏燃料”。就像燃煤电厂卸出的“煤渣”一样，对于核电厂来说，无法继续使用的乏燃料无疑也是废物。

由于乏燃料中包含有大量的放射性元素与核材料，包括 90% 未反应的铀 -238、新产生的钚和次锕系元素及裂变产物等。这些放射性产物中有的衰变时间短，有的衰变时间长，并且它们在衰变时往往会放出一定的热量，这使得乏燃料的储存、运输和单独处理尤其需要谨慎小心。只好把它关进“小黑屋”了。

摆放整齐的乏燃料（IAEA 官网）

从核反应堆中移除进行后处理之前，乏燃料会被暂时安置在乏燃料水池中。不安分的乏燃料会不停放热，因此需要水的包裹和及时冷却。核电厂的乏燃料池冷却系统将乏燃料产生的衰变热通过换热器主动转移，为其提供了一定时间的冷却和放射性屏蔽。冷却到一定程度的乏核燃料会“搬家”到特制的干式贮存桶或湿式中间贮存设备之中长期储存，为处理和处置提供过渡时间，同时腾出乏燃料池空间。

乏燃料水池

事实上，乏燃料依然可以通过后处理技术发光发热，就像“一节更比六节强”的电池，无法带动大功率电器的电池，仍然足以为小玩具车供电。乏燃料再溶解和后处理技术是以化学方法将铀和钚从裂变产物中分离出来。回收的铀和钚可在核电厂中再循环使用，以生产更多能量，从而使铀资源得到更充分利用并减少浓缩需求。后处理也通过减少高放废物的体积和去除钚有助于废物的最终处置。

超高压压缩机

200 升金属废物桶

一个 200 升金属废物桶压缩成的饼块

基于减容工艺的核废物压缩处理

最终的归宿——处置

放射性废物处置（Disposal）是处理之后的环节，是将废物放置到经批准的适当设施内，不打算再回取。处置也包括经过审管部门批准的将流出物（气态、液态）直接排入环境中弥散。三废的处置均有相应的标准进行管控。

随着我国对核电厂排放管理要求的提高，在满足核电厂排放量控制值和排放浓度的前提下，核电厂对于公众造成的辐射剂量一般都远低于国家标准所规定的剂量约束值。

目前对于核电厂的排放起到主要约束的是核电厂的厂址“排放容量”和“排放浓度”控制值。“排放容量”就好比一顿饭中使用盐的总量，而“排放浓度”则决定了某道菜是否太咸了。一顿饭是否能称为佳肴，其中较难控制的自然是每道菜的咸淡。对于目前核电厂的三废系统设计和管理提出较高要求的也同样是排放浓度控制值的要求。国家标准对于滨海厂址和内陆厂址槽式排放出口处的放射性流出物中除氚和 ^{14}C 外其他放射性核素浓度分别给出了不应超过 1 000 贝克 / 升和 100 贝克 / 升的要求，并对内陆厂址提出了排放口下游 1 千米处受纳水体中的浓度要求。针对生命元素的同位素——氚和 ^{14}C 的排放控制值，标准中单独进行了严格规定。

另一方面，放射性废物的处置（尤其是固体废物），将会遵循相应的标准把废物安放进经过批准的专有处置设施，采用工程屏蔽和天然屏蔽相结合的多重屏蔽体系为被处置的废物提供长期的安全隔离，确保放射性核素和有害物质释放量极低，进入环境的浓度处于可接受水平。

从对排放浓度和环境受纳水体的浓度控制角度来对比，我国对于内陆电厂的排放控制属于世界上要求最为严格的国家之一，这也更说明核电三废处理和处置在我国的意义极其重大。

显然，大怪兽哥斯拉并不会吃掉核废物，“消化”核废物的反倒是从事核电行业的科学家和工程师们。熵增大是宇宙自主的运行规律，人类社会付出了巨大的努力将无序变得有序。留住放射性，由发散变为固定，坚持 ALARA 原则，废物最小化是核电厂废物管理领域不断追求新工艺的原动力。科学家与工程师们创造出解决核废物的“花式吃法”，正在保护着我们的世界。

第三节 核设施终将老去

核电站是一种典型的核设施。如果把核设施比喻为你我，那么，建造中的核设施就好比人生少年或学生时期，为了能够更好地发挥自我价值努力学习、成长。运行中的核设施就如人的青壮年时期，勤勤恳恳工作，服务于社会。而经历了漫长“一生”的核设施，它们该如何老去呢？它们又面临着怎样的结果呢？其实老去的核设施和我们一样，也会退休，也会退役。

据国际原子能机构（IAEA）估计，全世界约有 2 800 个核设施需要在未来几十年中退役。国际原子能机构（IAEA）对核电厂和研究堆的退役、核燃料循环设施的退役，以及医疗、工业和研究设施的退役分别制定了导则。大型核设施的退役是周期长、涉及面广、投资高的大型工程，需要许多专业人员的参与，需要几年甚至上百年的时间。安全、经济、高效地完成退役任务，成为核科技工程界当前研发的重点任务之一。

德国某处核设施退役准备过程中，工程师正在测量可能的放射性污染

未雨绸缪

核设施退役是对退出服役的核设施解除监管控制所采取的行动，最终目标是保护工作人员、公众和环境的安全，从而无限制或有限制地开放利用现有厂址。

从国际原子能机构（IAEA）的定义来看，核设施退役是一个复杂的系统性工程。想象一下，“宅”了很久的你，突然要给自己的房间来个全面“大扫除”，首先要做什么呢？

当然是四周打量一番，看看堆在地上的脏衣服，瞧瞧垃圾桶还剩多少空间……对于核设施而言，也就是对退役场所进行包括放射性核素种类、剂量强度、废物种类在内的源项调查，查明辐射剂量水平。

接下来就要挥动扫帚、拖把，拿起抹布、吸尘器，将房间分门别类清扫干净。核设施退役，在这一步对应的便是对工艺系统及设备等进行清洗去污，降低辐射剂量，之后进行工艺设备的切割解体、污染场地去污、对拆除的放射性废物进行分类监测并进行整备处理。

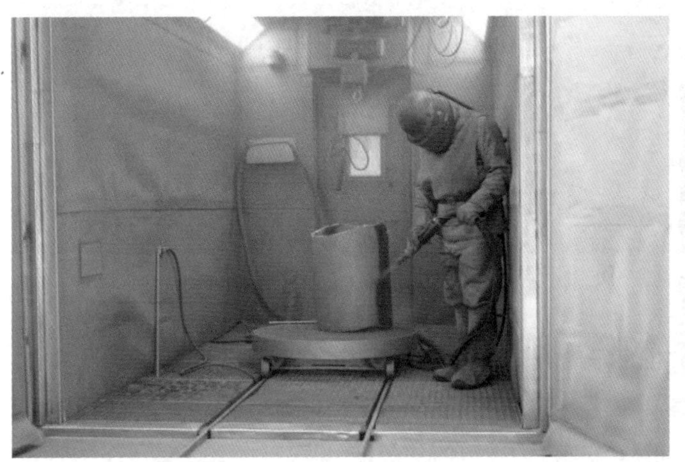

喷砂净化

通过高压水射流清洗进行去污

拆除 FRJ-1 研究堆

德国格赖夫斯瓦尔德（ Greifswald ）核电站拆除发电机后，空荡荡的汽轮机厂房

当然，至此房间已经“焕然一新”。而核设施退役并没有完成，最终还要将核设施拆除。幸好，我们只是对房间的清扫，并不需要把屋子“大卸八块”。

拆除前后的涅德拉奇巴赫（Niederaichbach）核电站

既然核设施退役涉及了“拆房子”的大动作，那么，相关计划自然要提早筹谋。只不过，这种“提前量”恐怕要从核电站还未“出生”开始，也就是说，核设施的退役计划要在设计阶段就开始考虑，并且需要随着核设施的运行、改造、扩建不断地定期（如5年）补充、修改和完善，直至其退役活动开始。

退役计划内容丰富、涉及的范围较广，对应核设施全寿期的不同阶段，退役计划分为初步计划、中期计划和整体计划。每个计划在内容上逐步深入。

初步计划并不需要很详细，但应在申请建造许可证阶段就向相应审管部门（regulatory authority）提供。

中期计划是在核设施运行过程中对初步计划的更新和完善。在核设施运行期间，运营单位必须定期或在重大事件发生后对初步退役计划进行复查，包括技术、设施现状、法规、费用估算和财务条件等因素的变化。复查后，退役计划和经费估算也要随之更新。

整体计划是核设施实施退役的依据，是对中期计划的补充和完善。整体计划应将退役实施过程中的各种活动，如辐射源项评估与调查、系统及设备去污、辐射监测、质量保证、最终源项调查与状态确认等活动进行详细描述。

2014 年 2 月，拆除反应堆周围的建筑物

位于英国温弗里斯（Winfrith）的“龙”（Dragon）反应堆

2018 年，带有激光切割器的长臂蛇形机器人（LaserSnake）正在作业

温弗里斯将成为英国第一个完全退役的主要核厂址

位于英国温弗里斯（Winfrith）的“龙”（Dragon）反应堆退役过程

核设施退休“套餐”

通常核设施有三种不同的退役方式：**立即拆除、延缓拆除与封固埋葬**。

选择何种“退役套餐”，受到很多因素的影响，包括政治、社会、地理、技术、经济等诸多方面。例如，对于许多国家的大型核设施退役，废物出路（处置条件）和退役经费是决定性因素，而一些国家则受到乏燃料出路的制约。

立即拆除指允许在关闭或终止受管制活动后的 40 年内将设施从监管控制中移除，一般在核设施永久停堆之后，立即着手实施一系列的退役活动。该策略目标是在较短的时间内，便可将厂址内特定放射性水平以上的所有核材料全部移除，以实现所属厂址或设施的安全解控或无需任何核安全监管限制下再利用。

采用立即拆除策略可以最大限度地利用现有力量实施去污、拆除和解体等作业，但是这个策略无法实现放射性源的显著衰减，同时要求退役核设施的废物及乏燃料管理设施可用。另外，由于没有缓冲期，退役资金也必须充足或得到充分保证。立即拆除可能导致工作人员受照射剂量较高，故一般需采用或发展遥控切割和拆卸机具，就像前文英国温弗里斯的“龙”（Dragon）反应堆退役所使用的长臂蛇形机器人（Laser Snake）。

遥控切割和拆卸机具

采取延缓拆除的核电站

延缓拆除也称“安全关闭”或“安全储存”，指永久停堆后的核设施完成最终处置的时间会延后。一般采用此策略的核设施从永久停堆到最终完成去污、拆除、解体并实现解控最长可达 50 年。为实现如此长时间内的安全关闭或贮存，系统中的高放射性废物都需要及时清空，直到最终的放射性污染衰减至较弱为止。

相比较于立即拆除，延缓拆除的优点在于可以减少退役实施过程中达到辐射防护目标所需的资源，同时可以降低退役人员的受照剂量。另外，延缓拆除也可以降低对退役资金筹集的时间压力，若干年后也可能开发出更先进的去污技术被利用。延缓拆除一般被用于大型反应堆的退役。

封固埋葬也称“就地处置”，指把核设施包括所有放射性物质就地永久性掩埋，永远无需拆除与取回。就地埋葬可以大大减少去污、拆卸工厂，减少废物的整备、运输、贮存和处置费用，减少工作人员的受照剂量。但是就地埋葬的厂址必须具备作最终处置厂址的条件，所以这是一种有条件的策略。其实，在大多数情况下，核设施满足建厂的选址条件，但不一定具备作处置场的条件，就地埋葬获得许可和公众接受也是比较困难的。

上述三个退役策略中每个方法都有其优缺点，国家政策与现有技术决定采用或允许采用哪种方法或组合方式。

法国电力公司（EDF）选择部分拆除后延缓 50 年作最终拆除。同样地，英国、加拿大、意大利等国由于境内缺乏废物处理库，对核反应堆也大多都采用延缓拆除的策略。日本则正在探索核电站运转年限延长的策略，让核设施“延迟退休”。我国大陆首座核电站——秦山核电站已运行近 30 年，但目前也已批准其延寿。

对核电站最决绝的当属德国，其反应堆多数采取立即拆除的方式，有的已退役的厂址完全开放。德国卡尔斯鲁厄研究中心（Karlsruhe Institute of Technology，KIT）的多用途重水研究堆已退役成为向公众开放的博物馆，还有两座研究堆已退役成为绿地，原型钠冷快堆也正在进行拆除。

德国格赖夫斯瓦尔德（Greifswald）核电站遗址

美国对关闭的核电站，有的核电公司考虑废物的处置费用不断上涨，因此选择立即拆除的政策，而有些却打算延缓拆除。美国早期关闭的反应堆采用延缓拆除策略者居多，而后期关闭的反应堆采取立即拆除策略者居多。因为核电站延缓更长时间拆除，并不带来更多好处，美国核管会（NRC）要求所有核电站停止服役关闭之后，封闭监督时间不超过 60 年。

有研究表明，在核反应堆中，大约 99% 的放射性与在永久关闭后被去除的燃料有关。除了植物的一些表面污染外，剩余放射性来自长期暴露于中子辐射的钢材的“活化产物”。尽管稳定的原子变成不同的同位素，如铁 -55、铁 -59 和锌 -65 这几种具有高度放射性的同位素，然而，上述几种同位素的半衰期却很短，分别为 2.7 年、45 天、5.3 年、45 天，关闭 50 年后，核设施中的放射性会大大减少。

半衰期（Half-life）

保持匀速喝掉满满一大瓶牛奶，先喝半瓶，再喝掉半瓶的一半，半瓶一半的一半……如此记录每次所花费的时间，这当中就包含着“半衰”的概念。

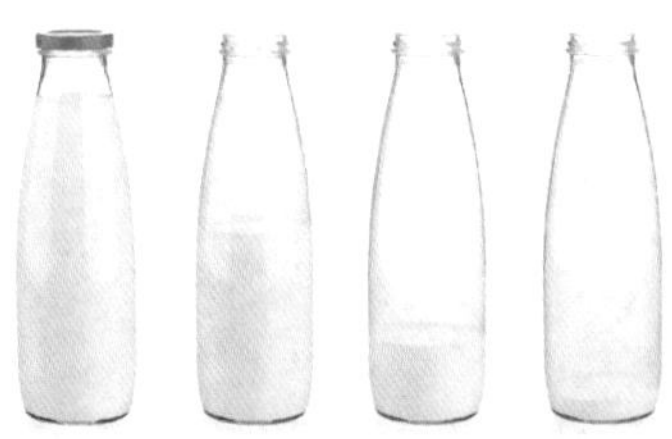

每次喝掉一半的牛奶，蕴含着“半衰”的概念

随着放射的不断进行，放射强度将按指数曲线下降，放射性强度达到原值一半所需要的时间叫做同位素的半衰期。原子核的衰变规律是：

$$N = N_0 x\ (1/2)\ t/T$$

其中：N_0 是指初始时刻（$t=0$）时的原子核数，t 为衰变时间，T 为半衰期，N 是衰变后留下的原子核数。

放射元素的半衰期长短差别很大，短的远小于一秒，长的可达数百亿年。在物理学上，一个放射性同位素的半衰期是指一个样本内，其放射性原子衰变至原来数量的一半所需的时间。所以，随着时间的增长，这些放射性元素的放射性会由于其衰变而越来越小。

发挥余热

——奥布宁斯克核电站退役

做出关闭核电站这一决定，主要是基于经济和安全两方面考虑。2002 年，奥布宁斯克核电站，那座已经安全运行了 50 年的反应堆到了退休的年纪。

已关闭的奥布宁斯克核电站

这里的每一个设备、每一个部件和每一个按钮都无法抵抗住时间之手的摧残，一切都磨损了。这也并不奇怪，足足 50 年的运行必然会致使设备出现不同程度的老化，从而导致每年都需要很多的维护费用。

尽管奥布宁斯克核设施规模较小，但其在人类原子时代发展进程中的纪念意义十分重大。所以俄罗斯决定将电厂保留下来，转型为一座博物馆和科技馆，命名为“奥布宁斯克科学城”。经过将核燃料从堆芯中移出，建筑物、系统、设备去污及部分设备设施的拆除，2004 年反应堆厂房部分作为博物馆对外开放。2008 年 6 月 26 日，也就是这座反应堆投运 54 周年的前一天，最后一批乏燃料元件从核电站运出，标志着退役工作一个重要里程碑的完成。由于不再有新的放射性产生，建筑物、系统、设备已有的放射性强

奥布宁斯克核电站运行检修

度将逐渐减少，因此可以认为已安全“转型”了。目前，奥布宁斯克核电站的主厂房除了原燃料装卸区几个房间外，其余都已对外开放。人们可以通过原操作窗参观现在还密封的原燃料装卸区。

高放射性的乏燃料经过特殊包装，在这座电站的老员工到场关注下，从反应堆厂房中运出送往专门设施进行中间贮存。

奥布宁斯克科学城内景

这些铀核燃料密封囊被一款专用起重机运送就位。为了防止辐射，起重机外表采用了厚实的外壁包裹，封闭窗户采用了厚厚的石英玻璃，这样操作人员可以看清楚搬运过程，同时又能保证安全。

就这样，世界上第一座核电站变成了“奥布宁斯克科学城”。

奥布宁斯克科学城内厚厚的石英玻璃封闭窗

如今已变身为科学城的奥布宁斯克核电站

它走完了自己的一生，但仍作为博物馆对外开放，静静记录了人类踏入原子时代殿堂时的第一个脚步。

化剑为犁

——中国核武器研制基地退役

我国核电站都还比较年轻，没有退役的计划和实例，但我国有一些早期的核设施已经成功进行了退役，如我国第一颗原子弹研制、试验、生产基地——青海 221 厂（现称“原子城”）。在它完成历史使命后，于 20 世纪 80 年代撤点销号退役。

整个退役处理工程历时 5 年，采用国际公认的经无害化处理后达到不加任何限制的永久性开放“三级退役标准”。1994 年整个基地正式移交青海省北藏族自治州，成为世界上首个“化剑为犁”的典范。1995 年 5 月 15 日，新华社向全世界宣布：

“我国第一个核武器研制基地已全面退役。基地环境整治符合国家有关环保法规的要求，并已通过国家验收。目前基地原址已移交地方政府安排利用，原子城所在地更名为西海镇。”

退役级别

退役根据反应堆退役达到的实际状态，相应的检测要求及厂址可利用程度分为三个级别：

- 1 级退役——监督与贮存

从堆内卸出核燃料，排空一回路冷却水和作为反射层的重水，移走可移动的被污染和活化的材料。对核设施实行有监督的密闭封存。

- 2 级退役——厂区受限制地利用

对污染区域进行适当程度的去污，拆除易拆的污染部件，并将其移除厂外或运到待封闭厂内区域。反应堆的一些部件或厂区达到不受限制再利用的标准，而对存留放射性不可接受的剩余区域实行有监督的实体封闭。

- 3 级退役——厂区不受限制地利用

拆除全部核设施，或部分拆除，使污染的核设施去污至可接受的水平，使全部设施与厂址都达到不受限制地开放利用。

青海原子城纪念馆

2001年6月25日，鉴于原子城为我国研制第一颗原子弹和氢弹做出的历史性贡献，目前它被国务院公布为第五批全国重点文物保护单位之一，是青海省重要的旅游资源。

如今的西海镇已成为海北州府所在。一座高16米的纪念碑在原221总厂办公楼的东南角矗立，张爱萍将军亲笔题名："中国第一个核武器研制基地"。碑顶上，刻着4只展翅翱翔的和平鸽，似是诉说："一切为核工业做出的努力，并不是为了引起战争，而是为了保卫和平。"

青海原子城纪念碑

青海原子城纪念馆

2009年，青海原子城纪念馆正式对外开放。今天的金银滩沐浴在和平的阳光中，风吹草长，默默记叙着核工业精神长存。

从 30 年到 50 年

——秦山核电的延迟退休

2021 年，国家核安全局发部《关于批准秦山核电厂 1 号机组运行许可证有效期延续的通知》，决定续发秦山核电厂 1 号机组运行许可证，其有效期限延续至 2041 年 7 月 30 日。

核电机组延续运行，也被称为“延寿”。根据世界核协会（WNA）官网统计资料显示，核电厂运行许可证有效期限延续是普遍的国际实践。根据国际原子能机构（IAEA）的相关数据，截至 2020 年底，全球在运核电机组 442 台，连续运行 40 年以上机组共计 104 台。美国核安全监管当局（NRC）截至 2020 年底已批准了 90 台机组的延续运行。

进行运行许可证延续（OLE）申请时，核电厂需要开展大量的分析论证工作，特别是分析关键设备在延续运行期间的安全状态，必要时将进行安全强化的技术改造，以保障核电厂延续运行期间的安全性。核安全监管当局将开展严格的审查，确保核电厂延续运行期间的安全性。

在国内尚无实践，也缺少相关政策法规及标准指导的情况下，面对如何建立 OLE 技术和管理体系、环境影响评价、最终安全分析报告（FSAR）更新等困难，写就“国之光荣”并携手走过 50 年风雨的“728”兄弟再次联合起来。

秦山核电站与上海核工院一道，持续开展技术路线调研、关键技术研究及应用。从 2011 年起，相继开展了 OLE 项目初步可行性研究、可行性研究、初步设计、时限老化分析、OLE 环境影响评价、FSAR 更新，以及仪控综合改造（主控室更新）、核 2、3 级

秦山核电厂区即景

秦山核电一期 OLE 时限老化分析专家评审会

管道支吊架改造、电缆桥架改造等近十项重要的安全强化改造工作，为秦山核电站获得 OLE 申请的正式批复奠定了重要基础，也为后续其他核电站的运行许可证延续积累了经验。

秦山核电一期在延续运行期间，每年可产生经济效益十多亿元。同时，核电机组延续运行期间依然进行的检测、维修、评估和改进等一系列生产相关活动都会持续对核电关联产业、地方经济、就业等产生有利影响。

运行许可证延续申请获准后的秦山核电站，将继续在降低碳排放、服务社会经济发展方面做出更多的贡献，再续“国之光荣”新篇章。

改造后的秦山核电一期主控室

在了解了一座核电站“老去”的故事之后，我们再来看看一座核电站“出生”之前的准备工作。

第四节 核电选址

大到工程建设，小到开店创业，“选址”始终是绕不过去的话题。中国天眼（FAST）因考虑到良好的气象条件与得天独厚的“天坑”自然条件而落户在云贵高原。三峡大坝在治江防洪、水能利用、坝址安全等因素的综合考虑评估下，其选址道路足足走了28年……在人类历史长河中，关于地理位置的重要性，可以找出无数的证明。

回望1955年到1983年，三峡大坝28年的选址之路令人惊叹。而就在三峡故事尘埃落定的一年前，1982年，中国还迎来了被誉为“国之光荣”的728工程厂址的确定。正如前文所说，728工程为了寻找优良厂址也历经十余年，直到在浙江省海盐县遇见秦山。

三峡也好，秦山也好，不难看出，大国工程“出生”之前，总是伴随着错综复杂的考量，要综合判定数不清的自然条件和社会经济因素，才能选出一个优良的厂址。那么，通常的选址究竟要考虑哪些具体条件呢？是否有据可查，有法可依？

核电站的“风水”

我们常说，所有重大工程的选址都有一个从宏观布局到微观落位的复杂过程，核电项目也不例外。一座核电站从规划到建成，其历时之长，耗资之巨，动用人力之多，不可胜道。核电是实实在在的大国超级工程，因此建在哪里显得尤为重要。所以，为核电站选择一个优良厂址的重要性就显现出来了。正如民众买房子时要考虑通风、采光、交通等条件，甚至是藏风聚气、荫庇后昆一样，核电站也要看“风水”。

当然，这里所说的“风水”并不是封建迷信，而的的确确是“风”和“水”的条件，其所代表的是核电站选址所要考虑的周围土地和水资源、地质、地形、地震、海洋和陆地水文、气象、人口等历史资料和实际情况。

在展开说明这些“风水”条件之前，我们时时刻刻不能忘记的就是核安全准则。选择适合建造核电站的厂址，是核电工程的第一个环节，也是核电安全管理的起点。选址至少必须考虑到三方面的影响：

- 厂址所在区域对核电厂的影响。
- 核电厂对厂址所在区域的影响。
- 人口分布的影响。

时刻牢记核安全，我们就可以开始逐一辨析纷繁复杂的“风水”条件了。概而言之，主要包含以下九大因素：

一是地理位置和地形地貌条件。这是一个核电厂址最为直观的特征。地理位置直接影响着与周边城镇的相对关系、工程取排水、交通通达性等诸多因素，地形地貌则很大程度上决定了核电厂建筑布局和工程建设时的难易程度，以开阔平坦、有一定的地势高度为宜。

某核电厂原始地形地貌

二是地震地质与岩土条件。大地的稳定是保障核电工程安全的重要基础。因此，选址人员对地震地质条件的考察（包括诱发地震可能性）是十分全面的，既要在空间上识别从厂址区域内逐步拓展到厂址附近范围的大地构造、主要断裂带等，也要在时间上认识过去已形成的断裂带并拓展到判断新构造运动的趋势，以确保现在和未来，核电厂址都可以在地基均匀、稳定的位置上“稳坐钓鱼台”。

旧金山大地震曾造成严重破坏

汶川地震纪念碑

强烈地震及其次生灾害会对核电站造成严重威胁。2011 年 3 月 11 日，日本福岛附近的东日本 9.0 级超强地震，由地震引发海啸所致的福岛核电站事故造成了广泛性的环境影响，余波至今仍未散去。除此之外，1999 年 9 月 21 日，我国台湾南投县集集镇发生 7.6 级地震。地震发生时，位于台湾岛北部的金山、国圣等三座核电机组自动停堆，台湾岛南部的马鞍山核电站因配电设施受损而降功率运行。因此，面对破坏力巨大的地震，核电站只好选择“惹不起，躲得起”的策略。

地震地质示意图

大量资料证实，地震的发生与断层活动有密切关系，尤其是中强以上地震，与活断层的关系更为明显。大地震延断层造成的错动，是一般工程措施难以防御的，因此避开活动断层是第一选择。

核电选址就像是拿着放大镜观察饼干上的裂缝一样，逐一判断每条断裂带上的地震活动情况。在我国，需要参照现行《中国地震动参数区划图》选择地壳相对稳定的区域。核电厂址通常要选择在地震动峰值加速度 $< 0.3g$（约相当于 8 级地震，g 为重力加速度）的区域，要求方圆 150 公里范围内不能有活动断层，在厂址 5 公里范围内不能有能动断

隔震支座及闭锁装置

层或指向场址方向的能动断层。

而如果我们发现了一个各方面条件都极其优秀的核电厂址，而它恰好位于地震动峰值加速度 > 0.3g 的区域内该怎么办呢？这样的厂址通常会在选址阶段被“枪毙”掉，但是，核电设计人员也有方法让它“起死回生”。研发人员设计出了一种安装在核岛基础底部的隔震支座及闭锁装置，当发生中小型地震时，装置处于锁紧状态，避免核岛产生较大位移；当发生超大地震时，装置自动打开，通过高阻尼的隔震支座延长核岛自振周期，从而达到隔震目的。在试验中，这个类似于汽车防抱死系统（ABS）的装置能够使反应堆的抗震能力提升到 0.7g。

与靠数字说话的地震条件相比，地质岩土条件相对好理解一些，主要是为了判断地层岩石的承载力。花岗岩、石灰岩、火山碎屑岩……不同的岩石岩性不同，有的绵软，有的坚硬，有的脆弱易碎，有的韧性十足。我们当然要选择足够“强壮”的基体来作为核电站基底。此外，还要判断厂址及周边范围是否存在明显的沉陷、滑坡、泥石流等地质作用。

凝灰质砂岩（三门核电站）

砂岩（海阳核电站）

花岗片麻岩（山东某核电）

花岗岩（广东某核电）

核电基岩样本

断层、断裂带和地震带

法国韦科尔山系的断块山风光

地球从内到外由地核、地幔和地壳三部分组成。地壳位于地球的表层，当地壳受力发生断裂，沿破裂面两侧岩块发生显著相对位移的构造就叫做断层。由许多断层组成的地带，就称为断裂带。地震带是地震震中集中分布的地带，一般是活动性很强的地质构造带。从世界范围看，环太平洋带和从印度尼西亚向西北经缅甸、喜马拉雅山、中亚细亚到地中海是两个最显著的地震带，分别称为环太平洋地震带和喜马拉雅－地中海地震带。大洋中的海岭也是经常发生地震的地带，不过海岭上的地震强度较前两个地震带弱。中国地处全球性的两个大地震带交会的部位，是一个多地震的国家。

岸边的水位测量计

三是工程水文条件。沿海厂址普选阶段关注的水文特征包括潮汐、潮流、波浪、泥沙、水温、盐度、岸滩稳定性、海啸及其他可能极端灾害天气等。我国建立了较为完善的海洋监测系统，沿海分布的大量海洋观测站就成为我们认识海洋水文特征的“眼睛”。做了这样全方位的“体检”还不够，秉持着谨慎的设计原则，选址工作会把一切不利因素组合起来，构想出一个极端的情景。例如，核电厂址区域原本坐落在一个不会被水淹没的位置，我们称其为基准设计静水位，某个时间恰好遇到了历史罕见的天文大潮，不巧此时台风风暴潮正在经过，再加上大风大浪的影响。在这种情景下分析得出的“厂址设计基准洪水位”，不应低于有水文记录或历史上的任何一次最高洪水位。这将成为决定场坪标高的重要依据，从设计的角度确保核电厂不会被淹没。

核能发电常被调侃为换了一种方式“烧锅炉”，两台百万千瓦级核电机组每年的淡水需求量约 300 万立方米，循环冷却水水量大约为 140 立方米 / 秒。那么“锅炉”中的水从何而来，排往何处？这就要考虑陆域水文条件和取排水条件，一般需要调查厂址区域的气候、降水、河流径流、城市中水水量等因素，以及核电厂与海域的相对位置关系，以便确定核电的取排水选择。优选远离饮用水源和水环境保护区，还要满足水域升温的要求，否则经历过核电站内部“旅行”的冷却水带着一定的温度排进水域当中，会对水生生物环境造成潜在的影响。随着技术的发展，海水淡化也可以提供核电厂所需要的淡水，从而保护我们珍贵的陆域淡水资源。

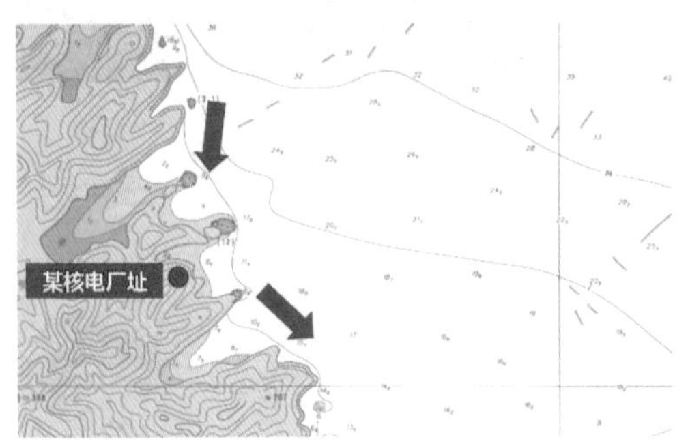

福建某核电厂址附近水下地形及取排水方位示意图

台风风暴潮

由于剧烈的大气扰动，如强风和气压骤变（通常指台风和温带气旋等灾害性天气系统）导致海水异常升降，使受其影响的海区的潮位大大地超过平常潮位的现象，称为台风风暴潮。

四是气象条件。说“风水”，道“风水”，气象很大程度上就代表了核电选址中“风”的因素。通常要考察地区域气象条件包括气温、相对湿度、降水、日照和蒸发量、风向风速等，以及龙卷风、热带气旋、大风、暴雨等极端气象，为的是排查并避免气象灾害，并确定厂址地区满足放射性物质大气弥散条件要求。这些数据会来自当地的气象站，而在当地气象资料缺乏或需要精度更高的气象数据时，核电选址团队还会在区域内投资建立自己的气象观测站，经历一年甚至更长时间的气象观测，积累数据资料。

五是电能送出条件。我们总是能在世界企业500强排行榜的前列看到国家电网和南方电网，正是我国四通八达的“大电网”成就了其企业规模。核电站作为电力系统的一分子，也必须接入这个互联互通的电网中。因此，需要考虑电网接线、电力负荷及电源规划情况。平时核电站兢兢业业地发电上网，启动、检修、备用等关键时候也免不了请电网输电来“江湖救急”，也就是要确保所连接的电网能够为核电站提供正常运行和安全所需的厂外电源。

某核电气象观测站

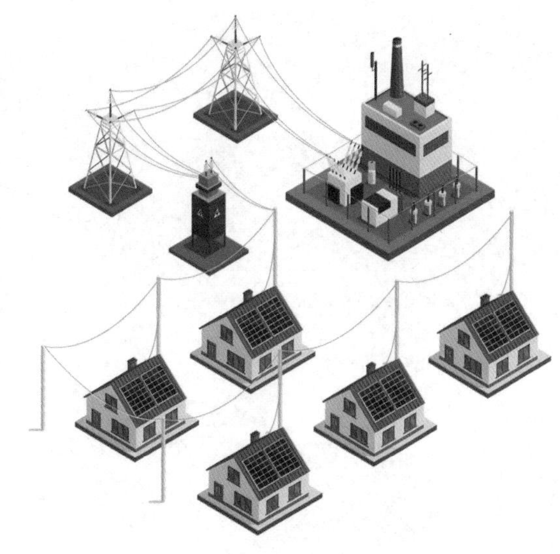

电力传输过程示意图

六是交通运输条件。如果把核电比作能源“心脏”，那么与核电厂址相连的公路、铁路、水路就像是维系这颗心脏的血管。核电站建设需要成千上万的物资和设备，如第三代核电“国和一号”的一台蒸汽发生器高约 24 米，相当于 8 层楼那么高，重达 800 吨，这样一台体量惊人的设备还必须一体成型，而非使用拼装的方式建造，其运输问题将十分令人头疼。同时，核电站运行阶段需要运输新燃料、乏燃料和固体废弃物等，一旦发生核事故，还需要满足应急撤离的需要。因此，核电选址要考虑到现有、规划公路、水路、铁路等运输条件满足设备运送，燃料运输和应急需要，特别是蒸汽发生器这样的“大件”运输需要。如果你关注中国航天，一定知道“长征 5 号”为什么被称为“胖五”，她的腰围（5 米）要比同族兄弟们（3.35 米）大了不少，其中很大程度上就是因为她的发射场地位于海南文昌，拥有更宽松的海运运输条件。其实，这也是核电站更倾向于选址在沿海地区的原因，便利的海运条件将为核电站建设省掉一大笔为了“大件运输”而支付的公路改建费用。

某核电厂大件道路规划

美丽的自然环境

七是自然生态与环境条件。要使核电厂址与周围环境相适应，尽可能避免或减小对周围自然、社会环境及其城镇、工业、土地、水域等规划的影响。例如，要考察厂址附近的海洋功能区划、近岸海域功能区划，一定厂址范围内是否有自然保护区、水产种质资源保护区、水产资源重点保护区、风景名胜区和文物保护单位等。特别需要注意的是，核电选址几乎不会占用基本农田。我们国家既要拥有强劲的能源“心脏”，也一定会把“饭碗”端得稳稳当当。

八是环境影响。为了确保核电站的安全性，选址工作此时变成了“套圈游戏”，一方面，核电站应建在人口密度较低，区域人口密度较小的地区，工作人员会围绕厂址中心划出几个圈，需要基本达成半径 1 公里以内无自然村，5 公里内（规划限制区）无万人以上人口中心，10 公里范围内无十万人以上城镇，60 公里范围内无百万人以上城镇。另一方面，要对核电站厂址一定范围内的外部人为事件进行鉴别，大型油、气、化学危险品贮存库，机场，航线，军事设施都有属于潜在的危险因素。尽管在中国发生类似于“911 恐怖袭击”的事件概率很低，但中国目前的第三代核电站都将抵御大型商用飞机恶意撞击作为一项安全指标考虑了进去，优化了核岛的结构设计和强度，而在选址阶段，远离航线、远离机场也是对这一安全指标考虑的体现。

九是场外应急条件。在核电选址阶段，主要考察的因素包括：厂址一定范围内的居民点分布和人口数量，厂址附近的公路条件为核事故应急撤离提供可靠保证，厂址附近具有掩蔽条件的场所条件，地方通信网络满足应急通信要求，以及是否存在外部人为事件对核电厂构成潜在危害。尽管三代核电机型已不需要场外应急，但出于审慎原则在选址阶段同样需要关注这一问题。

核电站选址要求十分苛刻，前文提到自然环境、社会经济条件更是“五花八门”，在调查这些因素、条件的时候，动用的手段可谓是“八仙过海，各显神通”，卫星照相、航空测量、地面测量、地下勘探、大气扩散试验等“十八般武艺”都已成功应用。如今，核电选址人员还在积极探索新方法、新工具，在环境调查工作中保障安全，提升效率。

无人测量船

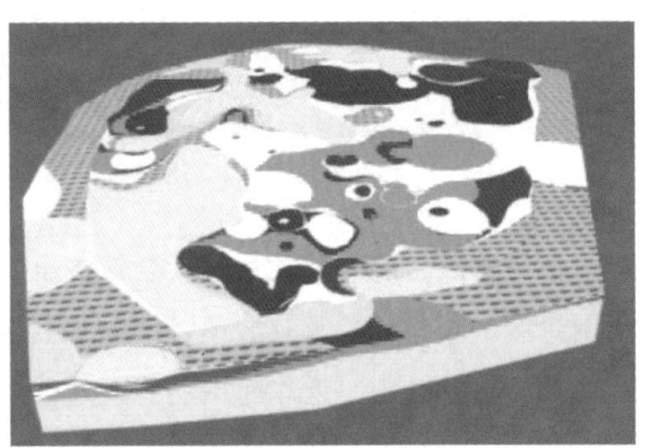

三维地质模拟软件

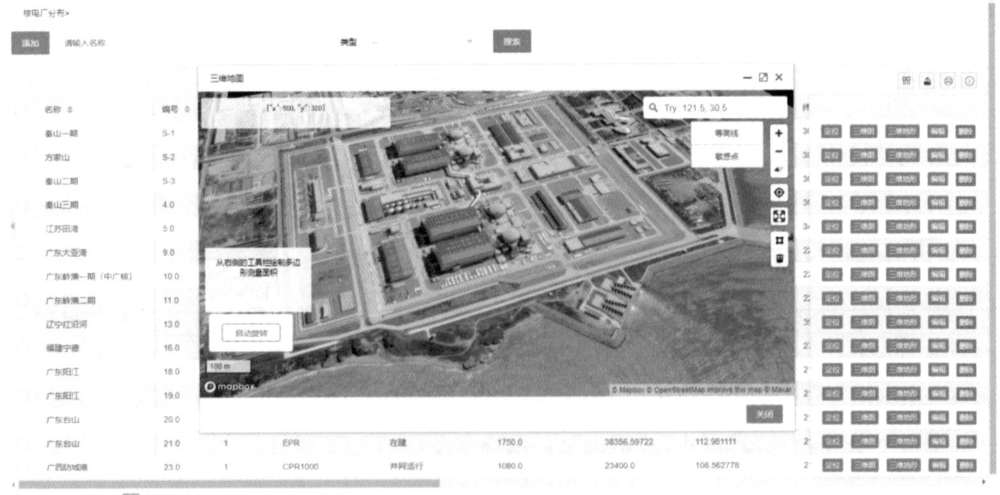

核电前期一张图

核电选址中的数字化手段

千军万马来“选秀”

有人把核电选址比作是一场漫长的恋爱，从起初的分浅缘悭，到缘来时觅得佳偶，通常要兜兜转转十数年。从时间跨度上看，这样的比喻不无道理。倘若从工作流程上来讲，核电选址更像是一场规模盛大的选秀比赛。

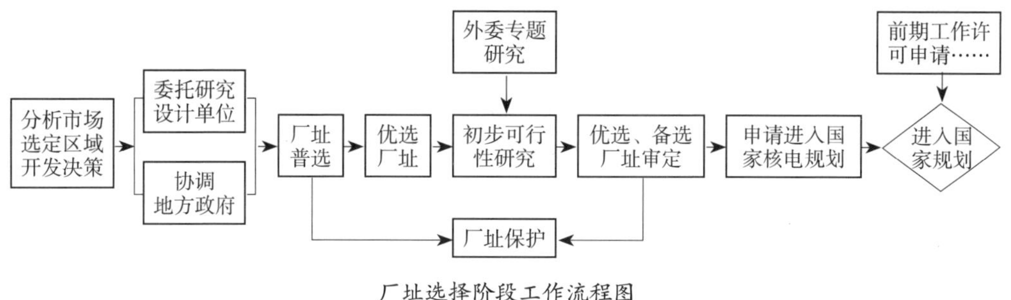

厂址选择阶段工作流程图

这场比赛，要从一场“海选”开始说起。

在项目策划阶段，一份核电厂址普选报告的篇幅通常能够达到上百页。**厂址普选**就是对指定区域内的厂址进行勘察，主要基于现有资料，通过室内选点结合现场踏勘选出可能核电厂厂址，并对各个可能厂址进行初步筛选和比较。

室内选点是在“图上作业”，这第一步又叫“纸上谈兵”。选址人员会拿出高精度的地形图、地质图、地震分布图、陆地水文图、交通图等各式各样的地图，对前文提到的各种厂址选择条件做逐一考虑，排除掉不可能通过“海选”的区域，从而大致判断核电厂址的范围。这个过程通常会在指定区域的地图上圈出 10 ~ 20 个可能的厂址。

进入这场选秀比赛下一阶段的可能厂址，将面对选址人员的现场踏勘。这个过程会有来自各个领域的核电选址专家实地走进厂址观察调研，优中选优，推选出 2 ~ 3 个候选厂址。如果踏勘顺利，这个环节可能一轮结束，但更有可能的是面临“20 进 10”“10 进 5”“5 进 3”“3 进 2”这样残酷厮杀的“晋级赛”。由于核电选址是个漫长的过程，而中国的经济社会发展日新月异，在近十年或十多年的时间当中，核电厂址周边很有可能出现人口增长、规划变更等各种颠覆性的情况，导致某些厂址失去了当初本可以满足的选址条件。因此，还要根据实际情况的变化，来开展更多的厂址选择、踏勘和相关研究，补充成为新的候选厂址。

在耗时费力的厂址普选工作结束后，脱颖而出的 2 ~ 3 个候选厂址将进入更加激烈的**初步可行性研究**阶段。此时，选址不再只是关乎“位置”的事情，已有专业将加大参与深度，如总图规划、环境评价等专业。同时，会有更多专业的人员参与进来，如核电型号设计、技术经济等专业，他们将从更丰富的角度提供关于“位置”的意见，排除颠覆性因素。

依据核电厂址的实际条件和复杂程度，一些专题研究将依次开展，通常会包括地震地质、气象、人口、环境及外部人为事件、工程水文、岩土工程及水文地质、淡水资源、大件运输等技术专题等的初步研究。不论“赛制”繁简，厂址优选过程通常将持续 1 ~ 2 年，这又是为什么呢？原来，在选址人员需要利用这段时间，开展必要的前期专题项目的调查试验。由于选址人员难以面面俱到，这些技术专题的研究一般会委托具有相关专业技术资质的外部单位，在我们中国，如国家海洋局、国家地震局、气象服务中心等“国字号”单位的下设专业机构。而这些专题成果也将汇集在核电项目的可行性研究报告当中，成为确定核电厂址的重要依据。

还记得前文提到的核电选址条件吗？这时，它们将和专题成果、工程方案、技术经济分析等内容一起，构成多达 30 余项的横向对比框架。

最终成文的《初步可行性研究报告》数百页，大致分为总论、电力系统、厂址选择、环境评价、工程方案、投资估算和经济分析等卷册。2 ~ 3 个候选厂址将真正站在同一个舞台上，逐个“过筛”，从建设必要性、技术经济可行性、厂址安全性等多个维度得出综合比较结论。最后，只有一个厂址能够迎来胜利，被推荐为优先候选厂址，其余厂址则作为备选厂址。

优选候选厂址作为赢得胜利的幸运儿，看似已经走上了“人生”巅峰，但这还不算结束。等待着它的还有**可行性研究**。核电项目开展可行性研究，也意味着其真正进入了项目开发阶段，为“出道”做准备。这时，研究重点已不再是排除颠覆性因素，而是在初步可行性研究的基础上，进一步研究核电厂工程建设的方案和条件，确定厂址技术数据，研究制定较为详细的工程方案，论证项目在安全、环境、技术和经济方面的可行性。除了初步可行性研究阶段已开展的专题方向，大量的专题研究将逐步开展，一切目的都是为了得到更加详细的厂址相关参数，以便支持工程方案设计。《可行性研究报告》通篇针对那个“聚光灯”下唯一且足够幸运的优先候选厂址，将是一部真正的“鸿篇巨著”，其厚度已经难以用页数来衡量，用A4纸打印摞起来约有1米高。

选择适合建造核电站的厂址（选址），是核电工程的第一个环节，也是核电安全管理的起点。所以，不论普选、初步可行性研究、可行性研究哪一个阶段，核电安全都在这场旷日持久的“选秀”中被充分考虑，选址阶段的厂址安全分析也必须经过国家核安全监管部门的批

核电选址需要开展的部分专题调查试验（水生生态调查）

核电选址需要开展的部分专题调查试验（辐射环境本底调查）

核电选址需要开展的部分专题调查试验（陆生生态调查）

准。而那些纷繁复杂的厂址条件和要求已经以法律、法规、标准、导则等形式确定了下来，只有满足要求的厂址，才有可能得到国家核安全监管部门的批准。

另类资源

如果打开中国的核电站分布地图，你会发现这些核电站像是海洋捧出的一颗颗明珠，串成了珍珠项链挂在祖国漫长的海岸线上。

我国虽然幅员辽阔，但受制于地质、地震和水资源条件等，当前核电厂厂址主要集中在东部沿海、华中、华南地区。已建成商运的核电站则无一例外都位于沿海地区。

而国际上并非如此，美国是世界上核电站最多的国家，拥有 99 台机组，其中 64 台机组（占 65%）位于内陆地区，其中被称为美国的“母亲河”——密西西比河沿岸建有 32 台机组，占美国内陆核电的 50%。法国拥有 58 台核电机组，其中 40 台（占 69%）位于内陆地区。法国境内共有 8 条河流，每条河流沿岸均建有核电站。法国最长的河流——卢瓦尔河（Loire River）沿岸建有 12 台核电机组，罗讷河（Rhne River，Rhone River）沿岸建有 14 台核电机组。莱茵河上游在瑞士境内有 5 台核电机组，在法国境内有费斯内姆（Fessenheim）核电站（2 台机组），下游在德国境内有尚在运行的比布利斯（Biblis）核电站（2 台机组）。

法国罗讷河畔的核电站

尽管我国内陆还没有建设运营任何一座商用核电站，但出名的内陆核电厂址可不少，如江西彭泽、湖南桃花江、湖北咸宁等三个内陆厂址已经投入了大量前期费用。

早在 20 世纪 80 年代，中国就开始对核电厂址资源进行调查。40 多年来，以中核集团、国家电投集团、中广核集团等为代表的央企“国家队”为中国的核电厂址选址论证做出了重要贡献。截至 2022 年，已有 19 个省份组织开展了核电选址论证。国内主流的第三代核电型号均已达到了单台机组百万千瓦级，据此水平测算，目前前期储备和已开展前期工作的厂址容量仍可新建约 4 亿千瓦的核电规模。

如此看来，这样巨量的核电厂址储备足以满足上百台百万千瓦核电机组的建设。核电厂址并不是什么“稀罕物”，更遑论一种资源?

但是，我们要知道核电项目投资规模大、建设周期长、服役时间长，发展核电势必须经过特别仔细审慎地规划和决策。这意味着，那些挣扎着通过了“选秀”的核电厂址不太可能短期内开工建设，想要“登台演出”还得经历漫长的等待。而我们国家的发展日新月异，很多核电厂址周边都面临着人口增加，建设开发的现实情况，甚至厂址本身也承受着各种各样地方发展规划的冲击，核电厂址及其周边的地质结构、工程水文等环境因素随时有可能发生颠覆性的改变，到这一步，某些经历了层层选拔的厂址将很有可能不得不从“出道”名单中划除。

保卫珍贵的核电厂址，可以说是迫在眉睫。

中国拥有辽阔的国土面积，经过了几十年的核电选址积累，工作人员几乎已经踏遍了祖国的万水千山，还有多少地方能被选择成为优秀的核电厂址呢? 亲爱的读者，当你看到这里时，请记得每一寸土地都值得好好珍惜。核电厂址不可替代、不可复制、不可再生，核电厂址资源正是支撑我国能源结构调整、经济社会高质量发展、满足人民美好生活需要、维护国家能源安全和国家利益的重要前提之一。

令人欣喜的是，我国越来越重视保护好、利用好核电厂址资源。为了满足国家核电长远发展需要，有关单位正在对这些厂址进行深入地调查研究和保护开发，很多地方政府也积极地将核电厂址资源开发与地方发展规划布局相协调，基于地方经济发展规划，在不损害厂址地质结构、水文等因素的前提下，对厂址进行开发性保护，既保护了厂址，又可以带动地方产业和区域经济发展。

当我们了解了核电厂址选择需要综合考虑的种种条件，知晓了厂址选择的严苛步骤，认识到核电厂址是一种宝贵的资源，现在，是时候回看祖国海岸线上由核电站串成的珍珠项链了。

最终热阱

接受核电厂所排出余热的大气、水体，或是两者的组合，这就是最终热阱。流出物指实践中的源向环境中排放的满足相关标准要求，并获得监管部门批准的含有极少量放射性物质的气、液态流。

事实上，从安全和环保的角度来看，内陆核电站和沿海核电站没有本质区别，它们遵循着同样严苛的厂址选择标准和工作流程，无非是侧重点略有不同，甚至内陆核电站还采用了更加严格的放射性液态流出物排放标准。目前世界上在运的核电站超过一半是内陆核电站，美国和法国内陆核电机组至今共有 3 000 堆年的运行经验，通过对内陆核电站长期的运行监测，数据表明内陆核电与沿海核电在安全、环保同样有保障，技术上成熟、可行。

同时，以目前的先进核电技术而言，其不会产生大规模放射性释放的可能性，不需要场外应急，实现了净零排放。这些特征决定了先进核电已经可以靠近大城市布置，特别是北方地区有供热需求的城市，帮助我们打赢蓝天保卫战。

矗立在河畔的核电站

一座核电工程的优良厂址，像是锚定在历史长河中的一个地理坐标，她连接着一片土地的过往，也积蓄着未来脉动的力量。而就她自身而言，则代表着科学与理性。

第五节 核电是头“吞金兽”？

我们常把小孩子比作“四脚吞金兽”，从出生到成长，每个家庭为下一代产生的花费可是一笔大开销。

20 世纪六七十年代，在第一次石油危机后，美国、英国、法国、日本等国家都采取了积极发展核电的政策，制定了庞大的核电发展计划，世界上的商用核电站数量迎来了爆发式增长。到 1979 年底，世界上在运行机组数量达到 228 台，在建核电机组 237 台。这一阶段核电机组密集建设，在 1984 年、1985 年全球每年各有 32 台核电新机组并网，平均每 11 天就会有一座新的核电厂投入运行。

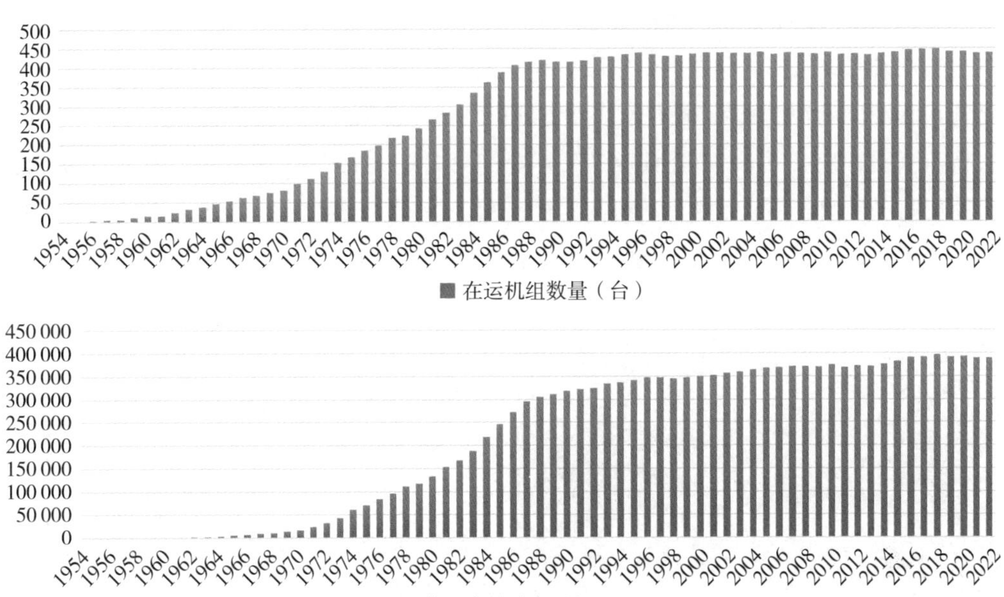

全球核电机组数量及装机容量（1954—2022 年）

面对如此核电“婴儿潮”，世人不免思考核电会是投资巨大的“吞金巨兽”吗？如果真是这样，又是什么原因让彼时的世界不惜斥巨资推动核电发展？火爆现象的背后隐藏着怎样的经济逻辑？

拆解“吞金巨兽”

“水电柔，火电躁，核电硬，风电轻”只是网友们的一句调侃，不同发电形式的差别并没有这么离谱，它们真正的区别在哪里呢？以浙江三门核电为例，厂址规划建设6台百万千瓦机组核电站，全面建成后的装机总量将达到750万千瓦以上，约等于三分之一个三峡电站。巨兽之“巨”可见一斑。如果想把形形色色的发电形式放在统一标准上对比，那么，探究它们之间“花钱”与“赚钱”的差异是个不错的角度。

从项目投资总资金规模来看，核电是很“贵”的。目前，建设一台百万千瓦核电站大约需要花费200多亿人民币，做个粗略的对比，这些资金大致相当于建设4台60万千瓦的火电机组所投入的资金量。

如此巨量的投资都花在哪里了呢？

核电站与常见的燃煤发电厂相比，建设过程并无本质区别，同样是从平整场地、地基开挖起始，到结构建筑、设备安装调试结束。核电投资的去向包括前期费用、设计费、设备购置费、工程预备费、土建安装工程费、调试费、首炉燃料费、工程其他费用和建设期间财务费用。建成投产之后还需支付核燃料费，运行维护费、乏燃料和放射性废物处理费用、退役费等。而由于核能发电的特殊性，为了确保安全、可靠，需要许多独有的、特制的装置和设备，及其研制过程中的安全与质量管理。因此，从投入资金的归属来看，有近50%都用在了设备与材料的购置上。

某核电型号的控制棒驱动机构

以控制棒驱动机构为例，单台控制棒驱动机构的采购成本就达到数百万元。它只是庞大核电站中极小的组成部分，就像我们烧开水，可以通过灶台上的旋钮来调节火的大小，在核电站中就是用一套机械装置来插入或提升控制棒，从而达到调节“火力大小”的目的。

大家可别被核电巨量的投资吓到。发电形式不同，它们的装机容量也千差万别，把总投资转化为单位投资（又称“比投资”，意为每单位生产能力的投资数额），我们可以得到相对科学的对比。

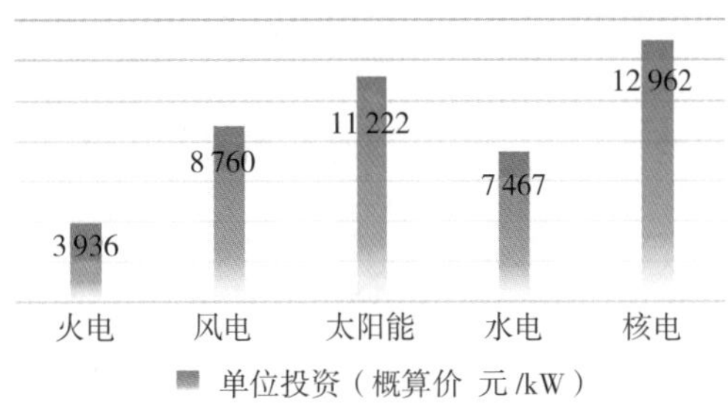

中国不同发电形式单位投资（“十二五”期间投产电源工程项目造价分析）

这样看来，尽管在投资数额上，核电要高于一些新能源发电，但是考虑到发电能力的差别，每1千瓦核电的投资是不是也没那么“离谱”呢？事实上，这样的对比还存在一丝不合理性。

一座核电站通常能持续稳定地运营40～60年，考虑到选址、建设、运行、退役等不同阶段，核电的全寿命周期前后将经历百余年，因此常被形象地称为“百年工程”，并且由于核电机组容量大、稳定运行小时数高，几乎不受自然条件影响，可以雷打不动地坚持发电。以每年365天来计算，一年共有8 760小时，核电站的发电小时数可以轻松地达到7 000小时。如果发电行业也评选“劳模”的话，核电站一定会戴上大红花了。而一块光伏板、一台风力发电机的寿命通常为20年左右，养护得当的情况下也很难超过40年，再加上阴雨、无风等不可捉摸的天气情况，“三天打鱼，两天晒网”的情况必定会发生在太阳能和风能等发电形式的身上，尽管这并不是出于它们的本意。因此，不同发电形式“一生”的发电量存在巨大差距，发电能力也不能简单地用装机容量来衡量。

技术经济工作者们想到了另一种思路：不论阴晴雨雪，风霜雷电，每一座电站从“呱呱坠地”到“灯枯油尽”，其“一生”的发电量是可以被计算出来的，任何发电形式都是如此，核电的发电能力大致相当于水电的2倍，风电的3~4倍，光伏发电的6~8倍。以它们“一生”的发电量作为统一衡量标准，便可以把不同发电能力的差异也纳入评价当中。

这就是“全生命周期”的概念。如果用某个电力项目全生命周期内的成本除以全生命周期内的发电量，得到每发出一度电的成本，如此一来，就可以对不同发电技术、不同工程项目的经济性做出客观、公允的评估，这一经济评价指标称为“平准化度电成本”

（Levelized Cost of Electricity，LCOE）。很多学者就这一指标对我国各种发电形式做了大量研究，不同发电形式对应的“竖线”代表所收集数据中 LCOE 的极大值和极小值，对应的“方块”则代表 LCOE 的可能区间。

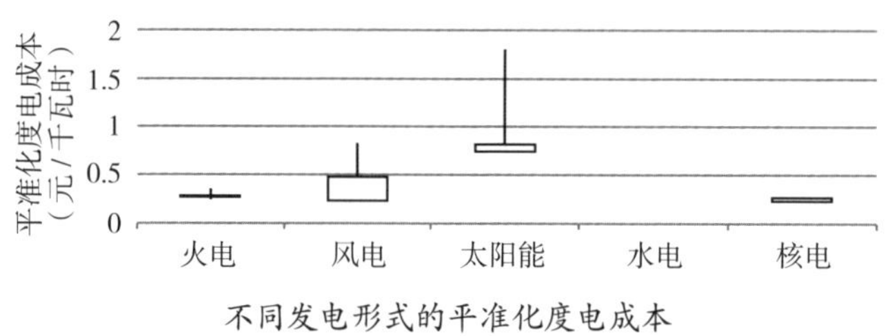

不同发电形式的平准化度电成本

尽管我们收集整理到的这些数据横跨了许多年，并不能完全真实的反映“资金”的时间价值。但它们总体上反映了一个趋势，核电选手凭借其超长的“职业生涯”及稳定的发电能力，在全寿命周期的口径下，成功反超一众新能源，已经与火电选手的“成本”非常接近了！

一步步地分析是接近真相的过程。说了这么多，我们始终没有脱离“钱”，正是一定程度上基于经济性的考量，人类选择了核电，而历史上核电建设的高速增长现象背后，也正是市场这只“看不见的手”在做出调配。

所以，通过使用更科学公允的经济分析方法，不难发现核电投资巨大、成本高企的印象所言非实，这头“吞金巨兽”的名号自然也是名不副实。我们相信，在不远的未来，随着技术进步、设计建造标准化及规模化部署，安全、清洁、高效的核电，最终将作为经济的能源形式被公众理解和接受。

进化，现金奶牛

食肉的凶猛野兽“变身”为吃草的温顺奶牛，如果生物界发生了这样的事情，一定是让人跌破眼镜的大新闻。可是，在核电站身上就发生着这样的“属性”转变。这是为什么呢？又是哪些因素促成了这样的转变？

核能是一种能量密度高度集中的能源，可达到化学能的几百万倍。因此，核电站像一个头重脚轻的“大头娃娃”，每年购买燃料的花费很少，其主要成本大多来自初始建设投资。

对于核电站的“出钱方”而言，想要尽快收回资金的愿望十分迫切，尤其是贷款一般要求在电站建成后的10～15年内“落袋为安”。一旦初始投资的大部分资金被回收，每年“摊派”入核电生产成本中的投资成本就大大减少了。

实际上，这种“摊派”对应着现代会计理论，想象一下，当工厂买入一些比较大的、价值比较高的设备，或者建立厂房等需要大量资金建设并且长期使用的物品的时候，我们不能一次性地把成本（买东西花的钱）计算进去，而是要基于它的使用时间长短（或别的计算方法）来按年分摊到每个产品之中，这样才能客观反映产品的成本。

因此，在核电经济分析中，我们会发现其生产成本在15～20年后呈现明显的下降趋势。而核电机组的设计寿命是40～60年，此时，“无债一身轻”的核电还有至少20～40年时间的长期运行，收益也将在运行后期有显著提高，从而实现了向“现金奶牛”的进化过程。

那么，我们自然希望核电站的建设投资花费更少一些，以便少借款，早还贷，让核电这个“发电劳模”安心工作的时间更久一些，让这种从“吞金兽”向“现金奶牛”进化的过程来得更快一些。

那么，哪些重要因素会影响核电建设投资的经济性?

一是**通过国产化、自主化等手段突破装备制造的垄断**。重视核电在能源体系中所起作用的国家，一定不会让核电装备、部件的设计制造被独家垄断。中国是装备制造大国，实现国产化和自主化是突破垄断的重要途径，包括设计、制造、建造和运行维修等各个方面。

国内研究表明，国产化对降低核电成本有巨大影响。以秦山核电二期、岭澳核电的基础价分项比投资来看，国产化能够降低比投资25%左右，极大地提高了核电站的经济性。

法国法力诺公司生产的U形合金管

再举几个“小部件”的例子，如蒸汽发生器U形管和反应堆压力容器密封环。它们体量虽小，作用可真不小。例

国产蒸汽发生器用 690 合金 U 形传热管

国产 690 合金管突破了国外垄断，右侧为管板焊接后试型样貌

如，U 形管管内流的是一回路高温高压、带微量放射性的水，管外流的是二回路不带放射性的水。分隔一、二回路的屏障，对于核电站的安全运行至关重要，但其长期被法国法力诺（Valinox）、日本住友（Sumitomo）和瑞典山特维克（Sandivik）三家公司垄断，采购价格昂贵。成功国产化后的造价降低了一半多。

二是**容量规模效应**。如果你关注房产交易，就会发现小房子的单价通常要比大房子高一些。尽管这背后的逻辑稍有差异，但也一定程度反映了“规模效应”。事实上，在堆型、技术条件和外部因素基本相同时，装机容量较小的核电厂会比容量较大的电厂具有更高的单位投资。法国核电厂的建设经验表明，单机组电厂容量由 300 兆瓦增加至 1 350 兆瓦，即容量增加 350%，直接费用会增加 151%，间接费用却仅增加 52%。也就是说，容量规模效应在工程设计、施工服务等间接费用上的影响比设备、材料和人工成本等直接费用上的影响大得多。这种规模效应还反映在同一厂址上的核电站审批建设，通常是成双成对的，也就是每一期工程建设两台核电机组，为的是尽可能共用一些工程条件，达到节约资源的目的。

三是**建造工期**。由于核电建设需要短时间内投入巨量资金，施工期的长短将对投资及相关的财务成本产生很大影响，而冗长的建造工期会使核电工程面临许多无法控制的风险，如贷款增加、材料成本和工资成本的上升等。

除了良好的管理、施工工艺和技术改进，通过简化安装系统，设备、材料数量减少也可以大幅缩短核电厂建造工期。此外，还可以利用模块化施工方法来对建造工期产生积极影响。与以往先土建、后安装的施工逻辑不同，想想我们住的房子，一定要先把房子盖好，才会搬入家具展开装饰装修。而模块化建造施工就像是“搭积木”，大量引入

海阳核电 3 号机组 ca03 模块吊装就位

平行作业，依靠当今发达的先进技术，将土建、安装、调试等工序进行深度交叉，从而大幅缩短了核电站建设工期，进而降低工程造价。

屏蔽厂房的钢板混凝土结构局部

当前已有部分型号核电站的屏蔽厂房创新采用了钢板混凝土（即 SC 结构）这种新型组合，两侧墙面为钢板，钢板内侧是焊接栓钉，采用对穿钢筋连接两侧钢板，内部填充高强高性能混凝土。与传统的钢筋混凝土（RC）结构相比，采用 SC 结构时可以实现工厂预制，平行施工，大幅缩短施工工期。同时，这种结构同样厚度的钢板混凝土具备更高的承载能力和更好的延展性，还提高了抗大型商用飞机撞击的能力，为核电站增加了一份安全保障。

除了上述因素以外，通过核电设计燃耗深度的加大，以及设计、建造和运行等过程的标准化、系列化、批量化都可以提升核电经济性。

核电技术发展的经验表明，标准化机组批量建设的平均单位投资，低于具有相同特性但进行分别设计和建设的单个机组的单位投资。这其实并不难理解，万事开头难。同类型的首次建设（FOAK）和早期建设通常会“摊派”方案开发、初始研发和设计的成本，随着研发成本的逐步分摊消化，核电建设投资就会下降。而且古语讲“熟能生巧”，在一系列建造建设过程中的学习效应、效率提高也会带来成本降低。

随着我国能源供给侧结构性改革不断深入，核电将进一步积极参与电力市场竞争，以更经济优质的电力供给保障经济社会可持续发展。知晓了影响核电站建设投资的关键因素，我们就能更好地控制核电建设投资规模，促成“吞金巨兽”向“现金奶牛”的超级进化。但是，核能为人类社会创造的巨大效益可不仅仅局限在发电带来的“钱眼儿”里，在核技术应用、节能减排、碳中和等方面，这头“巨兽”还扮演着更多重要的角色。

第三篇

蓝海

托出匠心重器
何惧浪打风吹

第五章

移山跨海

——国家科技重大专项与三代核电

小到农业育种、电子芯片、工业软件，大到重型燃机、光刻机、大型商用飞机……近些年，“卡脖子”已经成为国家重点关注的安全问题，也在被媒体和公众不断提及和热议。

21 世纪初，在风起浪涌的世界大潮之中，党中央、国务院高瞻远瞩，谋篇布局“国家科技重大专项”，发出了向科技进军的号令。

在追求技术自主的大背景下，在调整能源结构的迫切需求下，为何大型先进核电会被纳入“国家科技重大专项”的议程？大国博弈与举国攻关又经历了怎样的艰苦卓绝？

第一节　重任在肩
——国家科技重大专项

2005 年的中国发生着什么?

8 月，我国与全球一道庆祝了世界反法西斯战争胜利六十周年。

9 月，香港迪士尼乐园开幕，朝鲜核危机第四轮六方会谈在中国北京重开。

尽管北京奥运会与上海世博会尚未召开，更快速便捷的 5G 网络与网购平台也还没有到来。但是，我们都曾深切地感受到世界正在变得“平坦”，原有的世界格局与平衡正在悄然改变。偌大的中国在这个过程中，该怎样把握未来科技发展方向?

历史上，我国以“两弹一星”、载人航天、杂交水稻等为代表的若干重大项目的实施，对整体提升综合国力起到了至关重要的作用。美国、欧洲、日本、韩国等也同样把围绕国家目标组织实施重大专项计划作为提高国家竞争力的重要措施，曼哈顿计划、阿波罗计划、“空中客车”联合飞机研制计划等都是个中翘楚。

12 月，《国家中长期科学和技术发展规划纲要（2006—2020 年）》发布，确定了包括“大型先进压水堆核电站”在内的 16 个国家科技重大专项。

所谓“国家科技重大专项”是为实现国家目标，通过资源集成与举国机制，突破核心技术，在一定时限内完成的重大战略产品、关键共性技术和重大工程。“以科技发展的局部跃升带动整个产业的跨越发展”，换言之，就是“以一个领域技术的突破，带动一个产业与相关行业的飞跃”。

【核高基】
通过专项的实施，在核心电子器件、高端通用芯片及基础软件产品领域有效推动国内相关产业的发展，缩短与国际先进技术水平的差距，并在全球电子信息技术……

【宽带移动通信】
通过专项的实施，全面支撑了我国移动通信技术研发与产业化，我国移动通信发展实现了从“2G跟随”“3G突破”到“4G同步”的跨越，5G发展取得良好开局……

【油气开发】
通过专项的实施，取得一批引领中国石油工业上游发展、在国际上具有较大影响的油气重大理论、重大技术和重大装备，使我国油气勘探开发自主创新能力和研……

【水体污染治理】
通过专项的实施，解决制约我国社会经济发展的重大水污染科技瓶颈问题，重点突破工业污染源控制与治理、农业面源污染控制与治理、城市污水处理与资源化……

【新药创制】
通过专项的实施，已基本建成以科研院所和高校为主的源头创新，以企业为主的技术创新体系，上中下游紧密结合、政产学研用深度融合的网格化创新体系……

【大型飞机】
“十一五”期间重点实施的内容和目标分别是：以当代大型飞机关键技术需求为牵引，开展关键技术预研和论证。以国产大型飞机的系统集成，动力系统和试验……

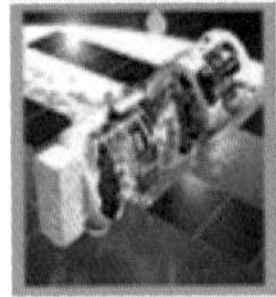

【载人航天与探月工程】
“十一五”期间重点实施的内容和目标分别是：突破航天员出舱活动以及空间飞行器交会对接等重大技术，建立具有一定应用规模的短期有人照料、长期在轨……

【集成电路装备】
通过专项的实施，高端装备和材料从无到有，制造工艺与封装集成由弱渐强，经过十多年的艰苦攻关，研制成功14纳米刻蚀机、薄膜沉积等30多种高端装备和……

【数控机床】
通过专项的实施，形成高档数控机床与基础制造装备主要产品的自主开发能力，总体技术水平进入国际先进行列；建立起完整的功能部件研发和配套能力；形成……

【大型核电站】
通过专项的实施，建成具有自主知识产权的大型先进压水堆CAP1400和高温气冷堆示范工程，使我国核电技术实现跨越式发展，进入核电技术先进国家行列。

【转基因】
通过专项的实施，围绕主要农作物和家畜生产，重点突破基因克隆与功能验证、规模化转基因操作、生物安全评价等关键核心技术，完善转基因生物安全评价技……

【传染病防治】
通过专项的实施，研制具有自主知识产权的艾滋病诊断检测体系，艾滋病综合预防干预技术达到国际先进水平，有效降低新发感染率；乙肝“防、诊、治”能力……

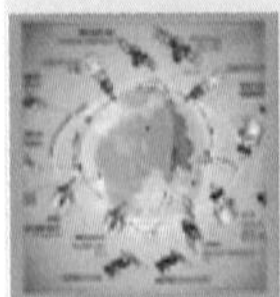

【高分辨率对地观测系统】
“十一五”期间重点实施的内容和目标分别是：重点发展基于卫星、飞机和平流层飞艇的高分辨率先进观测系统；形成时空协调、全天候、全天时的对地观测……

国家科技重大专项（科技部官网）

大型先进压水堆核电站，为什么可以“入选”国家科技重大专项？

时间线拨回到2001年11月。

经历15年的艰难谈判，中国终于成为世贸组织新成员，中国经济迎来一轮高速增长，而与此伴生的，是用电量的不断攀升。那一年盛夏，多地气温高达40摄氏度以上，不少政府办公楼里的打印机、复印机被要求不能启动，街道上的红绿灯也只能依靠柴油发电机维持。电力不足，成为摆在中国面前亟须解决的“幸福的烦恼”。第二年8月，中国核准《京都议定书》，这意味着我们正式向全世界承诺减少二氧化碳排放，而此时中国的二氧化碳排放总量已来到世界第二位，能源发展与环境保护之间的矛盾日益加剧。

人类社会的进步与能源发展息息相关，能源的使用总量、使用方式、使用效率是衡量一个国家的经济发展水平和科技能力的重要依据，也是衡量人类社会生活水平的基本依据。

中国需要社会经济可持续发展和人民幸福生活，就不能缺少持续稳定的能源供给。21世纪最初的几年，中国的电力不足、减排决心无不揭示了经济社会面临的主要挑战：

幽深的煤矿矿道

一是传统能源不可持续，需要另找出路。化石能源是当前最主要的能源，根据21世纪初已探明储量和资源年消耗量分析，我国煤炭的可使用年限不超过200年，石油和天然气的可使用年限不超过100年，不足以支持未来经济社会可持续发展。未曾料想，我国经济社会经历了“火箭”般的发展速度，2022年的实际能源消耗已经达到50亿吨标准煤以上，远远超出21世纪初的估计。

二是全球二氧化碳的增量排放不可接受，必须改变能源形式与使用方式。温室气体积聚致使全球变暖，影响生态、气候和海洋，导致冰川融化和海平面上升、超级台风、异常温度变化及海水弱酸性等严重问题，必须首先限制二氧化碳的排放与温度的上升，并在未来持续降低，而清洁低碳发展是全球发展的必然选择。

三是新能源转型发展面临困难。根据21世纪初的分析，可再生能源有随机性、间歇性、季节性等特点，需要跨地区从偏远地区到商业和工业负荷中心，想要实现稳定可靠电力传输，既难又贵。而当时的储能技术容量偏小、效率偏低，安全性和经济性面临巨大挑战。事实上，如今我国提出“构建以新能源为主体的新型电力系统”仍然有很多基础性工作要做。在当时看来，我国迫切需要调整与优化能源结构，保证能源与环境安全，满足用电量激增的同时，降低二氧化碳排放。

由于具有能量密度高、稳定可靠、安全经济、清洁低碳等特点，核能“可堪大用”，自然而然地吸引了众人的目光。

可再生能源有随机性、间歇性、季节性等特点

为什么选择第三代核电自主化道路？

2003 年前后，我国已经拥有了自主设计的 60 万千瓦核电机型。基于过去恰希玛核电站的良好合作，巴基斯坦很快提出了购买意向。当一切都向着好的方向发展之时，法国人冒了出来。法方提出中国的 60 万千瓦核电机型采用了法国的核燃料与设计软件，任何出口行为都需要得到法国的同意。如此一来，一单生意就此作罢。

当时我国在役、在建核电机组共 11 台，已能够自主设计 30 万、60 万、100 万千瓦级二代压水堆机型，正在着手改进自主百万千瓦级核电机组的标准设计。然而就是这区区 11 台核电机组，机型功率等级包含 30 万、60 万、70 万、100 万千瓦级四种，技术标准更是涉及美国、法国、加拿大、俄罗斯等国家。

其中，有自行设计、自行建造的我国第一座核电站秦山一期；有完全由法国和加拿大引进的大亚湾和秦山三期；有基本与大亚湾相同，但采用一些国产设备的岭澳一期；也有借助于大亚湾的经验，自行设计和建造的秦山二期。在堆型上，除秦山三期是由加拿大引进的重水堆型的外，其他都是压水堆型的。

型号纷杂、出口受限、技术标准五花八门，给实现核电技术的标准化、系列化和国产化造成很大困难。

虽然当时业内对究竟采用哪个国家的技术各有主张，却基本达成了“以‘万国牌’的技术路子继续走下去万万不行”的统一观点。发展核电，必须拥有清晰的技术路线和自主知识产权，关键的核电技术必须掌握在我们自己手里。

针对我国整体核电水平与世界核电强国仍有差距的不利情况，我国决定引进世界最先进的非能动核电技术，通过消化吸收再创新，在国际高水平基础上，形成自主研发、自主设计、自主制造、自主建设、自主运营中国品牌核电站的能力。让这片全新的领域从筚路蓝缕到星光璀璨，在核电“万国牌”的夹缝中打造出一张崭新的“中国名片”。

可是，面对已成熟的二代核电和国内还未起步的三代核电技术，该怎样抉择？

第二代核电技术的堆芯熔化频度（CDF）为 10^{-4} 量级，世界核电运行及三次严重核安全事故，表明第二代核电安全风险相对偏高，批量化建设更是会带来风险总量提高。如果发生严重事故，将严重影响公众对核电的信心，威胁国家和人民生命安全，给环境带来严重影响。综合而言，二代核电从总体上来讲尚不足以满足社会发展需求，不足以

能动与非能动

“能动”与“非能动”，你是否好奇，这一对听起来“动感十足”的概念究竟是什么含义？

能动是指依靠触发，机械运动或动力源等外部条件支持而行使功能的系统，如泵，风机等。非能动则是指利用地球引力、自然循环、压缩气体膨胀等自然驱动力，在无需电源等支持及人员操作的条件下行使功能的系统。通常非能动系统具备设备简化的特点，不需要干预，而能动系统由于依靠外部条件较多，往往需要“做加法”，且需要人为控制。

事实上，两者实现的功能是相同的，主要区别在于实现手段及所需支持条件的不同。我们来假设一下，如果采用非能动技术的核电厂发生如福岛那样的“地震 + 海啸 + 失去交流电源”的事故后，会如何应对？

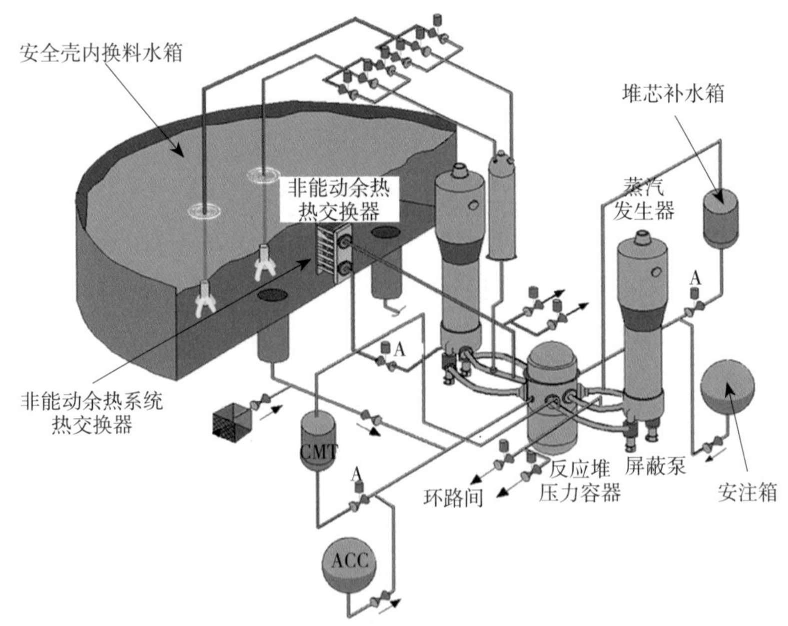

非能动堆芯冷却系统示意图

发生事故后，位于压力容器上方的控制棒全部依靠重力自然下落，使反应堆停堆。由于反应堆仍有余热，需要继续将热量导出。“非能动堆芯冷却系统”中位于高处的堆芯补水箱开始发挥作用，高处的水由于重力落下，与堆芯形成自然循环，能够在较长时间向堆芯注入低温浓硼水，而后随着堆芯温度压力的下降，安注箱可以利用压缩氮气储在数分钟内向堆芯注入大量浓硼水，最后安全壳内置换料水箱利用重力直接淹没堆芯。这一切“自动化”的操作会将热量包裹在安全壳内。

钢制安全壳模型图

但是，把所有热量都裹在安全壳内也不能解决问题，于是技术人员又设计了“非能动安全壳冷却系统”。各种注入堆芯中的水被加热后蒸发，碰到钢制安全壳后被冷却成水可以再流回堆芯，由于钢制材料是良好的导热体，安全壳吸收的蒸汽热量可以直接传给安全壳外的空气。当然，不是简单地传

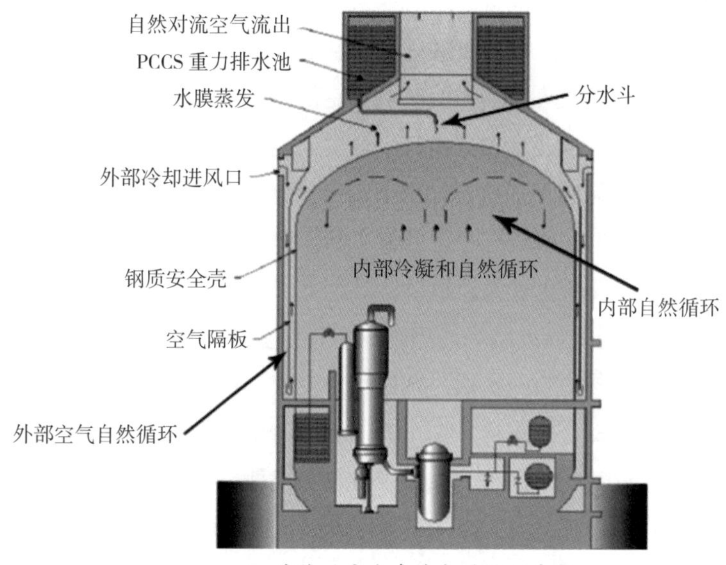

非能动安全壳冷却系统示意图

过去，而是通过对流的方式导热，让冷空气可以沿着安全壳外壁吹过，实现了“传热不传质”，也就保证了放射性物质不会泄漏到安全壳外面。

同时安全壳顶上还有一个比奥运会标准游泳池还大的水箱，能够连续72小时不间断沿安全壳表面向下浇水，进一步提供冷却。如此，能够保证反应堆一直处于安全状态，不会对外界产生影响。

对于应对上述事故的过程做个这样的比喻：山脚着火，水库修在山顶，直接开闸放水，顺流而下就能实现灭火。这就是非能动。

满足公众对安全的需求。

第三代核电技术 CDF 为 10^{-5} 量级，相较于第二代核电，其安全性有了明显提高，同时还具备防水淹、防火灾、抗电磁干扰、抗网络攻击、防飞射物攻击等综合安全性能。先进三代非能动核电技术 CDF 更是达到 10^{-7} 量级，在经济上也更具有竞争力，同时还设置了完整的严重事故预防与缓解能力，消除了大规模放射性释放的可能性，排除了核电风险对环境与公众的放射性危害。从短期来看大型先进压水堆是今后几十年保障电力供应的主力堆型，不可替代。当时，第三代核电技术已有两种设计思路。

- “增加专设安全系统”的设计思路，即在第二代核电的基础上再增加和强化专设安全系统，如安全注射、堆芯余热排出、应急安全电源等系统。简单地说，两个起保证安全作用的柴油机不够保险，那就设计四个；三个负责安全的阀门不够保险，那就设计六个；同时增加二代核电厂所没有考虑的核事故。但安全性提高的同时，核电厂系统更复杂，设备也更多，工程量也更大。
- “非能动技术”的设计思路。该思路利用自然界物质固有的规律来保障安全，如物质的重力，流体的自然对流、扩散、蒸发、冷凝等，使反应堆在事故发生时，不需要依靠场外电源也可以将反应堆厂房（安全壳）和堆芯余热带走。这种设计思路在提升了系统安全性的同时，又简化了系统、减少了设备和部件，在核电站发生事故后，相关操作员可不干预时间可以较长，大大降低了发生人因错误的可能性。

不论具体选择何种型号，为了抢占核电发展制高点，党中央、国务院启动布局研发安全性更高、经济性更好、竞争力更强的第三代核电技术。

这便是《国家中长期科学和技术发展规划纲要（2006—2020年）》所确定的16个重大科技专项包含“大型先进压水堆核电站”的原因所在。

聚光灯汇聚舞台，大型先进压水堆核电站国家科技重大专项也必然肩负着重大使命。

“在**中国电力工业与核工业发展基础**上，通过**国家重大专项平台**推进AP1000技术引进和三代核电自主化依托项目建设，实现AP1000技术设计自主化、设备国产化，并在此平台上高水平**研发具有自主知识产权的CAP1400和CAP1700，建成CAP1400示范工程**，取得一批高水平的知识产权成果，使我国核电人才队伍、设计、制造、建造和运行技术实现跨越式发展。”

沉甸甸的100多字，是国家赋予我国核电人的神圣使命。这其中包含了四大目标任务：

消化吸收目标	全面掌握先进非能动技术与AP1000设计技术，形成CAP1000。
创新研发目标	完成CAP1400型号开发与型号设备研制，完成CAP1700型号预研。
创新体系建设目标	形成核电可持续发展的体系与机制，使人才队伍、技术研发、试验验证、设计分析软件、核电标准及知识产权等达到国际先进水平。
工程建设目标	完成CAP1400示范工程建设，推进CAP1400批量化建设。

任何开创性的事业，都无法一蹴而就，每项创造性的工作，从不会轻而易举。

顶着压力，摸着石头过河，雄关漫道，只待从头。

第二节 从头越
——三代核电引进消化吸收

经过近三年的国际公开招标、科学民主论证，2006 年 11 月，党中央、国务院最终决定：引进美国 AP1000 三代非能动核电技术、建设自主化依托项目 4 台机组、组建国家核电技术有限公司（简称“国家核电”）、开发建设具有中国自主知识产权的大型先进压水堆核电站。

方向既定，各项工作旋即提速。

同年 12 月，国家发改委和美国能源部签署了《中华人民共和国和美利坚合众国关于在中国合作建设先进压水堆核电项目及相关技术转让的谅解备忘录》。

2007 年 5 月，国家核电成立，负责牵头实施 AP1000 技术引进、消化吸收和再创新。

国家核电成立大会在人民大会堂召开

时任国务院副总理曾培炎（右）与时任国家核电董事长王炳华（左）为新生的国家核电揭牌

2007 年 7 月，中美双方签署了 AP1000 技术转让合同、AP1000 自主化依托项目核岛设计及部分主设备采购合同、AP1000 核燃料采购合同。同年 9 月，合同经中美两国政府批准生效。

三代核电自主化依托项目核岛采购及技术转让框架合同签字仪式

2008 年 2 月，国务院批准《大型先进压水堆核电站重大科技专项总体实施方案》。

两年间，专项快速推进，我们不禁会问，新生的国家核电可堪大任与否?

国家核电为国资委直接管理的中央企业，国务院出资 24 亿元，占注册资本的 60%，中核集团、中电投集团、中广核集团、中国进出口总公司各按 10% 比例出资。根据中央决定，上海核工院整建制划入，山东电力工程咨询院的国有股权无偿划转。

与尘封历史相连，是我们再次看到的熟悉代号："728"。

曾开创"国之光荣"的上海核工院，这个在国内民用核电领域常年"吃螃蟹"的设计院作为技术牵头单位，再合适不过。

根据国务院要求，在国务院、各部委领导支持和国家电力投资集团有限公司（国家电投，由中国电力投资集团与国家核电技术公司在 2015 年重组而成）、国家核电具体组织领导下，上海核工院联合国内相关大学、科研院所、制造业等产学研超过 700 家单位、31 000 名科研技术人员开展了十多年的三代核电自主化"长征"。

首要的任务就是 AP1000"引进消化吸收"。

还记得与爱迪生“斗”了大半辈子的威斯汀豪斯吗？他创立的西屋公司正是世界压水堆核电技术研发的“鼻祖”，而 AP1000 技术是西屋公司结合二代技术的经验反馈和 AP600 基础，历时 20 年研发的三代非能动核电技术。AP1000 首次系统性地采用非能动安全理念，与二代核电技术相比，系统设备大为简化，关键安全指标提高了两个数量级。

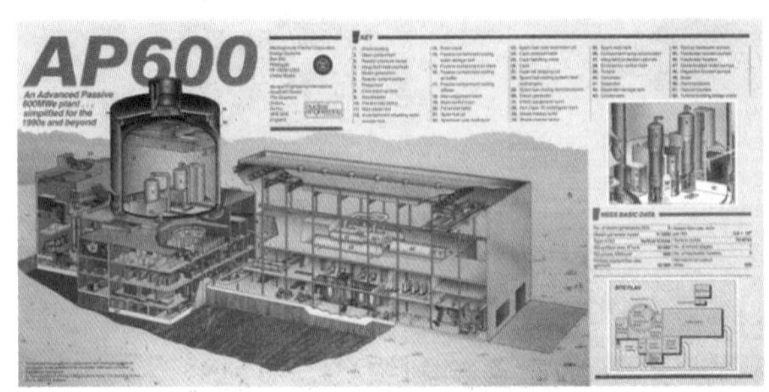

西屋公司研发的 AP600 型号

AP1000 技术是我国能源领域最大、最完整的一次技术引进合同，共有 5 项，金额约 4 亿美元，期限 15 年。引进范围涵盖核岛 7 个关键技术领域（核岛设计、仪

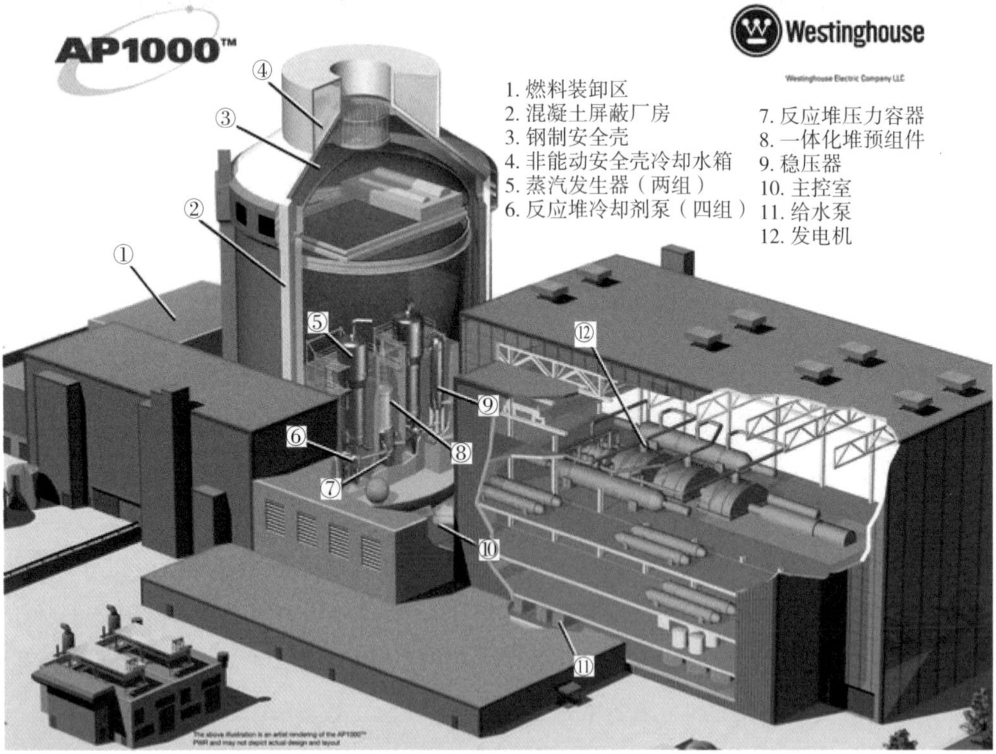

表控制、燃料制造、核级锆材、设备制造、建设管理及运行维护）。按照中美双方的政府间、企业间协议，由国家核电代表中方统一从西屋公司等 6 家公司引进技术，统一组织向国家环保部核与辐射安全中心及包括中国核工业集团有限公司、中国广核集团有限公司在内的 13 家企业公司、所属近 40 多家单位进行技术许可转让。

2009 年 4 月 19 日，AP1000 依托项目首台机组三门核电 1 号机组在滂沱大雨中举行开工仪式，国务院副总理李克强出席。

三代核电建设的大幕，缓缓拉开。

三门核电站一期 1、2 号机组与海阳核电站一期 1、2 号机组同属 AP1000 技术自主化依托项目。所谓“依托项目”，就是要依托这四台机组的建设，逐步由“美方为主、中方为辅”过渡到“中方为主、美方为辅”，最终使中方完全掌握三代核电的设计建造和设备制造技术。实现“标准化设计、工厂化预制、模块化施工、专业化管理、自主化建设”的三代核电产业化发展道路。其中，三门核电站位于浙江省台州市，是秦山核电基地之后，浙江省内开辟的第二个核电基地厂址；海阳核电站位于山东省烟台市，是山东省内第一座核电站。

“盖电厂”只是必经之路，“扔掉拐棍”后能跑步进入三代核电俱乐部，形成我国自有知识产权的核电品牌才是目的。

为此，早在与西屋公司谈判时，中方就坚持建设四台 AP1000 机组的依托项目不采用“交钥匙”方式，中方要广泛参与设计、设备制造、建造和调试。科研队伍全面参与到自主化依托项目的设计、工程管理和设备制造当中。

中方人员在美国参与依托项目设计工作

以设计分包为例，上海核工院累计完成了 916 人 · 年的设计分包工作，内容涵盖反应堆及燃料棒设计、振动分析、设备设计、土建结构、仪控设计、设备鉴定、运行与调试规程等各个方面。而在设计参与方面，上海核工院累计选派了 117 名工程师赴美国直接参与 AP1000 工程设计和项目管理。

同时，无数核电建设者带着“第一个吃螃蟹”的重任来到浙江三门。而在“第一台”的建设中，不断面对新技术、新挑战的核电建设现场，也使浙江三门这个“青蟹之乡”得到了另一种层面的诠释。

在依托项目建设过程中，“首次”“首创”“第一”不胜枚举。中国成功掌握了开项法施工技术、大体积混凝土浇筑技术、土建和安装并行施工技术，大型模块施工技术和建造技术，钢制安全壳制造、吊装、现场热处理、压力和泄漏率测试技术等三代核电厂建设关键技术。

核岛筏基浇筑第一罐混凝土

三门核电一号机组核岛筏基浇筑

“核岛筏基浇筑第一罐混凝土”（简称 FCD），这是核电厂正式开工的标志。所谓“筏基”，是指把整个核岛厂房抗震要求最高的建筑建设在一整块钢筋混凝土底板上，就算发生地震，厂房脚下也不会出现断裂式塌陷，就像站在一个“船筏”上一样安全。多大的筏呢？整个核岛筏基的面积相当于 7 个篮球场大，厚近 2 米，共约 5 000 立方米，而这么大体积的混凝土要连续两天两夜不间断整体浇筑，其车辆调度、人员安排、保温保湿等在国内都是全新课题。这是我国在核电工程建设中首次采用核岛筏基混凝土一次性整体浇筑的先进方式，也创造了世界上核电厂核岛筏基大体积混凝土整体连续浇筑的成功范例。

2018 年 9 月 21 日，三门核电一号机组投入商业运行。到 2019 年 1 月 9 日，随着海阳核电二号机组完成 168 小时满功率运行，4 台 AP1000 依托项目机组全部投入商运。

2018 年 9 月，三门核电一号机组投入商业运行

2019 年 1 月，海阳核电二号机组投入商业运行

建成后的依托项目大放异彩，4 台机组首次换料大修工期从 46.7 天降低到 28.1 天，不断刷新国内外商用核电机组首次换料大修的最短工期纪录，用实际表现证明了非能动核电厂技术的优越性。

总承包方、中外联队、建安承包商等 380 多家单位，三万八千余名从业人员的全心投入，终于完成了 AP1000 依托项目的建成投产和换料大修，全面检验了技术引进的完整性和有效性，坚定了全世界对三代非能动技术的信心。

依托项目建设者“十年磨一剑”，历经艰辛，克服了三代核电技术首堆工程独有的困难，完成了大量的工程验证和挑战。尽管付出了超支百亿、进度拖期的代价，但也真正理解与掌握了非能动技术的内涵。相比 2013 年开工而直到 2023 年 4 月才实现并网发电的美国本土 AP1000 机组，我们已经完成了领先一步的超越，这也为我国赢得了全球三代核电建设与运行的先发优势。

在那段少有的历史机遇期，中国通过 AP1000 技术引进和依托项目建设，我们的核电建设站在了更高的起点上，为实现我国核电技术从二代向三代的跨越式发展奠定了基础。

AP1000 的故事到此并未结束，基于对 AP1000 工程设计进行改进优化，我们全面完成了国产 CAP1000 标准设计。后续项目经国务院批准，已启动批量化建设。

美国本土 AP1000 项目（Vogtle-3）于 2023 年 4 月并网发电

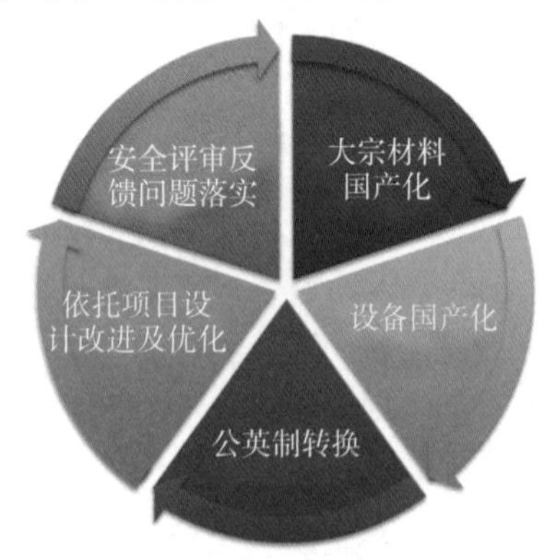

“引进消化吸收”的五大方面的优化与改进

漫漫雄关漫漫歌，引进消化吸收，对于大型先进压水堆的万里长征来说，也只是走完了第一步。

第三节　真正的春天——“国和一号”型号开发

就在 AP1000 项目推进的同时，具有自主知识产权新型号的研发，也已启动。从 AP1000“依托项目”到新型号“示范工程”，超越的希望，已在孕育。

一字之差

2007 年 9 月，AP1000 的技术转让合同正式生效，总计 20 吨重的资料和 260 个软件包，开始陆续释放。技术是引进了，但更重要的是能够形成我们自己的知识产权、真正掌握核心技术，最终的目标是要实现我国三代核电自主化发展、规模化建造，并且赶上国际发展水平。

尽管有西屋公司的技术转让做基础，但摆在上海核工院研发团队面前的，更多是未知的难题。

首先，就是发电功率的界定问题。

起初科研队伍在“引进消化吸收”的基础上，结合当时我国装备制造能力尝试开发新型号，中方设计人员将燃料组件由157组增加至193组，保持安全壳直径基本不变……很快毛功率 140 万千瓦的核电站型号设计就在 2007 年当年形成了初步设计方案，并在 2008 年 2 月 15 日通过国务院常务会议认可。

完成毛功率 140 万千瓦型号设计之后，团队还来不及兴奋，一盆冷水就当头浇下。

根据技术引进合同，中方要在 AP1000 净发电功率 100 万千瓦的基础上，研发设计出净发电功率大于 135 万千瓦的核电站，否则，美方会认为中方只是在原有技术基础上进行了有限改进。只有超过了 135 万千瓦的限制，新电站的建造和出口才不会受到美方的限制。

毛功率与净功率，一字之差，天差地别。

事实上，美国人在开发 AP1000 时，主泵、爆破阀等关键设备都经历了 4～6 年的研发。更大功率的新型号设计难度只会更大，从 100 万千瓦到 135 万千瓦，并非只是数字上的简单放大，这一要求甚至超出了各国当时设备制造的极限。换句话说，功率这么大的核电站，美方专家认为中方就算设计得出来，也根本造不出来。

功率修改，意味着整体设计参数到设备参数的全面调整。不改，或将面对巨大的国际合作隐患；改，整个产业链都将面临“极限挑战”。权衡良久，核电人选择直面挑战。

接下去的半年是极其难受的半年，研发团队开始啃起了“最硬的骨头”，几乎把原有方案全部推倒重来。所有的总体设计、试验验证、设备开发，都要从头来过：

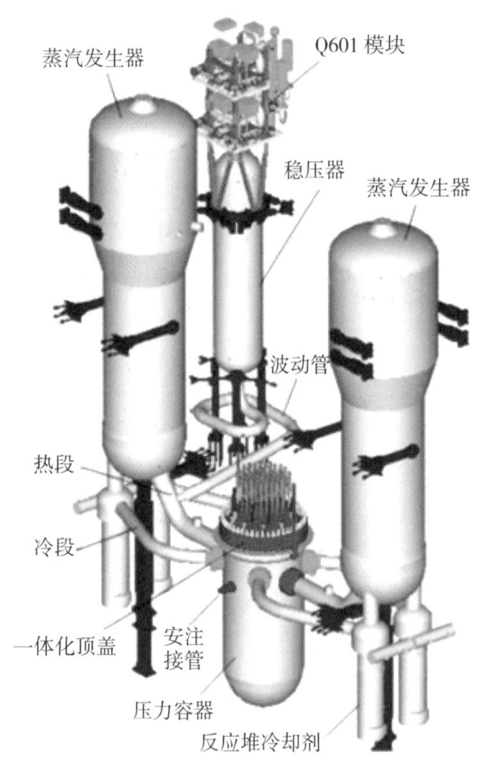

CAP1400 主系统布置设计及研究

全面增加了钢制安全壳的厚度和直径，提供了容纳更大核岛主设备的空间；

重新设计了蒸汽发生器，大幅增加了换热面积和流通截面；

反应堆结构和热工水力、主泵流量、主管道流通截面等也大幅优化，整个回路的流通特性进一步优化……

每一个细小的环节背后，都是上百个日夜的奋斗；每一次试验，都关系到未来型号建设和运行的成功。以上海核工院的设计方案为牵引，广泛与全产业链制造企业共同进行迭代，经过了 140 多个方案的分析比对，新型号 CAP1400 终于在 2010 年底完成概念设计，并于 2010 年 10 月 31 日通过国家能源局评审。

最终方案的发电功率成功突破美方“画下”的红线，美方再无质疑。

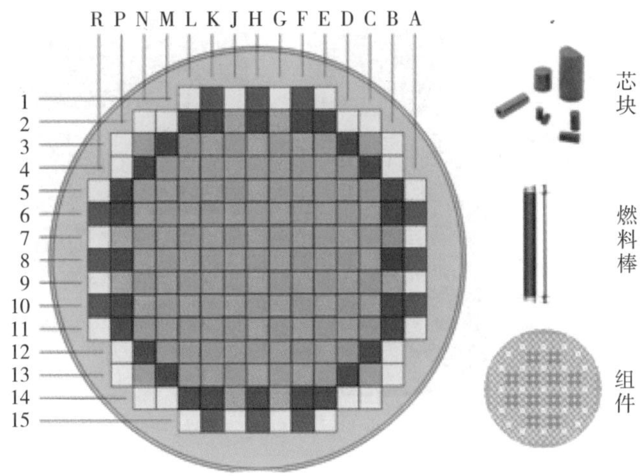

CAP1400 先进堆芯方案设计

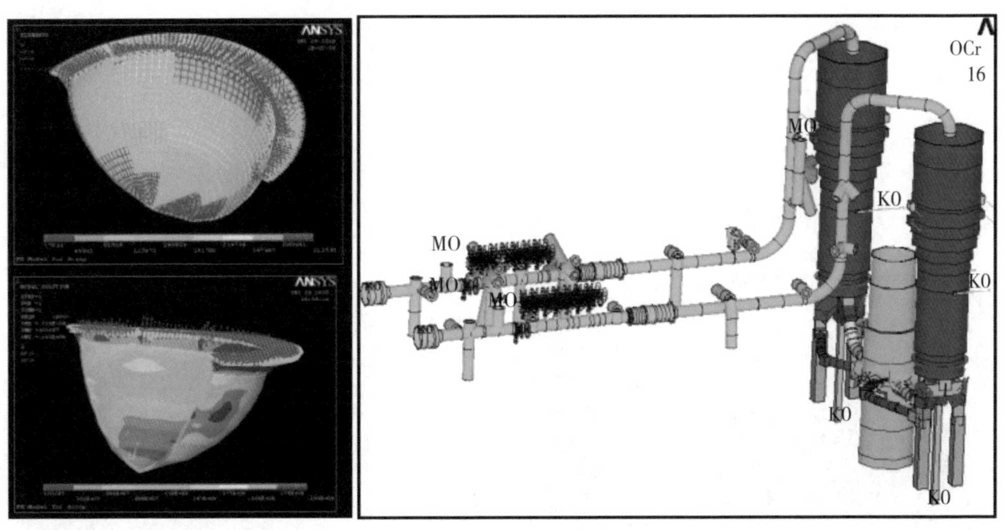

CAP1400 设备及管道力学分析技术

CAP1400 核电厂抗飞机撞击分析研究

细细试验

如果说是顶层设计的突破是“变不可能为可能”，那关键试验的推进就是“变可能为现实”的过程。

一项技术的诞生，不仅仅是靠设计人员在电脑上仿真、在图纸上画线就能实现的。为了保障核电安全，验证设计是否合理，需要搭建大型试验台架，在最接近实际运行工况的条件下模拟验证设计的可靠性。为此，研发团队牵头协调相关单位，组织新建 43 个试验台架，完成了 6 大试验课题、17 项关键试验、共 887 个工况的独立试验验证，从安全壳外部的喷淋降温到反应堆堆芯的冷却，统统囊括在内。

非能动堆芯冷却系统（ACME）综合试验台架

非能动安全壳综合性能（CERT）试验台架

熔融物堆内滞留（IVR）试验台架

堆内构件流致振动试验台架

水力模拟试验台架

蒸汽发生器汽水分离热态试验台架

比如，一旦发生事故后，钢制安全壳上方的水箱会向下浇水，让水沿着安全壳表面均匀流下，为安全壳降温。所谓“均匀流下”，就是要在安全壳外壁形成水膜，让尽可能大的面积都有水流过，而不是只沿着几条线流下来。这就和安全壳的外形、坡度、材料、水流量、安全壳外壁上分水器的配置息息相关，为了验证设计的合理性，研发人员搭建了高 20 多米的试验台架，通过进行真正的喷淋进行验证和改进。

再比如，在事故发生后，一旦发生堆芯熔毁（虽然经过分析计算，发生概率只有一千万分之一，而且不会对公众造成任何影响），需要将反应堆压力容器淹没，保证熔化的堆芯被牢牢关在压力容器里。为了验证核电厂能否达到上述要求，技术团队又开始了“CAP1400 熔融物堆内滞留研究及试验”课题攻关。

台架的设计和搭建并不容易，在全高度试验台架上实现如此多因素的综合模拟，更是一项浩大的工程，往往牵一发动全身，一项小的设计修改背后是多个系统的协同变更。通过缜密地考虑、精细化地设计，最终建成了综合考虑多种因素的试验台架，为试验研究奠定了坚实基础。

2014 年 9 月，CAP1400 初步安全分析报告（PSAR）通过国家核安全局安全审评。审评认为:“CAP1400 满足国内外最新标准要求，满足我国‘十三五’核电安全要求。”

2016 年 4 月，CAP1400 顺利通过 IAEA 通用反应堆安全审评。审评认为：CAP1400 总体达到 IAEA 安全法规标准的最新要求。IAEA 时任总干事天野之弥评价:“中国成功设计研发了大型压水堆 CAP1400，这对世界核能未来非常重要。”

国家核安全局 PASR 审评

通过 IAEA 通用反应堆安全审评

2016 年，CAP1400 通过中国专利保护学会专家评审，认为“具有自主知识产权和出口权”，为我国三代先进核电的规模化、批量化发展与“走出去”提供了有力保障。

全局性的创新，让 CAP1400 脱胎换骨。

2020 年 9 月 28 日，国家电力投资集团有限公司在上海宣布，中国具有完全自主知识产权的第三代核电技术 CAP1400 完成研发。自此，这个目前世界上功率最大、安全等级最高的非能动压水堆核电型号，有了一个更富有中国味的名字——“国和一号”。

千红万紫安排著，只待新雷第一声。

“国和一号”即将在东方沃土，拔地而起，傲然耸立。

数说“国和一号”

“国和一号”数字化模型

“国和一号”作为三代核电中的翘楚，具有众多显著特点：

更安全——对于公众来说，核电安全是普遍关注的问题。

● 与二代核电相比，安全性提高100倍：严重事故概率降低倍数，采用非能动安全系统，增加电站抗击地震、外部水淹等极端自然灾害的能力，能够承受大型商用飞机的撞击，发生严重事故的概率降低为0.01倍。

● 72小时无须人工干预：在电厂断电状况下，反应堆可在事故发生72小时内无须人工干预自动保证安全。

更经济——“经济、实惠、性能好”是咱们老百姓日常消费的重点关注点。

● 批量化后工程造价仍有下降空间：关键材料全部实现自主化设计和国产化制造，2023年将实现100%整机国产化能力。批量化后工程造价还有下降空间，具有市场竞争力。

● 寿命延长：电站整体和主体设备寿命由40年延长至60年，设备易于运行操作与维修。

● 系统简化：非能动技术的应用使得电厂设计简化，提高了可建造性、可运行性和可维修性，相比传统电厂，安全级阀门、管道、电缆、泵、控制装置、抗震厂房总量分别约减少50%、80%、85%、35%、70%和45%。

更环保——“国和一号”同时还具备强大的环境友好性。

● 建成后单机组发电功率150万千瓦，每年可以提供125亿千瓦·时发电量，每年可减少温室气体排放超过900万吨，相当于种植1 470平方公里森林的减排效应，同时可供热1 350万平方米。

第四节 一脉相“链”
——核电产业链跨越发展

引进一项技术，实施一个专项，带动一个产业。

在“国和一号”型号研发的进程中，一条串联起整个重大专项的产业链也随之走上了艰难但充满希望的“升级打怪”之路。

重大专项对于中国来讲，是体系性的建设，也是装备产业链完整性的建设。“国和一号”涉及约 70 个行业学科，每一个机组大概有 65 000 ~ 70 000 件的设备，要实现完整配套，就需要完整的供应来匹配，相应地，也就把国家的整个材料、设备的基础工业体系能力，全部带动了起来。

每一次努力，都是中国制造转型升级迈出的坚实一步。

“国和一号”重大专项充分发挥新型举国体制优势，建立由国家电投牵头，科研院所、高等院校等共同参与的研发创新组织。部署并实施科研课题 200 项、子专题超过千项，涉及中央财政经费 112 亿元、总经费超过 135 亿元，带动社会资金投入近 1 500 亿元。建立了先进核电自主设计、先进核电试验验证、先进核电装备供应链、先进核电仪控、核燃料组件制造、先进核电标准、先进核电安全审评、先进核电人才“八大体系”。

在“八大体系”的支撑下，“国和一号”已经形成完整产业链。2022 年，“国和一号”产业联盟成立，2023 年，“国和一号”的整机设备国产化率将达到 100%。在这一个一个数字背后，我国核电行业已不再惧怕“卡脖子”。

完备的产业链体系，正在实现中国核电行业从“跟跑”到“并跑”，再到“领跑”的转变。

堆芯燃料组件

燃料组件是构成核反应堆堆芯的关键设备，在高温、高压、高中子通量、高速流体冲刷等严苛工况环境下长期服役，直接影响核反应堆安全性和经济性。

“国和一号”燃料组件（SAF®-14）是国内首个采用全新锆合金骨架、具有自主知识产权的新型高性能燃料组件。与二代加核电站相比，“国和一号”燃料组件更长、线功率密度更低、安全裕量更大。目前，该型号组件已完成定型组件的研制，完成了临界热流密度 CHF 关键试验，完成了先导棒入堆辐照考验，正在推动先导组件入堆试验考核。

研制单位：上海核工院、中核北方核燃料元件有限公司

“国和一号”燃料组件

反应堆压力容器

反应堆压力容器位于反应堆厂房中心，是用于包容堆芯核燃料、控制部件、堆内构件和冷却水的承压容器，是一个高 10 多米、直径约 4 米的圆柱形容器，重约 400 吨。这个设备要承担 150 多个大气压的压力，核燃料也在其中发生裂变反应，是决定核电站寿命的重要部件。

“国和一号”的压力容器实现了国际领先的一体化顶盖制造技术、自动 TIG 堆焊技术以及无损检测自动化技术。中国第一重型机械股份有限公司自行设计了大型喷钻设备和旋转喷淬装置，解决了大型锻件上下难均匀和内壁难均匀的问题，使“国和一号”设计寿命可超过 60 年。

研制单位：上海核工院、中国第一重型机械股份有限公司

“国和一号”反应堆压力容器

蒸汽发生器

蒸汽发生器是压水堆核电站主设备之一，被称为“核电之肺”，利用流经 U 形传热管的一回路水加热二回路的水，经过汽水分离器和干燥器后，它将干饱和蒸汽送至汽轮机，推动汽轮机做功，带动发电机产生电能。

“国和一号”蒸汽发生器是目前世界上最大的压水堆蒸汽发生器，总高约 24 米。研制历经 10 年，上下游单位 40 余家参与研制，共攻克关键制造及检测技术 38 项，如超大超深管板深孔加工及检测技术、特大泵壳焊接及变形控制、超大型管束精密装配、换热管防 DING（凹痕）智能集成控制等关键技术均一次合格，挑战了全球加工技术极限。

研制单位：上海核工院、上海电气核电设备有限公司、中国东方电气集团有限公司

“国和一号”蒸汽发生器

反应堆冷却剂泵

反应堆冷却剂泵是核反应系统中的转动设备，提供反应堆冷却剂的循环驱动力，作为一回路压力边界的重要组成部分，在整个核电站中承载着重要作用，可以看作核电站正常功率运行时的“心脏”。

“国和一号”采用无轴封型式主泵，即电机和所有转动部件均包含在同一个承压容器内，保障了主回路的封闭性，并分为屏蔽泵、湿绕组泵两条技术路线，均研制成功。“国和一号”主泵具有满足高辐照条件下耐高温、长寿命的6 000V级绝缘系统。

湿绕组电机泵的定子直接与反应堆冷却剂接触，无定子屏蔽套的设计使机组效率得以显著提高。转动部件采用Hirth齿式连接，推力轴承可快速拆装。三个径向轴承支承着轴系，定子稳定性较好。

屏蔽电机泵上下法兰采用特殊结构的“C”形密封环焊接密封，确保压力边界零泄漏。设计配合间隙较大便于现场安装。

研制单位：上海核工院、上海电气凯士比核电泵阀有限公司（湿绕组主泵）、沈阳鼓风机集团股份有限公司联合哈尔滨电气动力装备有限公司（屏蔽主泵）

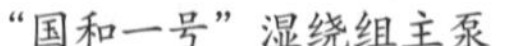

“国和一号”湿绕组主泵　“国和一号”屏蔽主泵

1E 级磁浮子液位计

堆芯补水箱液位是非能动堆芯冷却系统的重要测点，用于打开自动卸压系统（ADS）爆破阀。1E 级磁浮子液位计是安全级液位测量仪表，同时也是一回路压力边界，能够适应严酷的工作环境及工况，包括高温、高压、高辐照等工况，同时还满足抗震和设计基准事故等工况要求。经中国仪器仪表学会组织的科技成果鉴定，该成果“达到了国内首创，国际先进水平”。

研制单位：上海核工院、重庆川仪自动化股份有限公司

“国和一号”1E 级磁浮子液位计

IIS 堆芯仪表系统成套设备

堆芯仪表系统是监测反应堆堆芯运行状态的“眼睛”，通过将关键测量仪表自给能探测器和堆芯热电偶形成一体式集成的关键设备——堆芯仪表套管组件，在堆芯内实时监测反应堆中子通量及堆芯出口温度，相关弱电流/电压信号通过高保真高可靠性的安全及矿物绝缘电缆组件进行传输，并用于分析反应堆关键保护参数运行裕量和指导执行安全保护功能，对核电厂安全可靠经济运行起着重要作用。

研制单位：上海核工院、浙江伦特机电有限公司

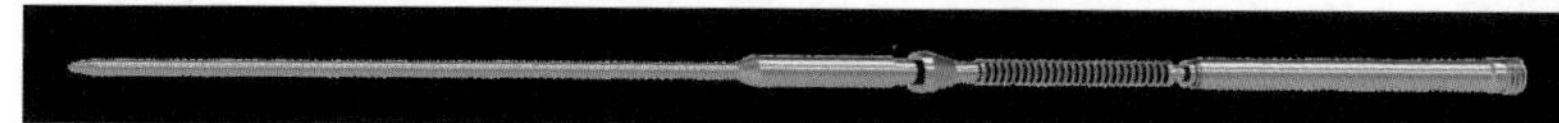

“国和一号”IIS 堆芯仪表系统成套设备

核知识链接

核级特殊电缆和电缆连接器组件

依托国家科技重大专项课题“CAP系列核电厂核级特殊电缆和电缆连接器组件自主化研制”，针对核电厂内最为核心、最为特殊，性能要求、环境指标要求最高，技术难度最大的一批电缆及连接器组件展开自主化研制。研制完成1E级仪表类电气连接器组件、堆外核测设备用核级同轴连接器及组件、堆芯仪表系统用电气连接器及组件、1E级光纤连接器及组件、氢点火器连接器及组件等，为核电站内光电信号传输、核电站安全运行监控等提供重要保障。

研制单位：上海核工院、中航光电科技股份有限公司

“国和一号”核级特殊电缆和电缆连接器组件

核知识链接

反应堆控制棒棒控棒位系统

棒控装置负责控制提升、下插或保持控制棒在堆芯的位置，通过调节控制棒棒位，实现反应堆的正常启动、停闭，及紧急停堆，是保证反应堆安全运行的重要设备。棒位装置负责探测和显示控制棒在堆芯的实际位置，为确保实际棒位与要求棒位同步提供监测手段。

棒控棒位系统采用数字化技术，具有集成度高、热耗低、精度高、抗干扰能力强、结构简单、调试维护便捷等优点，达到国际先进水平。

研制单位：上海核工院、上海昱章电气股份有限公司

“国和一号”反应堆控制棒棒控棒位系统

核级锆材

核级锆材是反应堆核燃料的包壳材料。锆包壳管与核燃料共同构成燃料组件，其功能是防止裂变产物逸散和避免核燃料直接接触冷却剂，有效导出热能，是保障核电站运行的第一道安全屏障。

“国和一号”使用的新锆合金，不损害燃料棒燃耗限值的同时，更耐腐蚀，且平衡了强度和蠕变性能。国家电投是目前国内唯一拥有完整的锆产业链的公司。

研制单位：上海核工院、国核铀业发展有限公司

“国和一号”核级锆材

钢制安全壳用 AG728 高强钢板

核电厂钢制安全壳是三代核电机组的第四道安全屏障，也是核电机组中用钢量最大的设备。

我国自主研制的高强度安全壳用钢 AG728 具有更高的室温、高温强度和更优的低温韧性及更好的应用性能。与目前国际上最高级别安全壳用钢板相比，强度提高约 20%、厚度至少减薄 10%、可使用最大厚度提高 80%。该材料的应用使“国和一号”钢制安全壳有效减重 13.5% 左右。

研制单位：上海核工院、鞍钢股份有限公司

“国和一号”钢制安全壳用 AG728 高强钢板

蒸汽发生器用 690 合金 U 形传热管

蒸汽发生器用690合金U形传热管是蒸汽发生器中最重要的部件，是一、二回路的压力边界、换热边界和辐射边界，设计使用寿命60年，工况复杂、材料性能要求严苛。

“国和一号”蒸汽发生器用690合金U形传热管突破和掌握了该产品的关键制造技术，各项性能均达到或超过国外同类产品。传热管管径为17.48mm，壁厚1.01mm，每台蒸汽发生器共12 606根，总长近300千米，传热面积约15 858m²，国产化后有效提高了核电厂的经济性。

研制单位：上海核工院、宝银特种钢管有限公司、浙江久立特材科技股份有限公司

“国和一号”蒸汽发生器用690合金U形传热管

核电设备用焊接材料

焊接是核岛主设备制造及现场安装中使用的关键工艺，用于把核电设备主材料根据需要连接制造成更大尺寸的部件。如果把主材料比作“衣服的布料”，那么焊接材料就相当于缝衣服的“线”，线的好坏直接关乎衣服的质量。2012 年起，形成了 8 大类共 19 种焊接材料系列产品，覆盖三代核电设备制造及现场使用的关键低合金钢、不锈钢和镍基合金焊接材料，体现了三代核电堆型对于焊接材料的最新要求，其中双相不锈钢和 SA-508 Gr.3 Cl.2 材料及配套焊接材料都是三代核电首次采用的材料种类。

研制单位：上海核工院、中国机械总院集团哈尔滨焊接研究所有限公司、四川大西洋焊接材料股份有限公司

“国和一号”核电设备用焊接材料

蒸汽发生器堵板（密封组件）工具

蒸汽发生器堵板是核电站必备的一项重要检修专用工具，在进行蒸汽发生器一次侧水室检修时使用，用于蒸汽发生器下封头的密封．主要由金属支撑板、封堵气囊及配套控制系统组成。

气囊采用一次性成型硫化工艺，避免二次冷粘，具有成型尺寸精度高、耐老化性能高、使用寿命长等优点，其性能优于依托项目进口产品，达到国际领先水平，具有较好的经济及社会效益。

研制单位：上海核工院、陕西特种橡胶制品有限公司

“国和一号”蒸汽发生器堵板（密封组件）工具

“和睿保护”（NuPAC 平台）

NuPAC 平台是新一代基于现场可编程门阵列（FPGA）技术的反应堆保护系统平台，其在功能上和物理上采用了基于 FPGA 的硬件分散式构架，替代了采用微处理器和软件的技术方案。具有安全可靠性高、稳定性好、系统架构简单、可验证性佳、安全功能配置灵活分散、响应速度快、生命周期长、可移植性好等优点。

平台通过了中国机械工业联合会组织的科技成果鉴定，达到国际领先水平，入选了《中央企业科技创新成果推荐目录（2020 年版）》与上海市高端智能装备首台（套）突破项目支持名单，拥有完全自主知识产权，是全球首个通过中美两国政府核安全监管机构行政许可的核电站反应堆保护系统平台。

研制单位：上海核工院、国核自仪系统工程有限公司

“和睿保护”（NuPAC 平台）

国家电投“和弦”（COSINE）软件

我国首套具有完全自主知识产权的核电厂安全分析与工程设计一体化软件包，是实现先进核电技术自主化的重要保障。

COSINE 包含热工水力设计与安全分析、堆芯物理设计、燃料设计、屏蔽设计与源项分析、严重事故分析、概率安全分析、堆用蒙特卡罗、群常数研制等 8 大类，15 个软件，覆盖国际同类软件 80 余项核心设计功能，已具有较高的成熟度及国际品牌影响力，具备了核电厂工程设计与安全分析的核心功能。

COSINE 的开发与工程应用，极大地提升了我国核电技术“自主研发、自主设计、自主建设、自主运营”的能力，解决了我国核电发展关键技术的瓶颈问题，为实施核电“走出去”战略提供了重要的技术支撑。

研制单位：上海核工院、国家电投集团科学技术研究院有限公司

国家电投“和弦”（COSINE）软件

第五节　格局初现
——积极有序发展第三代核电

如今，全球的在建核电站绝大多数都属于第三代核电站。第三代核电技术在我国也得到了很好的应用。

AP1000

前文提到的三门核电站与海阳核电站，这两座核电站的一期工程就采用了 AP1000 技术。简单来说，可称为第三代核电“开山之作”的 AP1000 技术特点是：

- 简化的非能动设计提高安全性和经济性、严重事故预防与缓解措施，设计简练，设备减少，易于操作。
- 采用模块化施工建设，建设周期可缩短到 4 ~ 5 年。
- 设计寿命可达 60 年。

2021 年 5 月 28 日，习近平总书记在两院院士大会和中国科协第十次全国代表大会上的讲话指出：“战略高技术领域取得新跨越……‘国和一号’和‘华龙一号’三代核电技术取得新突破。”

短短数语，却让两大核电技术走入国人眼中。

“国和一号”示范项目效果图

“国和一号”

“国和一号”研发设计的故事已在前文着墨不少，其示范工程位于山东威海市荣成石岛湾畔，计划建设两台“国和一号”核电机组，单机容量达 150 万千瓦。如今，工程正在有序建设中。

通过压水堆国家科技重大专项研发和“国和一号”示范工程建设，基本消除了“国和一号”批量化建设的风险，为支撑中国能源清洁低碳转型和世界先进核电发展做出贡献。

“华龙一号”

“华龙一号”核电技术是中核集团ACP1000和中广核集团ACPR1000+两种技术的融合，被称为“我国自主研发的第三代核电技术路线”，相比第二代核电技术，安全性总体提升。

ACP1000技术是中核集团自主研发的具备自主知识产权的先进压水堆核电技术。它是在中核集团的CNP1000技术的基础上，借鉴国际先进核电技术的先进理念，充分考虑福岛核事故后最新的经验反馈，按照国际最先进法规的标准要求研制的一种拥有自主知识产权的第三代压水堆核电站。

ACPR1000+技术是在CPR1000技术上发展而来的。CPR1000是中广核推出的中国改进型百万千瓦级压水堆核电技术方案，源于法国引进的百万千瓦级堆型——M310堆型。而ACPR1000+是中广核在推进CPR1000核电技术标准化、系列化、规模化建设的同时，研发出的拥有自主知识产权的第三代百万千瓦级核电技术。

“华龙一号”核电技术将两种核电技术融合一体，是中核集团和中广核集团这两大核电企业在30余年核电科研、设计、制造、建设和运行经验的基础上，根据福岛核事故经验反馈及中国和全球最新安全要求，研发的先进百万千瓦级压水堆核电技术，满足第三代核电安全要求，是中国核电创新发展的重大标志性成果之一，也是中国核电走向世界的“国家名片”之一。融合后的“华龙一号”技术特点主要包括提出“能动和非能动相结合”的安全设计理念，采用177个燃料组件的反应堆堆芯、多重冗余的安全系统、单堆布置、双层安全壳，全面平衡贯彻了纵深防御的设计原则，设置了完善的严重事故预防和缓解措施等。但在型号具体设计上，其总体参数和技术方案，中核集团和中广核集团还是存在一定差异。

福清核电站位于福建福清，规划建设6台百万千瓦级压水堆核电机组，其中5、6号机组为“华龙一号”。目前，“华龙一号”示范工程已全面建成投运。

防城港核电站位于广西防城港，是我国西部首个核电站，规划建设6台百万千瓦级

福清核电站（最近处机组为“华龙一号”）

广西防城港核电（左侧两台在建机组为“华龙一号”）

核电机组。二期工程即建设两台“华龙一号”机组，其第一台“华龙一号”示范机组于 2015 年 12 月 24 日正式开工建设，并于 2023 年 3 月 25 日建成投产。

除了“国和一号”与“华龙一号”这两位大明星之外，你还知道哪些其他的三代核电技术在中国生根发芽?

EPR

EPR（European Pressurized Reactor）技术是法国法马通公司与德国西门子公司联手，在法国 N4 反应堆和德国的 Konvoi 反应堆基础上，合作开发的反应堆技术。EPR 主要的技术特点包括:

- 设计了严重事故的应对措施，通过主要安全系统 4 列布置、扩大主回路设备储水能力、改进人机接口、系统地考虑停堆工况等方式来提高纵深防御的设计安全水平。
- 在电站寿期内可用率平均达到 90%，单机容量达到 175 万千瓦。
- 设计中采用大容积安全壳（80 000 立方米），专门设置了针对严重事故工况的卸压装置（900 吨 / 小时），安全阀和卸压装置都通过卸压箱排到安全壳内。当堆芯温度大于 650 摄氏度时，启动专设卸压装置，可以有效避免反应堆压力容器超压失效，并防止反应堆压力容器失效后堆芯熔融物的散射。
- 可使用各类压水堆燃料，包括低富集铀燃料（5%）、循环复用的燃料（源于后处理的再富集铀或后处理的钚铀氧化物燃料 MOX）。这样，一方面可实现稳定乃至减少钚存量的目标，同时也可降低废物的产量。

台山核电站

台山核电站是我国首个使用欧洲 EPR 技术的核电站。电站位于广东省台山市赤溪镇，规划建设六台核电机组，一期工程建设两台单机容量为 175 万千瓦的 EPR 核电机组。目前，两台机组均已投入商业运行。

VVER-1200

VVER-1200 核反应堆是俄罗斯第三代核电技术，是 VVER-1000 型核电机组的革命性发展产品，在各种性能方面都有所提高。其技术特点包括：

- 提高反应堆一回路的各项参数，使热功率由 3000 兆瓦增至 3200 兆瓦，机组发电功率由 1 000 兆瓦级增加至 1 200 兆瓦级。
- 在传统能动安全系统基础上又增加了非能动设计，使其可以采用能动和非能动安全系统相结合的办法来提高电厂的可靠性水平。其非能动设计主要体现在蒸汽发生器非能动排热系统及安全壳非能动排热系统。
- 使用自动化和各类新技术，使机组运行人员大幅下降，与前代堆型相比减少了 25% ~ 30%。对燃料的利用率进一步增强，其乏燃料的燃耗水平相比于前代堆型增加了约 40%。

前文提到的田湾核电站，也加入了三代核电“大家庭”。这座位于江苏省连云港市连云区的核电站，计划建设 8 台核电机组，7、8 号机组使用的是俄罗斯 VVER-1200 三代核电技术，2021 年 5 月 19 日在中俄两国元首的共同见证下开工建设。

如此种种，三代核电技术做到了在安全问题上“设计兜底”，也基本上不会发生类似福岛和切尔诺贝利事故那样的灾难，这是深刻总结了已经发生过的核事故，采取大量改进后的反应堆设计技术的结果。

大多数应用非能动设计理念的第三代核电技术追求自然界的固有规律，似与“道法自然”的东方智慧不谋而合；两千年后的今天，刘慈欣在他的《三体》小说中恣意挥洒着想象，“数学规律才是最可靠的武器”提出了更加揭示本质的、最牢不可破的存在。

田湾核电站 8 台机组效果图

如今，众多三代核电站，在中国这片热土之上见证着三代核电技术的发展。中国核电技术自主化的声音也由弱到强，共同支撑着核电积极有序发展的新格局。

在核电这些事儿上，我们正在不断地回归“本真”与科学。

十六个国家重大科技专项中，有九天揽月的探月工程“嫦娥”与“玉兔”，翱翔天际的国产大飞机 C919，连接你我的 5G 技术……“国和一号”型号正式发布，其示范工程还在如期建设。

回看这些发端于 21 世纪初的国家重大科技专项，或寻常，或神秘，但距离每一个中国人的美好生活并不遥远。

重大专项的故事揭示了一个共同的道理，挑战与机遇并存，奋斗方可实现。

第六章

『老兵』新用

——『双碳』时代的能源密码

发现并运用能源，使人类文明飞速进化，但也对自然环境造成了损伤。在文明漫长的岁月里，人类能够破坏地球生态，我们也一定可以通过努力，让未来重现绿水青山。

面对“双碳”时代新的机遇，能源“老兵”核能将扮演怎样的角色？

第一节 碳中“核”

近些年的重大天气、气候事件，极端状况比比皆是。2021 年，我国河南短时极端强降雨。2022 年，台风“鲇鱼”“尼格”重创菲律宾。2023 年，冬季温和多雨的“水城”威尼斯陷入极端干旱，河道见底；北美中西部被强寒潮席卷的同时，东南沿海却体验着近 38℃的“炙烤”。

多变的气候与日益频发的气象灾害

热流侵袭、暴风雨和水灾、冰川融化、海平线上升、生物物种减少……一系列自然灾害现象都指向了全球气候变化这个不争的事实。我们曾点燃薪柴烹煮食物，也曾燃烧化石能源集聚蒸汽或是生产电力。仅仅工业革命后的 160 年间，人类社会已经向大气排放了超过 1.5 万亿吨二氧化碳。“求救”于清洁能源，刻不容缓。

风能、太阳能等属于清洁能源自不必说，但与我们认知略有不同的是，清洁能源除了包含风能、太阳能等可再生能源之外，还包括核能。

2020 年 9 月 22 日，国家主席习近平在第 75 届联合国大会上宣布：“中国将提高国

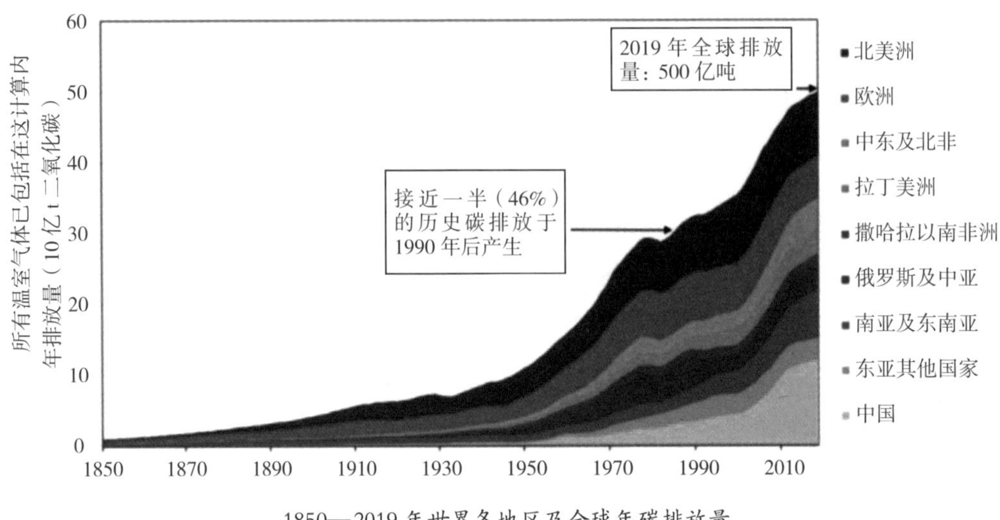

1850—2019年世界各地区及全球年碳排放量
（尚塞尔，1990—2020年气候变化与全球碳排放不平等报告，2021）

家自主贡献力度，采取更加有力的政策和措施，力争2030年前二氧化碳排放达到峰值，努力争取2060年前实现碳中和。”随后，“碳达峰”“碳中和”写入2021年中国政府工作报告。

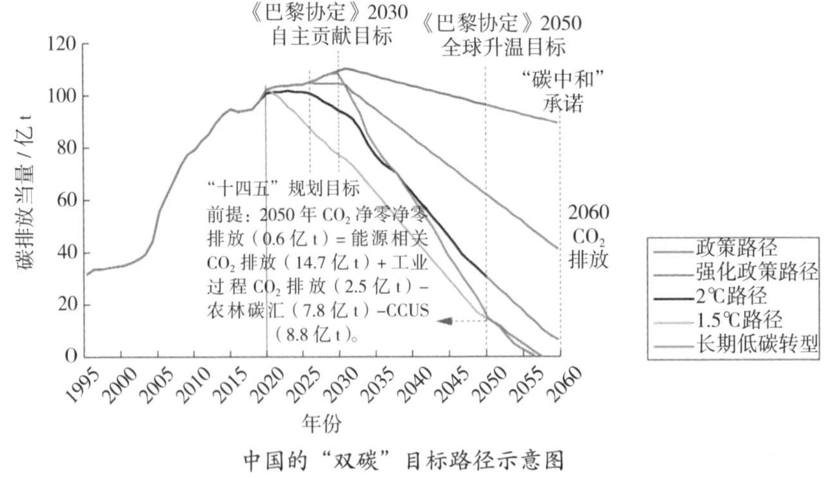

中国的“双碳”目标路径示意图

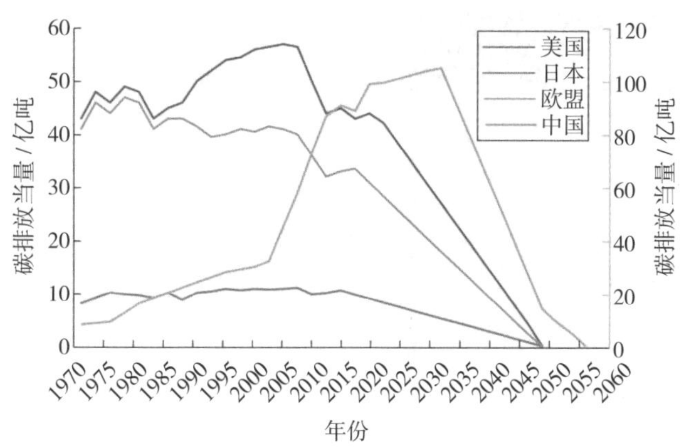

中美欧日四个经济体的碳中和预测

尽管，中国正在以史无前例的速度推进节能减排工作，但是，相比其他发达国家，我们的“双碳”之路将异常困难，中国将用 30 年走完欧美发达国家 70 年要走过的路。要在 2030 年实现“碳达峰”目标，需要中国在未来一段时间做好充分准备。我国 42% 的碳排放来自电力行业。推动低碳转型，实现双碳目标，最关键的是推进能源结构转型，尤其是要实现电力行业的清洁低碳。

电网一端连接着形形色色的电源，一端连接着千家万户，清洁电力的关键在于电源转型

要知道，所谓的“清洁能源”正是为“碳”而来。

首先，核电能量密度大，1 千克铀 -235 裂变释放出的热量约等于 2 700 吨标准煤。一座百万千瓦级火电厂年消耗原煤约百万吨，而同功率核电只需 20 ~ 25 吨核燃料，这将节约海量的煤炭消耗。同时，通过节约运力，在交通运输领域产生更多的节能减碳效益。

其次，也是最重要的一点，核能发电的过程几乎没有碳排放。我们以一台百万千瓦级核电机组与同等功率等级的超超临界火电机组为例，按正常情况一年发电所带来的碳减排量做个简单的比较，一台 100 万千瓦级核电机组相对于超超临界机组同等发电量

“蚂蚁森林”中的胡杨

的碳减排量达630万吨/年，同时还减排二氧化硫等其他大气污染物，清洁低碳的优势十分明显。回想一下支付宝“蚂蚁森林”植树的能量收集小游戏，要收集216千克能量才能种下一棵胡杨树，这样算来，建造一座百万千瓦级核电机组相当于每年种下2 900万棵胡杨，这将是一大片森林。

科学家通过科学计算与系统监测，发现核电链温室气体排放量约为每千瓦时10克，仅为煤电链的约1%，也低于风电链和太阳能。

中国工程院对不同发电能源链温室气体排放研究结果

发电能源链	总的温室气体归一化排放量［克 CO_2/（千瓦·时）］
火电链	1 072.4
水电链	0.81 ~ 12.8
风电链	15.9 ~ 18.6
太阳能	56.3 ~ 89.9
核电链	8.9 ~ 12

最后，核能的多用途利用将为高碳排放产业的脱碳提供技术方案。与化石燃料通过燃烧将化学能转变为热能的利用形式不同，核能通过核反应获得高品质热能，可以满足工业用热、用气的需求，还可以为居民生活提供清洁供暖，实现对化石能源的替代。此外，核能还可实现制氢、制冷、海水淡化等多种用途，在双碳背景下，核能的零碳价值将进一步凸显。

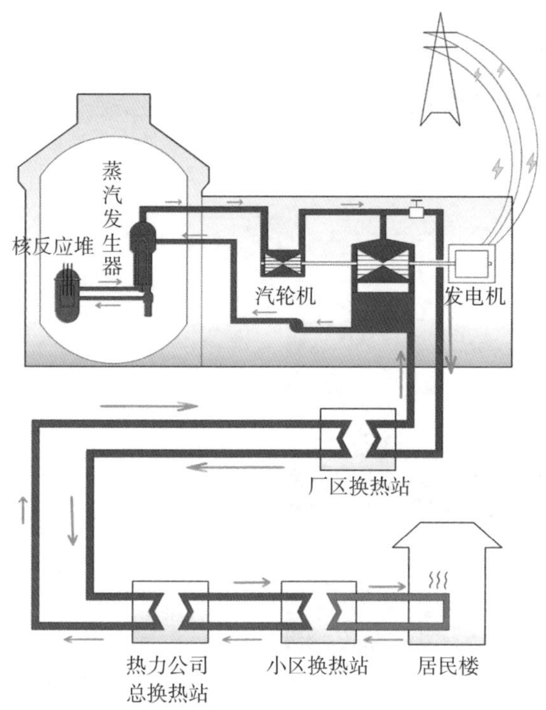

大型核电厂用于区域集中供热的原理示意图

当我们把目光聚焦于“碳”，核电与核能的形象，有没有在你心中更“可爱”一些了呢?

为了实现中国经济社会清洁低碳、可持续发展的愿景，能源结构必将发生变革。为此，需要持续建设 200 台以上的大型先进压水堆，方能满足转型需要。因此，清洁高效的大型先进压水堆，将是今后 30 年的核电主力机型。

令人欣喜的是，近年来，中国的水电、风电、光伏、在建核电装机规模等多项指标已保持世界第一。而在可预见的未来，核电将通过深埋及玻璃固化技术手段，开发快堆实现核燃料的增殖与再利用，以尽可能减少对生活的影响。

我们期待核能可以快快与其他“兄弟姐妹”一道，为绿水青山做出新的贡献。

第二节 能源柱石

远离城市喧嚣的发电厂，很少被人们所熟知

从1879年，美国发明家爱迪生点亮世界上第一盏有实用价值的电灯开始，再没有一个角落能离开这种人工光源。直到今天，点亮灯泡的电力仍是人类文明史上最优质的能源之一。

电力从哪儿来，所有人都能异口同声地回答“发电厂”，但却很少有人能进一步讲出电力怎样被生产出来，又有哪些特性。想要认识核能另一种隐秘的贡献，我们还是从了解电力——这个无处不在的“陌生人”开始。

想象一下普通商品与电力的流转过程。例如，一件衣服从服装厂被制造出来，发往仓库，再到商场的橱窗里，被你选中，最后由你带走或是快递物流送到你的手中。电力同样也要经历生产、运输、销售、使用等环节。但是，两者看似相同流转过程中却潜藏着几乎不会被人注意的关键差异。衣服可以长期储存在仓库中，等到需要的时候再发货。电力却无法大规模储存，短短几毫秒就可以跨越上千公里，这决定了电力工业的所有流转环节必须在一瞬间完成，并且在供需两端保持微妙的平衡。

这就是“电力负荷的瞬时性”及“电力平衡”。电力平衡需要发电侧在各个时刻向电网提供与用电侧相匹配的电力。否则，在失去了这种平衡的电力“大商场”中，你将会看到全力生产的厂商手握大量商品，却无人问津，大量的电力被浪费掉；抑或是海量客户挥舞着钞票，却只能面对空荡荡的“货架”，厂商无法在短时间内提高电力生产能力来满足需求。也就是说，当某时刻用电侧电力需求大于发电侧电力供应能力时，就会出现停电、缺电等现象。

由于经济结构与地区发展水平不同，我国各省份每日电力负荷分布亦不尽相同，但整体而言，工作日的晚间用电负荷高峰大多出现在 18:00—21:00 区间。

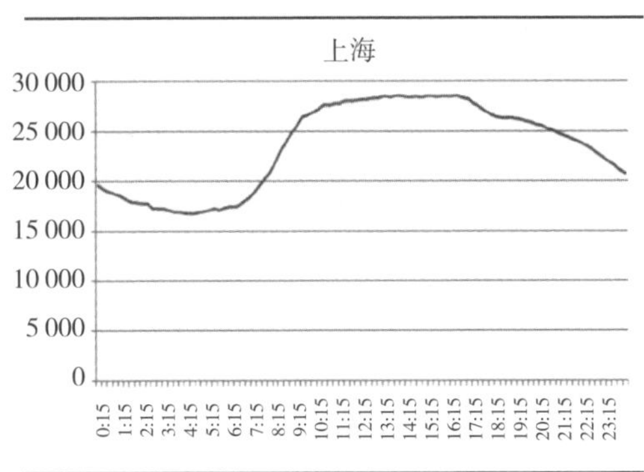

上海工作日典型日内负荷曲线

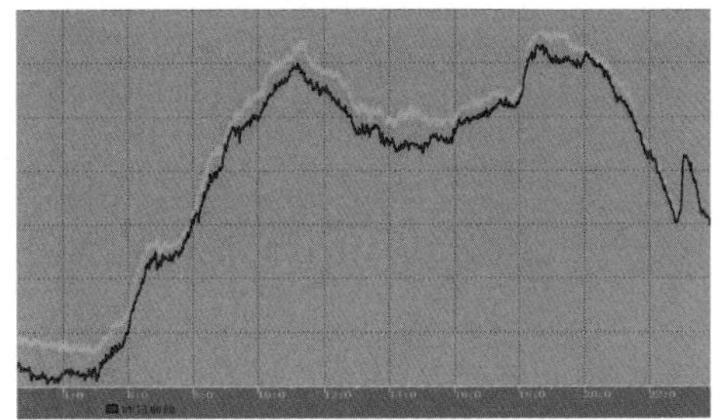

电力需求中典型的“双峰型”日负荷曲线

而通过观察电力负荷曲线，我们不难发现，在电力需求“波浪”的“波峰”与“波谷”变化之外，总有位于底部的“水量”纹丝不动，这就是“基荷”。如果一种电源能够提供连续、可靠电力供应，就可以稳定地担当起满足“基荷”的要求。在传统电力系统中，是由煤电“老大哥”来担任这个角色。

长久以来，煤电担当着“基荷”能源

但是，随着我国清洁低碳发展进程的不断推进，风电、太阳能的大规模接入，让传统电力系统的“平衡”开始变得复杂起来。新能源天性“活泼”，发电出力具有随机性、波动性，电力电量时空分布极度不均衡。

该如何重塑电力系统形态？

2021 年，国家给出了答案：“要构建**清洁低碳、安全高效的**能源体系，控制化石能源总量，着力提高利用效能，实施可再生能源替代行动，深化电力体制改革，构建以新能源为主体的**新型电力系统**。”

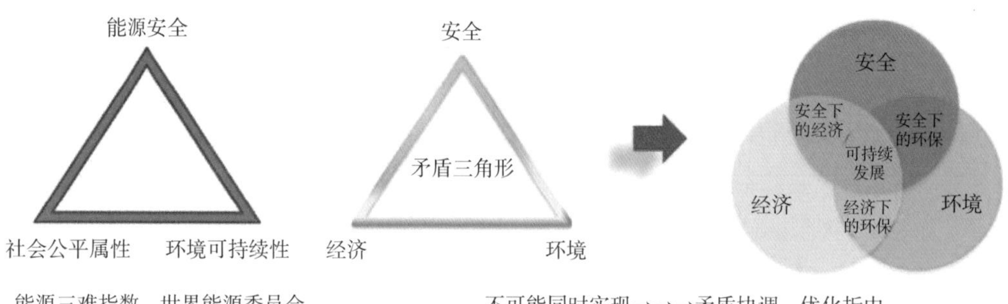

能源矛盾“三角形”
（对新型电力系统演进趋势和关系的认识，中国工程院院士郭剑波）

新型电力系统，意味着传统“基荷”的易位势在必行。以核电的稳定供应能力为基础支撑，通过与风光等可再生能源互为补充、协同发展，**促进风光等间歇性能源的大比例消纳**，保障电网系统安全，在清洁的新型电力系统中，核能不可替代的地位和作用将更加彰显。

除此之外，受控核聚变、小型核反应堆等能源新技术对新型电力系统演进路径将有重大甚至颠覆性的作用。因地制宜选择适宜的能源开发和利用形式，实现多能耦合与互补，方可分散能源风险、提高能源安全和效益。

因此，作为新型电力系统中“众望所归”的重要清洁基荷，核电就像是华贵殿堂之中掩藏的屋梁，以其默默无闻的担当，为新能源发展撑起发展的空间。这便是前文所言，核能的另一种隐秘贡献。

在关于未来的畅想中总是少不了核能的身影，它是跨越星海的强劲动力，是无边宇宙中的神秘能量。而在人类孜孜不倦的探索中，我们认识了核能的另一面，它高效、清洁、稳定、友善，就在你我身边。

电力，渔舟和晚霞，构成一幅美丽的生态画卷

第七章

航向100%——第四代核能系统展望

“我在很多问题上完全不同意奥本海默的看法……”在一场关于原子弹发展的听证会上，美国“氢弹之父”爱德华·泰勒（Edward Teller）抛出了这番言论。作为氢弹研究的狂热推动者，他与奥本海默的矛盾由来已久。2023年夏天上映的电影《奥本海默》中对此亦有所呈现。

但他并不总是这么狂热，在核电工程领域，正是他冷静地提出了人类在“原子时代”仍旧苦苦追寻的“航标”——固有安全性（inherent safety），即一种在任何事故，核反应堆都可以不依靠外部操作，而仅靠自然物理规律就能够趋向安全状态的性质。

如今，第四代核能系统，正为此而来。

第一节 次世代“物种”

核能是很多国家未来能源安全的保障，但是核能的大规模应用同样还面临相当多的挑战和困难。这当中既有“老生常谈”的稳定、安全、经济性，也有“与时俱进”的核扩散、多用途等话题。来自现实的困难与挑战，引发了关于核能发展广泛讨论与基本要求，终究为次世代的“物种”指明了方向。

作为一种非常规能源，核电要继续发展，必须开发更安全、更经济、具有可持续发展能力的先进核能系统（先进反应堆型及相匹配的先进燃料循环技术）。公认应当包含以下四点特征：

- 自身具有**可持续性**的核能才有长远发展的可能。
- **经济性**是决定核能是否被工业接受和批量发展的关键。
- **“安全”**是核能发展的生命线。
- **防扩散**是核能发展得以国际支持的前提。

1999 年 6 月，美国能源部首先提出第四代核电的概念。随后，美国组织全世界 100 余名核领域专家开展研讨，并基于研讨提出了“第四代核电站 14 项基本要求”，除了时刻不能遗忘的安全、经济、核废物等传统要求，有三条要求专门指向了防止核扩散。

2000 年 1 月，在美国的倡议下，美国、英国、瑞士、南非、日本、法国、加拿大、巴西、韩国和阿根廷共 10 个有意发展核能的国家，联合召开了“第四代国际核能系统论坛”（The Generation IV International Forum，GIF），在发展核电方面提出了更具有整体意义的“核能系统”概念，致力于开发高效可行的下一代核能系统，它将会是具有更好的安全性、经济竞争力，核废物量少，可有效防止核扩散的先进核能系统，代表了先进核能系统的发展趋势和技术前沿。中国在 2006 年正式加入 GIF。

第四代国际核能系统论坛（GIF 官网）

2000 年 1 月首次 GIF 会议（GIF 官网）

自第四代核能系统国际论坛（GIF）成立以来，论坛的成员国已经提出了 100 多种备选的反应堆系统。根据各项标准，2002 年 GIF 遴选出了 6 种最具前景的反应堆系统，分别是钠冷快堆（SFR）、超高温反应堆（VHTR）、气冷快堆（GFR）、铅冷或铅－铋共熔物冷却的快堆（LFR）、熔盐堆（MSR）和超临界水堆（SCWR）。

GIF 基础文件体系（中国核能行业协会）

六种候选堆型的主要技术参数如下表所示：

国际先进反应堆概念的主要特点

性质 / 参数	反应堆系统					
	钠冷快堆	超高温反应堆	气冷快堆	铅冷快堆 / 铅 – 铋共熔物冷却快堆	熔盐堆	超临界水堆
中子能谱	快	慢	快	快	快或慢	快或慢
功率密度 /（兆瓦 · 立方米）	300	5 ~ 10	100	100	330	100
慢化剂	—	石墨	—	—	石墨	轻水或重水
冷却剂	液态钠	气态氦	气态氦	液态铅或铅铋合金	熔盐	超临界水
经验反馈	20 反应堆 / 400 堆年	7 反应堆运行 /2 在建	—	少量核潜艇	已建 2 机组	—
裂变 / 增殖材料	$^{235}U/^{238}U/$ $Pu/^{238}U$	$^{235}U/^{238}U$ $Pu/^{238}U$ $^{233}U/^{232}Th$	$Pu/^{238}U$	$Pu/^{238}U$	$^{233}U/^{232}Th$ $^{233}U/^{232}Th$ $Pu/^{232}Th$	$Pu/^{238}U$
燃料状态	芯块	颗粒	芯块	芯块	芯块 / 液态	芯块
化学成分	液态金属	碳氧化物，氮化物	氮化物 碳化物	氧化物 氮化物 碳化物	氟化物	氧化物
冷却剂压力 / 兆帕	≈ 0.15	≈ 7	≈ 7	≈ 1.5	≈ 0.5	≈ 25
冷却剂沸点 / 摄氏度	880（0.1 兆帕）	—	—	铅 1745 铅铋合金 1670（0.1 兆帕）	≈ 1800（0.1 兆帕）	—
0.1 兆帕冷却剂凝固温度 / 摄氏度	98	—	—	铅 327 铅铋合金（150 ~ 200）	≈ 560	—
堆内冷却剂温度范围 / 摄氏度	400 ~ 550	250 ~ 1 000	400 ~ 850	400 ~ 480	700 ~ 770	280 ~ 500

气冷快堆

气冷式快反应堆（Gas-cooled fast reactor，GFR）是快中子反应堆。利用快中子、封闭式核燃料循环对增殖性材料进行高效核转换，并控制锕系元素核裂变产物。使用出口温度 850 摄氏度的氦气冷却，送入直接布雷顿循环的封闭循环气涡轮发电。许多新式核燃料能确保运作于高温中，并控制核裂变产物产出：混合陶瓷燃料、先进燃料微粒或锕系化合物陶瓷护套燃料。堆芯燃料会以针状、盘状集束或柱状分布。

铅冷快堆

铅冷式快反应堆（Lead-cooled fast reactor，LFR）是一种以液态铅或铅铋共晶冷却的反应堆设计，采封闭式核燃料循环，燃料周期长。单一堆芯功率为 50 ~ 150 兆瓦，模组可达 300 ~ 400 兆瓦，整座电厂则约 1 200 兆瓦。核燃料是增殖性铀与超铀元素的金属或氮化物合金。LFR 以自然热对流冷却，冷却剂出口温度为 550 ~ 800 摄氏度，也可利用反应堆高温进行热化学反应产氢。

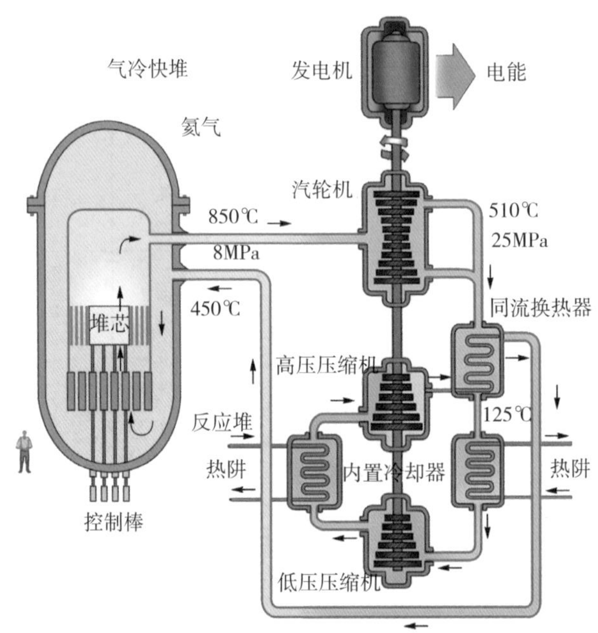

气冷快堆系统示意图（GIF 官网）

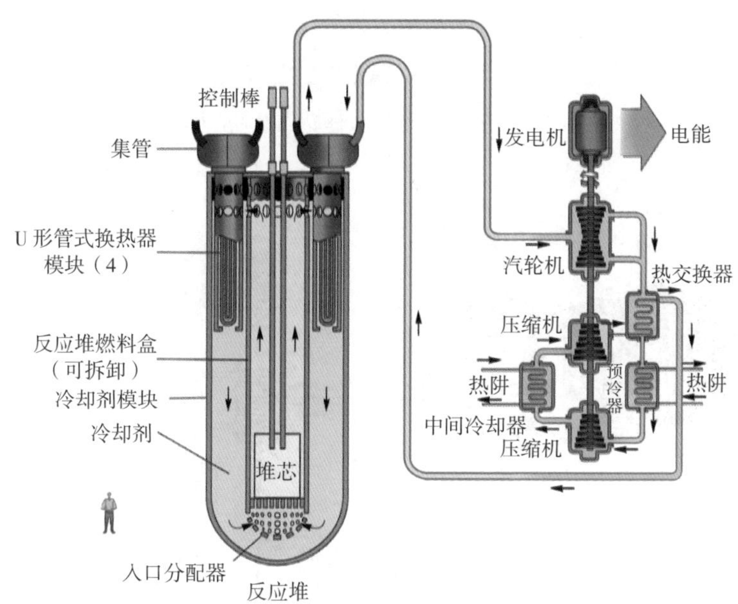

铅冷快堆系统示意图（GIF 官网）

熔盐堆

钍基熔盐堆核能系统（Thorium Molten Salt Reactor Nuclear Energy System，TMSR）是第四代先进核能系统的六种候选之一，包括钍基核燃料、熔盐堆、核能综合利用三个子系统，具有高固有安全性、核废料少、防扩散性能和经济性更好等特点。熔盐堆使用高温熔盐作为冷却剂，具有高温、低压、高化学稳定性、高热容等热物特性，无需使用沉重而昂贵的反应堆压力容器，适合建成紧凑、轻量化和低成本的小型模块化反应堆。此外，熔盐堆采用无水冷却技术，只需少量的水即可运行，可在干旱地区实现高效发电。

钠冷快堆

钠冷式快反应堆（Sodium-cooled fast reactor，SFR）是以另两种反应堆：液体金属快中子增殖反应堆与一体化快反应堆为基础延伸而来。SFR 的目的是提高铀滋生钚的效率和减少超铀元素同位素的累积。反应堆设计一个未减速的快中子堆芯将长半衰期超铀元素同位素消耗掉，并会在反应堆过热时中断连锁反应，属于一种非能动安全系统。SFR

设计概念是以液态钠冷却、钚铀合金为燃料。燃料装入铁护套中，并于护套层填入液态钠，再组合成燃料束。这种燃料处理方式所遇到的挑战是钠的活性问题，因为钠与水接触会产生爆炸燃烧。然而，使用液态金属取代水作为冷却剂可以降低这种风险。

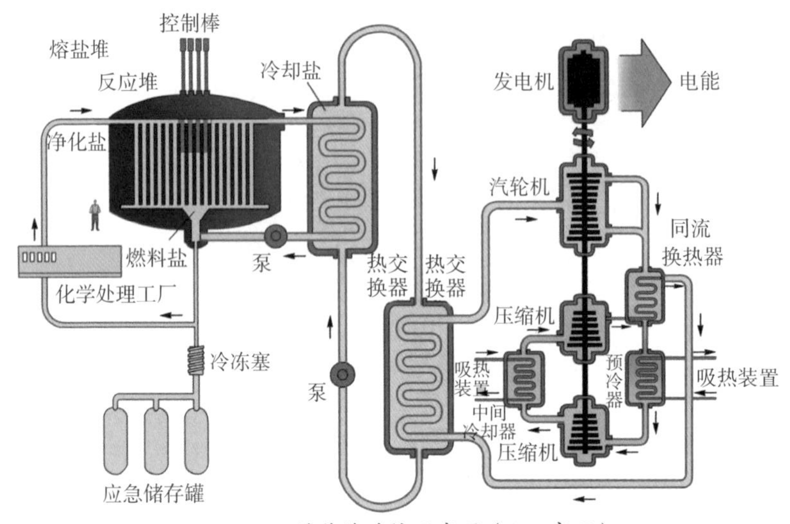

熔盐堆系统示意图（GIF 官网）

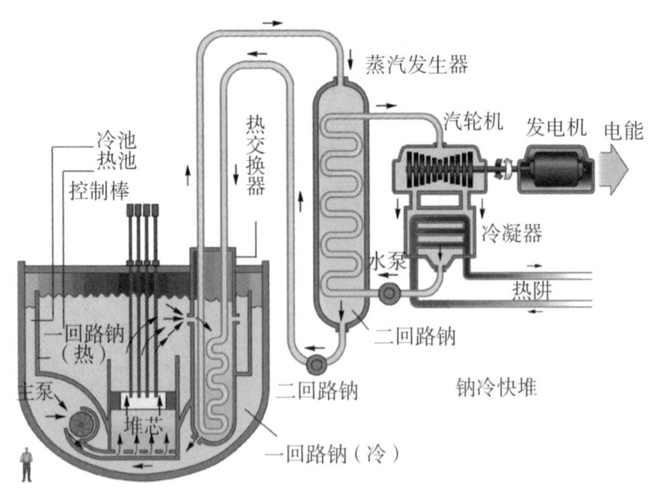

钠冷快堆系统示意图（GIF 官网）

超临界水堆

超临界水反应堆（Supercritical Water Reactor，SCWR）是在水的热力学临界点（374 摄氏度、22.1 兆帕）以上运行的高温高压轻水反应堆。其仍以轻水反应堆（LWR）为基础，采取直接、一次性循环。由于 SCWR 具有较高的热效率与简单的设计结构，成为备受关注的新式核反应堆系统。SCWR 主要目标是降低发电成本。SCWR 是以两种科技为基础进一步发展而成：轻水反应堆与超临界蒸汽锅炉。前者是世界上大部分商转中的反应堆类型，后者也是常用的蒸汽锅炉类别。

超高温反应堆

超高温反应堆（Very high temperature reactor，VHTR）的设计概念是运用石墨作为减速剂、一次性铀燃料循环、氦气或熔盐作为冷却剂。此设计设想出水口温度可达 1 000 摄氏度，堆芯则可采燃料束或球床式。借由热化学的硫碘循环，反应堆高温可用于产热或产氢制程。超高温反应堆也具有非能动安全系统。该堆型最大的问题在于成本提高与难以突破的技术困难，这使投资人与消费者踌躇不前。

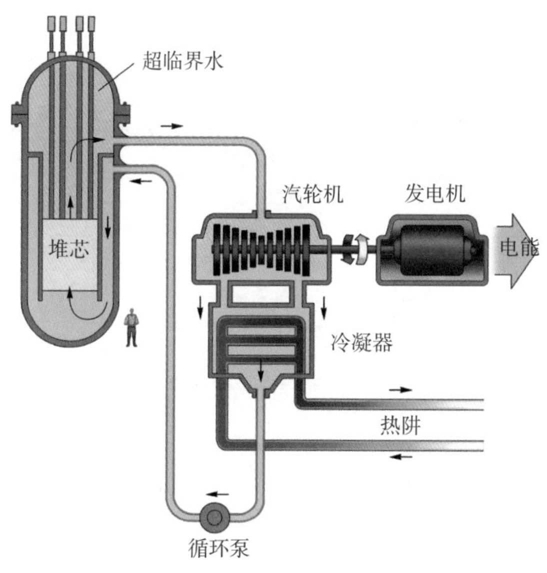

超临界水堆系统示意图（GIF 官网）

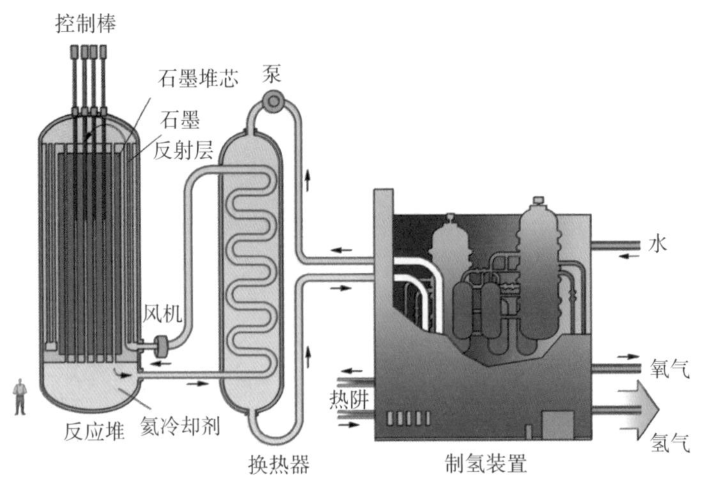

超高温反应堆系统示意图（GIF 官网）

2002 年题为《第四代核能系统技术路线图》的报告描述了从第三代核电技术迈向第四代核能系统的路径，根据各自的技术成熟度，预计 2030 年前后能够见到它们投入商业使用。

如今，世界各国正走在这条迈向未来的道路上，并为了这个目标矢志奋斗。

系统	加拿大	中国	欧盟	法国	日本	韩国	俄罗斯	瑞士	美国	南非
SFR		✓	✓	✓	✓	✓	✓		✓	
VHTR		✓	✓	✓	✓	✓		✓	✓	
SCWR	✓		✓		✓		✓			
GFR			✓	✓	✓			✓		
LFR			P		P		P			
MSR			P	P			P			

√ = 系统协议签署国；P= 谅解备忘录签署国；阿根廷、巴西和英国尚未签署

GIF 系统安排及至 2014 年 1 月签署谅解备忘录的国家（GIF 中文官网）

第二节 炬火照耀

在 GIF 论坛章程和框架协议下，中国积极参加钠冷快堆、超高温气冷堆、超临界水冷堆、熔盐堆、铅冷快堆等有关研发项目，参与 GIF 技术路线图的制定和修订工作，并在 2013 年和 2019 年承办了 GIF 政策组会议。

第 48 届政策组会议、第 42 届专家组会议于 2019 年月 10 月 14—18 日在山东威海召开

事实上，中国对于四代堆的研究布局要追溯到更早时期。快堆项目在国家“863”计划支持下开始研究，超临界水冷堆研究也是科技部“973 计划”的重要内容……一个个放眼未来的科研计划，穿过了半个多世纪的历史，在祖国几代核电工作者对望的目光中，已默默点燃未来能源的希望。

目前，四代核能系统在中国的研究尚处在开始阶段，很多原则性的性能指标、要求需要深化，每种堆型都有着自己的代际划分，现在就把某种堆型说成第四代核能系统还为时尚早，但中国正在深入实施多个具有四代特征的核反应堆项目。中国正以一种前所未有的坚定向世界宣告，未来核能炬火将在东方闪耀！

“高冷”男神——高温气冷堆

近些年最知名的核电型号，除了耳熟能详的“国和一号”“华龙一号”之外，大概率就是高温气冷堆了。2021 年 12 月 20 日，全球首座球床模块式高温气冷堆核电站——石岛湾核电高温气冷堆示范工程送电成功，这是全球首座具有第四代核电技术主要特征的球床模块式高温气冷堆核电站。

位于山东荣成的石岛湾高温气冷堆核电

中国高温气冷堆技术研究始于 20 世纪 70 年代，2006 年高温气冷堆核电站示范工程（简称 HTR-PM）与大型先进压水堆核电站一起列入国家科技重大专项。

“高温”“气冷”，顾名思义与常规认知中的核电站都有所不同。清华大学、华能集团、中核集团等联合研建各方克服诸多困难，攻克蒸汽发生器超长传热管制造与异种钢焊接工艺、全球首台采用立式电磁轴承结构的大功率主氦风机、全球首台螺旋管式直流蒸汽发生器等“大国重器”，实现球形燃料元件规模化生产，设备国产化率达到 93.4%，从无到有培育了多条世界首创产业链。

目前，中国的高温气冷堆技术处于世界领先的地位。经过十多年的栉风沐雨，高温气冷堆示范工程已取得阶段性成效。它标志着我国向着掌握第四代核电技术迈出了坚实一步。

钍基不“土”——钍基熔盐堆

20 世纪 70 代初，中国也曾选择钍基熔盐堆作为发展民用核能的起步点，728 工程于 1971 年建成了零功率冷态熔盐堆并达到临界。但限于当时的科技、工业和经济水平，728 工程转为建设轻水反应堆。2011 年，中国重启钍基熔盐堆系统（TSMR）研究，并由中科院上海应用物理研究所牵头。中断了 40 年的熔盐堆终于走出低谷，迎来了发展的春天。

钍基熔盐堆应用场景示意图

2021 年 9 月中旬，中科院宣布将在中国甘肃武威建设世界首个第四代核能技术钍基熔盐实验性反应堆。钍基熔盐堆成功摆脱了之前铀和钚元素为燃料的核能发电模式，改用以放射性极低的钍元素为核燃料，在核能发电领域具有划时代意义。

“快”人一步——钠冷快堆与铅铋快堆

中国快堆技术研发起步于 20 世纪 60 年代。

位于北京房山的中国实验快堆（CEFR）项目在 1987 年纳入国家计划，在前期关键技术研究和部分国际合作的基础上，由中国原子能科学研究院具体实施，自主进行设

位于北京房山的中国实验快堆

位于福建霞浦的钠冷快堆效果图

启明星Ⅲ号

计、制造、建安和调试工作。CEFR 项目在实施过程中突破了大量的关键技术，形成了一批针对钠冷快堆技术的研究试验设施和工业配套能力。CEFR 于 2011 年 7 月 21 日实现首次并网发电，额定电功率 20 兆瓦。2014 年 12 月，首次达到 100%功率，实现满功率稳定运行 72 小时。这意味着中国第四代先进核能系统技术实现了重大突破，中国成为世界上少数几个掌握快堆技术的国家之一。

2017 年 12 月，中国示范快堆（CFR600）在福建霞浦开工建设，是中国快堆研究“实验快堆、示范快堆、商用快堆”三步走路线的第二步。预期将于“十四五”期间建成 CFR600，2030 年左右建成百万千瓦级大型高增殖商用快堆，2035 年实现规模化建造。

2019 年 10 月 9 日，中国首座铅铋合金零功率反应堆——启明星Ⅲ号，在中核集团中国原子能科学研究院实现首次临界，正式启动我国铅铋堆芯核特性物理实验。这标志着中国在铅铋快堆领域的研发跨出实质性一步，进入工程化阶段，也意味着中国在铅铋快堆研发领域已跻身国际前列。

“超”能力——超临界水冷堆

我国从 2003 年就开始了超临界水冷堆技术跟踪研究。2003 年 10 月，中国核动力研究设计院批准了“超临界轻水堆研究（GIF-SCWR）”科研基金项目。后在国家科技部和国防科工局系列项目的持续支持下，历时十余年，通过合作研发，基本形成了依托我国已有的水冷堆技术研发体系的超临界水冷堆技术研发架构和基本能力和手段。当前我国在超临界水冷堆领域已经实现了从跟跑者到并跑者的角色转变，并在主导国际范围内 GIF-SCWR 的技术研发。

中国 SCWR 研发规划为五个阶段：基础技术研发、关键技术研发、工程技术研发、工程试验堆设计建造以及标准设计研究。目前开展了超临界水冷堆基础研究，提出了超临界水冷堆总体技术路线，完成了中国有自主知识产权的百万千瓦级 SCWR（CSR1000）总体设计方案。中国独创性开展了双流程结构堆芯和环形元件正方形燃料组件等设计和论证，验证了 SCWR 结构可行性；建立了三维模型和实体模型，完成了超临界流动传热恶化特性实验与计算流体力学模型研究，为总体设计方案的优化提供了支撑；全面开展了材料筛选，掌握了关键试验技术，构建了试验分析平台和数据库，为工程化应用奠定了基础。

尽管人类在四代堆技术方面已开展了数十年的研究和技术攻关，但目前尚未有哪一种堆型完全满足并符合四代堆初始提出的四大技术指标，也即没有真正意义上的四代堆实现。虽然钠冷快堆、高温气冷堆等堆型已经建成发电，但当前技术并不完全满足可持续性、经济性、安全性、防扩散等要求，仅仅具有可持续性、安全性等技术特征。因此，统称为“四代堆特征”的堆型。特别是可持续性，涉及燃料后处理工艺，未来还需长期的技术研发与科研攻关方能实现闭式燃料循环，真正意义上的“四代核能”还有较长的路要走。

核电的发展经历了太多的误解，也充满了很多的浪漫。这艘航船在能源之海上初生，成长，跌倒，前行……变得更加坚毅，更加可靠。人类用自己的双手，花费了 70 年的时光，雕琢了如今核电的样貌，也重塑着芝加哥大学的那座青铜雕像。

人类，不仅善于用双手创造幸福，更对美好生活充满期待。

第四代堆型技术发展阶段

堆型	作用	技术发展阶段	GIF 作为候选堆的主要考虑
钠冷快堆	闭式燃料循环	商业示范验证 BN800 于 12 月 10 日 并网发电	安全性 增殖核燃料 嬗变
铅冷快堆	小型化多用途	关键工艺技术研究	安全性 增殖核燃料 嬗变
气冷快堆	闭式燃料循环	关键技术和可行性研究	可持续性
超高温气冷堆	核能的高温利用	示范 工程验证	安全性 制氢 （高温利用）
超临界水堆	现有压水堆的基础上提高经济性与安全性	关键技术和可行性研究	安全性 经济性
熔盐堆	钍资源利用	关键技术和可行性研究	核燃料增殖

第四篇 星海

心怀澎湃动力
此去星辰大海

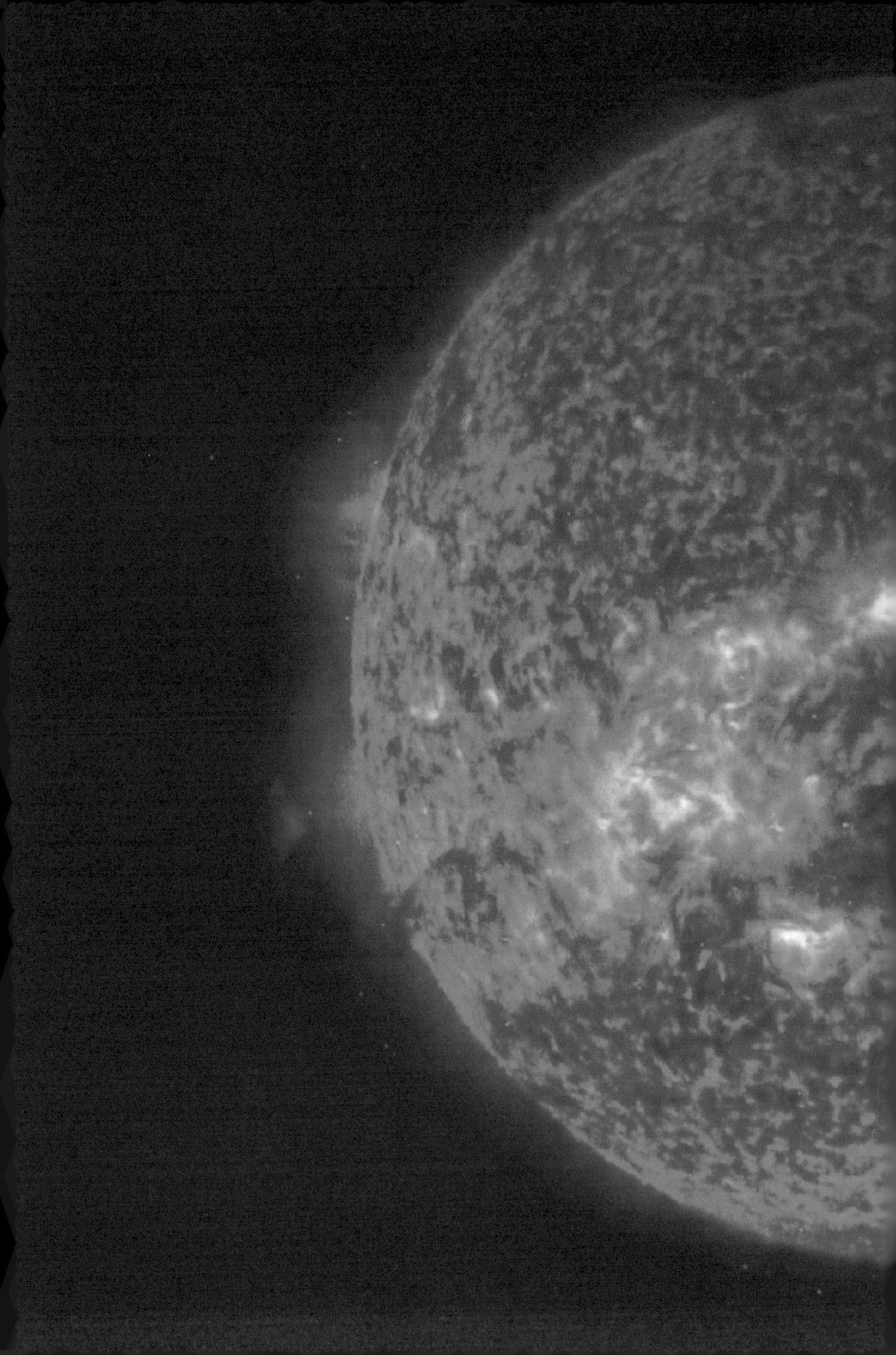

第八章 聚变，巨变

——寻找人类『终极』能源

有没有见过一种技术，在还没有实现的时候就已经预定了“人类终极能源”的称号？“可控核聚变”就是。

简单地说，“可控核聚变”就是让氢弹爆炸的能量缓慢地放出，并可以控制能量放出的快慢，供人类使用。打个比方，就像不让开山裂石的炸药瞬间爆炸，而是缓慢燃烧用来做饭，而且还能调节火力大小。

和聚变相对的是裂变，只有一字之差。“可控核裂变”70 多年前就已经实现了，目前世界上的各核电厂、核潜艇、核航母用的都是可控核裂变。那为什么还非要探索可控核聚变？裂变不够香吗？

第一节 聚变研究

的确，裂变还真不够香。

首先，聚变的能量要大得多。1961年，苏联试验了人类历史上威力最大的核武器——“沙皇”氢弹。其爆炸当量为5 000万吨，相当于3 800颗在广岛亮相的“小男孩”原子弹。这还是出于环保和政治考虑，将威力减半后的效果，否则就是7 000多颗“小男孩”原子弹的威力了。对原子弹来说，不要说理论上达不到这种威力，退一步，就算理论上可行，要实现7 000多倍的威力，重量起码要增加成百上千倍吧？“小男孩”重4吨多，上千倍就是4 000多吨，相当于一艘驱逐舰的重量，既造不出来，也扔不出去。“沙皇”氢弹的重量只有27吨。可见，燃料等重的条件下，聚变可以获得比裂变更高的能量。

“沙皇”氢弹等比例模型

其次，地球上的易聚变元素（如海水中的氘氚）远多于易裂变元素（如铀矿石）。每升海水里有30毫克氘，可以放出的能量相当于300升汽油。地球上水的总储量是13.86亿立方千米（注意是“立方千米”），里面的氘足可以供人类使用千秋万代。而且和矿石相比，直接“从海水里捞”不但对环境的影响小，也不用考虑价格波动、国际政治关系等影响。

因此，在各种科幻作品中，裂变能已经“落伍”，人类要飞出太阳系，使用的往往是被称为“终极能源”的聚变能。

在硬核科幻电影《流浪地球》中，人类制造了上万台“行星发动机”，巨大的推力把地球推离轨道，飞离太阳系。这种“行星发动机”高度可达几千米，其燃料就是地球上遍地可见的石头，主要成分二氧化硅（SiO_2）。在发动机工作时，氧元素和硅元素分别发生核聚变，巨大的能量足以把地球推出太阳系。

前文介绍过裂变和聚变。裂变是铀（原子量 235）这样的重元素分裂成更轻的元素，同时释放出能量的过程，如目前全世界大多数核电厂。聚变是比较轻的元素，如氢的同位素氘氚（原子量不超过 3）聚合成更重的元素，同时放出能量，如氢弹，还有目前很多国家正在研究的可控核聚变堆。

到底是以聚变的形式还是裂变的形式释放能量？这要看各元素在周期表中的位置。

总的来说，比铁元素轻（元素周期表上比铁元素靠前）的元素聚变成离铁更近的元素会放出能量，比铁重很多（元素周期表上排序靠后）的元素裂变成离铁更近的元素也会放出能量。

更直观一点，如果把元素周期表按照原子序数拉长，成为一条带子，那么铁左边的元素可以沿着箭头方向聚变成靠右一点离铁更近的元素，铁右边的元素则可以沿着箭头方向裂变成靠左一点的元素放出能量。

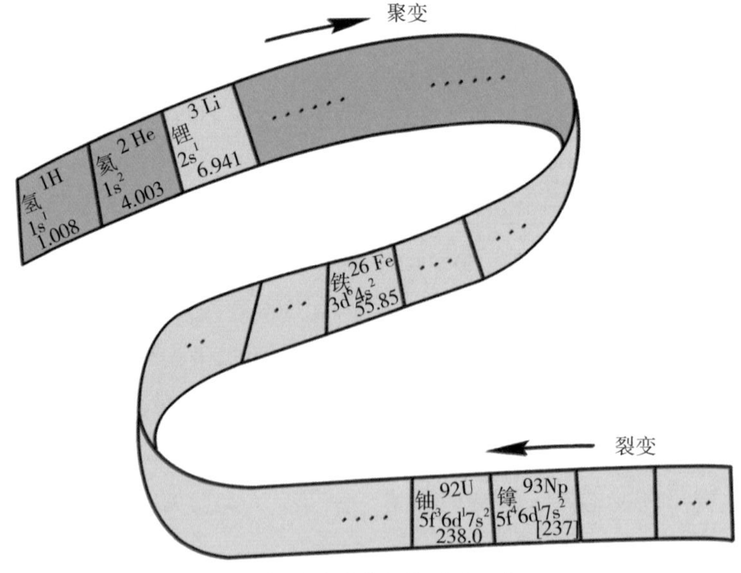

按照原子序数排列的元素

如果非要反其道而行之，比如让铀去发生聚变反应，理论上也许某一天人类的技术可以实现，但对不起，这是个吸收能量的反应，不能作为能量来源。

和大家传统观念里的质量守恒不同，以铁为终点，不管沿着图里的哪个箭头的方向，最终产物的质量都比反应前产物的质量轻了！聚变就好比用 5 000 克重的乐高零件拼出来个玩具，拼好以后却只有 4 990 克；裂变就好比一个 5 000 克重的乐高玩具摔碎以后，所有零件只有 4 990 克。而这些消失的质量，就是以能量的形式释放出来了。

释放的能量有多少呢？给出我们答案的是爱因斯坦发现的质能方程 $E=mc^2$，即能量等于质量乘以光速的平方，虽然消失的质量很少，但因为光的速度高达每秒 30 万公里，放出的能量也相当可观。

也正是“光速平方”的加持，使核反应所放出的能量远远高于煤和石油等化学燃料燃烧时释放的能量。所以海水里的氢同位素氘、氚，如果将其全部捞出进行可控核聚变，放出的能量够人类使用万世而不竭。

第二节 从理想出发——聚变工程实践

聚变这个大方向定了，那么下一个问题是，用什么元素进行聚变呢？氢或氢的同位素？还是像流浪地球里那样用氧或硅？

其实，按照目前人类的技术水平，选择什么元素，主要取决于反应发生的概率或者说难度，其次科学家会考虑单次放出的能量大小，以及该元素的储量或获取的难易程度。简单说，先考虑“行不行”，再考虑“好不好”。

通过理论分析和试验验证，科学家们发现氢同位素氘氚聚变反应发生的概率最大，可以说是人类最容易实现的聚变反应，并且，单次氘氚聚变释放的能量达17.6兆电子伏，能量密度足够高。考虑到氘氚的原子量远小于铀等易裂变元素，单位重量下放出的能量是远大于后者的。因此，科学家选用氘氚聚变反应作为可控核聚变的首要研究方向。

接下来，我们需要找到聚变反应发生的条件。从理论上来说，只要反应物（原子核）速度足够快（或者说动能足够高），原子核靠得足够近，聚变反应就有可能发生。

因此科学家们就直接地想到，能否利用加速器来满足聚变反应要求的速度呢？通过定向加速的方式，将原子核加速到10千电子伏的能量，理论上就可以发生聚变反应。但在实践中发现，加速后的原子核极易发生散射，核聚变发生的概率只有一千万分之一，这个代价太大了，是一个“入不敷出”的方法。

那如果把定向加速改为不定向加速，原子核碰撞的概率会不会增大呢？而微观上的不定向加速，就是宏观上常说的——加热。于是，把参与对撞的原子核装起来并加热，这就是热核聚变。

这样，热核聚变的核心任务是“装下”和“加热”氘氚燃料。要“加热”到什么程度呢？燃料聚变所需要的温度是以千万摄氏度为单位的高温，极限温度甚至要达到一亿摄氏度。这又带来一个“小问题”，人类已知的熔点最高的材料为五碳化四钽铪

(Ta_4HfC_5)，其熔点只有 4 215 摄氏度，远远达不到要求。所以说，全世界没有一种材料做成的容器能够“装下”聚变中的核燃料。

但“幸运”的是，有些摸不到的“材料”是不怕热的，一个是“光”，一个是“磁”。前者是用激光约束使高温核燃料悬浮；后者是利用核燃料形成的等离子体的带电特性，用磁力使其悬浮。而靠磁约束实现这种悬浮的魔法装置，叫做托卡马克（Tokamak）。

Tokamak 的名字来源于环形（toroidal）、真空室（kamera）、磁（magnet）、线圈（kotushka）。这种环形装置，最初是由位于莫斯科的库尔恰托夫研究所的阿齐莫维齐等人在 20 世纪 50 年代发明。具体来说，托卡马克装置是一种利用磁力约束来实现受控核聚变的环形容器，它通过两个方向的磁场线叠加，生成螺旋状磁场线的“笼子”，让核燃料悬在空心的环中。

库尔恰托夫研究所（库尔恰托夫国家研究中心官网）

世界上第一个托卡马克装置“TO-1”（RT 官网）

有了托卡马克，构建核聚变所使用的等离子体就“在理论上”简单了很多，之所以要说“在理论上”，是因为可以想象，那些悬浮的燃料并不能非常均匀稳定地发热，而温度变化又会影响附近导体的电阻，进而影响使核燃料悬浮的磁场。再加上新燃料注入、热能导出时都会发生扰动，实现的难度可想而知。也正因为如此巨大的难度，在 20 世纪中后叶，核聚变研究起步不久时，科学家们预测“还有 50 年”可以实现可控核聚变的商业利用，几十年后今天的预测依然是“还有 50 年实现”，被核能行业戏称为“永远的 50 年”。

戏称归戏称，探索“终极能源”的路，再难也要有人走。

1990 年，全球首个球形托卡马克装置 START（Small Tight Aspect Ratio Tokamak）在英国建成。1991 年，START 装置使用磁重联方法，将两个等离子体环通过压缩合并为一个等离子体环。两个等离子体环的合并是通过微秒级的超快速磁重联发生的，几乎是在实时调整对悬浮的等离子体核燃料的作用力，同时产生大量热能以加热等离子体。

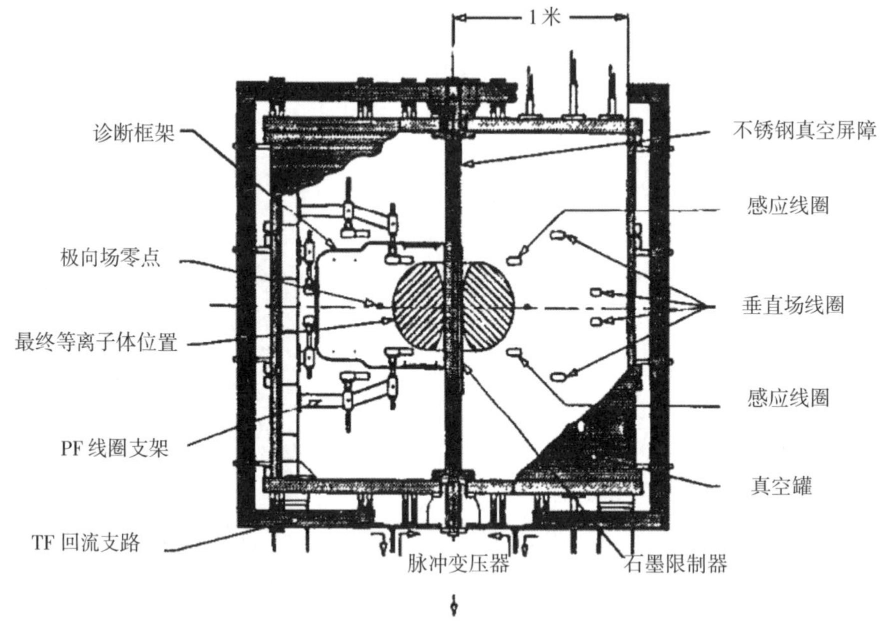

START 装置示意图（论文 The small tight aspect ratio tokamak experiment）

由英国原子能管理局（UKAEA）运营的兆安球形托卡马克装置（Mega Amp Spherical Tokamak，MAST）及其升级版 MAST-U（Mega Amp Spherical Tokamak Upgrade）也运用了磁重联方法。同样作为球形托卡马克装置，它们的磁约束时间更长，等离子体稳定性也更强。

和上面几种球形托卡马克相比，“甜甜圈”形状的托卡马克似乎知名度更高一些。欧洲联合核聚变实验装置（JET）同样由 UKAEA 运营，它也是现阶段世界上最大的托卡马克。

在神话故事中，人类曾共同建设可以通天的“巴别塔”。如今，神话故事照进了现

MAST-U 剖面图与内部结构图（UKAEA 官网）

欧洲联合核聚变实验装置（JET）及其内部结构图（UKAEA 官网、欧洲核聚变研发创新联盟官网）

实，中国、欧盟（通过欧洲原子能共同体 EURATOM）、印度、日本、韩国、俄罗斯和美国正在共同努力，建设一座国际热核聚变实验堆（ITER，International Thermonuclear Experimental Reactor），建成时间预计为 21 世纪中叶。

2023 年 5 月 11 日建设中的国际热核聚变实验堆（ITER）

巧合的是，ITER 在拉丁语中的意思是“路”，也给这个有史以来全球规模最大、影响最深远的国际科研合作项目之

全超导核聚变实验装置 EAST（中科院合肥物质科学研究院英文官网）

一做出了颇有深意的诠释。

当然，最难走的路上，往往不乏中国人的身影。2021 年，中科院合肥物质科学研究院开发的全超导核聚变实验装置 EAST（Experimental Advanced Superconducting Tokamak）创造了世界新纪录——成功实现了 1.2 亿摄氏度 101 秒和 1.6 亿摄氏度 20 秒等离子体运行，2023 年 4 月，又成功实现稳态高约束模式等离子体运行 403 秒，走在了世界前列。

不要小看这几十几百秒，要知道太阳表面的温度也不过 6 000 摄氏度，太阳中心的温度也不过 1 500 万摄氏度，只是我们实验温度的十分之一。虽然这些聚变过程的持续时间还只能以“秒”为单位，但正是这一秒一秒的积累，人类踩出了可控核聚变实现的希望之路。

“自从远古以来，我们的祖先就有‘夸父逐日’的梦想。今天，我们把聚变研究变成工程实践的第一步。”中国工程院院士、等离子体物理学家李建刚如是说，“我相信中国聚变人一定会与世界各地的同行一起，共同点亮聚变的第一盏灯。”

目前，为了维持这以秒计的等离子运行，需要消耗大量的能源，还是个“赔本买卖”。而经过测算，可控聚变电厂的产出投入比可能达到 30 倍，远大于目前主流核电厂的 10 倍左右的产出投入比，其前景可见一斑。回到本章的主题，虽然随着技术的发展，“人类终极能源”的桂冠在未来有可能让贤，但可控核聚变，毫无争议是目前人类能够触碰到的最高端能源，也一定是未来核动力火箭的必经之路。那么真的迈过了可控核聚变的门槛后，核动力火箭还有可能发展出怎样的类型?

第九章 直上银河

——迈入空间核能时代

“天阶夜色凉如水，卧看牵牛织女星。”古今中外的人们都对星辰大海怀着浪漫的想象和向往。与略显神秘的核电站、核潜艇相比，恢宏太空中的核动力应用反倒由于各种科幻作品离大家更近些。无论是《钢铁侠》里能量爆棚的炫酷盔甲，还是《流浪地球》里动力澎湃的行星发动机，都是人类对核技术应用的浪漫想象。

其实，很多人不知道的是，核能航天器不只存在于科幻作品中，在地球周围，几十颗核能卫星已遨游了几十年，我国的探月飞行器“嫦娥”也使用了核能，那些脑海中的科技浪漫正在一步步变成现实。

第一节 小“核”才露尖尖角 ——现实中的太空核能

太空，似乎很遥远。

核能，似乎也很遥远。

那太空核能呢？岂不是遥远的平方？

其实，太空广袤而深远，在这里，由于无人，所以辐射防护的要求低了很多；在这里，由于不是所有地方都能见到太阳，所以太阳能电池板不是无所不能；在这里，减重要求以克为计，所以不可能让航天器背着硕大的干电池上天……当一个个条件列完，蓦然回首，你会发现现实中太空中反倒是核能应用最早的领域，早在20世纪60年代就开始流行了，而至今，在“嫦娥”探月飞行器、“好奇号”火星车……很多耳熟能详的航天器上，都有核能的影子。

和传统电池相比，核反应堆功率密度高、持续时间长，在太空任务中一直扮演着重要角色，甚至成为大国核心竞争力和国际影响力的重要标志。中美俄等太空大国和核能应用大国都在持续进行空间核电源、核动力火箭的研制，进行了系统方案、关键技术和样机研究，建立了完整的研制体系与试验验证设施，也形成了众多应用成果。

2021年11月20日，“好奇号”火星车的自拍照（NASA官网）

而在未来，随着科技的进步，人类对太空的渴望也在不断增长，当幻想插上了科技的翅膀，太空电梯、核聚变火箭甚至反物质飞船、曲率驱动飞船这样“不明觉厉”的黑科技也越来越多地出现在科幻作品中。

空间核动力技术

太空中利用核能的技术有一个专有名词——空间核动力技术。按照对核能利用形式划分，空间核动力技术通常分为 a 核热源（俗称“核能热宝”）、b 核电源（俗称“核能电池”）和 c 核推进（俗称“核动力火箭”）；而按照核能产生方式划分，则可分为 A 放射性同位素和 B 核反应堆这两种。

将这两种分类的五个名词各种排列组合，就会得到一些新的分类。比如，A+a，就得到“利用放射性同位素的核热源”，B+c，就得到“利用核反应堆的核动力火箭”。

各种空间核动力技术组合

核能生产方式	a 核热源	b 核电源	c 核推进
A 放射性同位素	同位素热源	同位素电源或同位素电池	同位素推进（功率太小无法应用）
B 核反应堆	核反应堆热源	核反应堆电源	核反应堆推进

先说 A 放射性同位素的核能产生方式，这种方式可以直接利用放射性核素衰变过程中产生的热量，直接作为热源（Radioisotope Heat Unit，RHU，同位素热源，即上文的 A+a），也可以通过热电偶把热能转换成电能作为电源（Radioisotope Thermoelectric Generator，RTG，同位素电源或同位素电池，即上文的 A+b），其功率一般在瓦级到数百瓦级之间，其常用的核素有钚 -238、钋 -210 等。放射性同位素热源 / 电源寿命长、体积小、工作可靠、不受周围环境影响，广泛作为人造卫星、海洋灯塔、海底开发和远程航天器的信号电源使用。至于上文的 A+c 同位素推进，由于同位素功率太小，还无法实现。

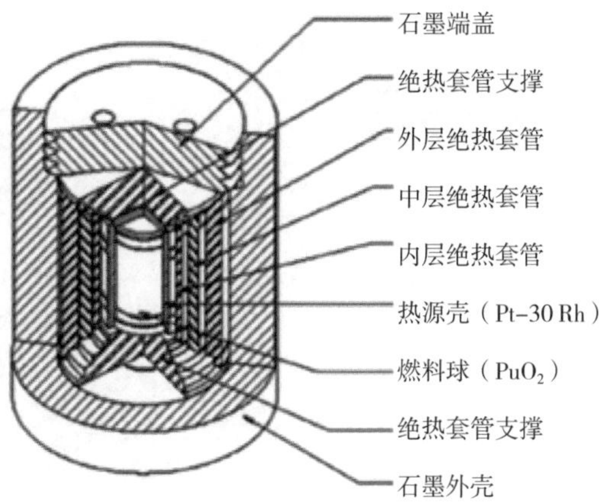

美国1瓦标准模块RHU结构图

这就带来一个问题，靠同位素衰变能产生的能量有限，这样的电源或热源注定功率不会太大，更不能成为核火箭的动力。而如果需要更大的功率就需要考虑核反应堆了。太空核反应堆电源和核电站一样都可以利用铀等核燃料，通过核裂变发出热量，此热量可直接利用（即上文的B+a核能热宝），也可以通过热电偶或热离子转换器转化为电能（即上文的B+b核能电源）。至于B+c核火箭，我们放在后面的章节来单独聊。

1959年，世界上第一颗核电池在美国诞生。这颗电池重1.8千克，可以在280天内释放11.6度的电量。虽然看上去11.6度电只够一辆电动汽车跑100来公里，但却是普通电池远远无法企及的高度。不要说二十世纪中期，即使现在，想象一下一辆续航百公里的电动汽车锂电池大概有多重，就能理解核电池在当时有多“黑科技”了。

此后，核热源和核电源进入了飞速发展期。

1961年6月，美国成功发射了世界上第一颗核能卫星——“子午仪”4A军用导航卫星，开始进行让卫星携带核能进入天空的测试。卫星使用同位素电源（RTG）供电，电功率为2.6瓦。随后多颗“子午仪”卫星相继使用RTG。

1965年4月，由空军支持、用于验证空间核反应堆电源的SNAPSHOT卫星发射。这是世界上第一颗也是美国唯一一颗在轨使用核反应堆的航天器。SNAPSHOT卫星的电源全部来自SNAP-10A反应堆。和一般只有几瓦的同位素电源相比，SNAP-10A的功率达到了500瓦，设计寿命1年。卫星还搭载了一台离子发动机，在轨运行约1小时。运行

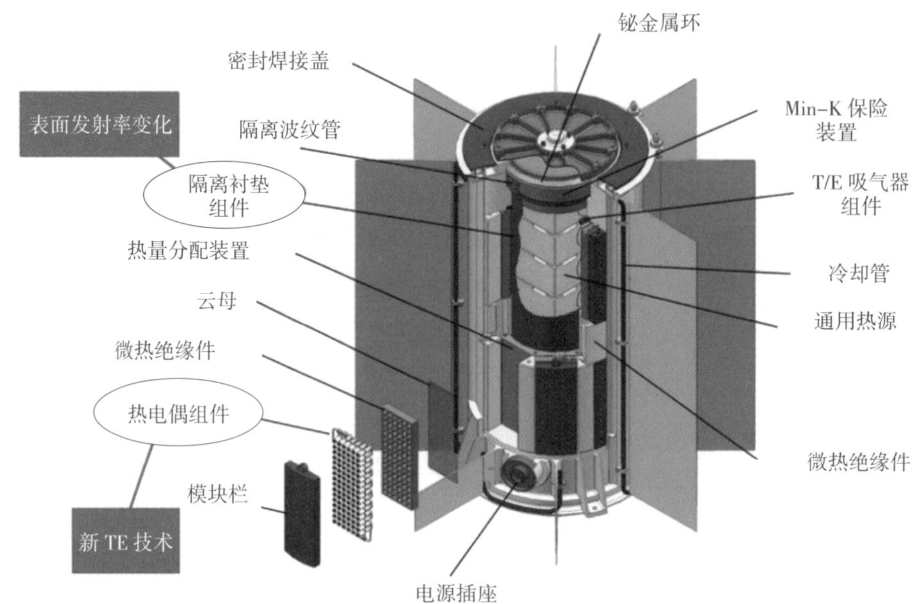

美国航天局（NASA）用于太空任务的核电池结构图

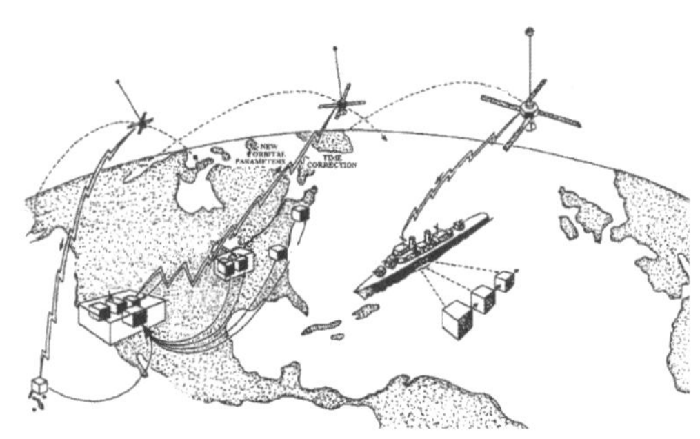

“子午仪”卫星导航系统，由美国海军主导建立，又称“海军卫星导航系统”（Navy Navigation Satellite System，NNSS）

导航卫星 Transit 5-A

43 天后，SNAP-10A 由于卫星电气系统问题而停堆并随即终止运行。

1969 年，阿波罗 11 号飞船成功登月，留下了人类在月球上的第一个脚印。但鲜为人知的是，它也携带了两颗使用钚 -238 的放射性同位素“暖宝宝”。此后的阿波罗 12 ~ 17 号飞船上均使用了同位素电源或热源。阿波罗计划使得美国同位素航天器技术

一个正在进行地面测试的 SNAP 10A 反应堆

艺术家对处于高极轨道中“SNAPSHOT”的想象图

逐步趋于成熟，并为人们普遍接受。和以前的核能卫星不同，阿波罗 11 号可是带着人的，实现了人与核能在航天器上的共存，那句“这是个人的一小步，却是人类的一大步”用在太空核能方面似乎也并没有违和感。

“阿波罗 11 号”任务中的登月舱“鹰”

和美国大量使用同位素热源或电池不同，苏联的研究重点似乎更倾向于可提供大功率的核反应堆系统上。20 世纪 60 年代，在同位素电源卫星上天的同时，苏联并行启动了使用热电转换的反应堆电源系统项目，这种电源输出电功率能达到约 3 000 瓦，远高于美国的同位素电源。1970—1988 年，苏联共发射了 32 颗使用此类反应堆电源的“宇宙”系列卫星。

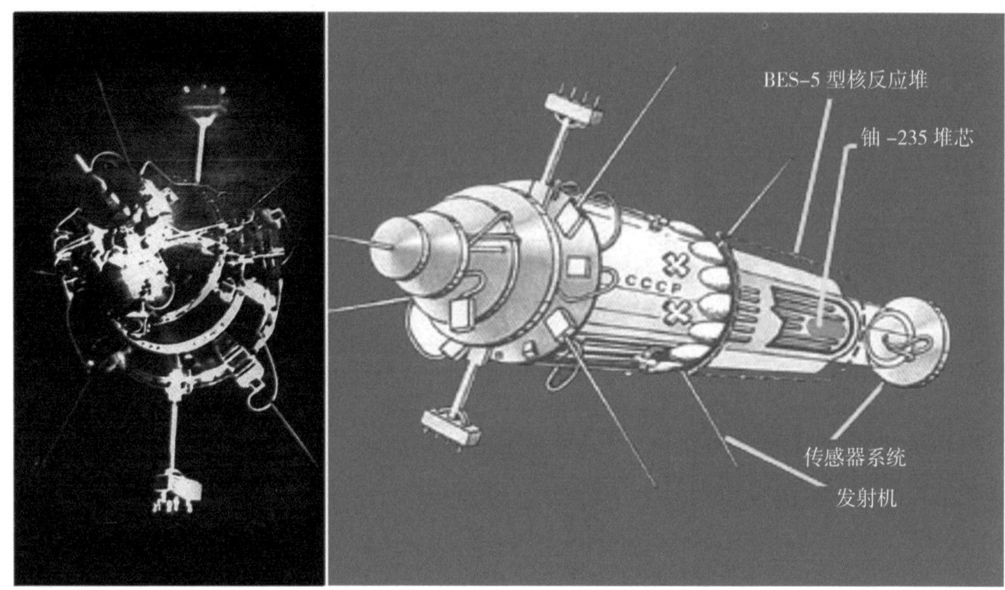

苏联“宇宙”-954（Cosmos-954）雷达海洋侦察卫星

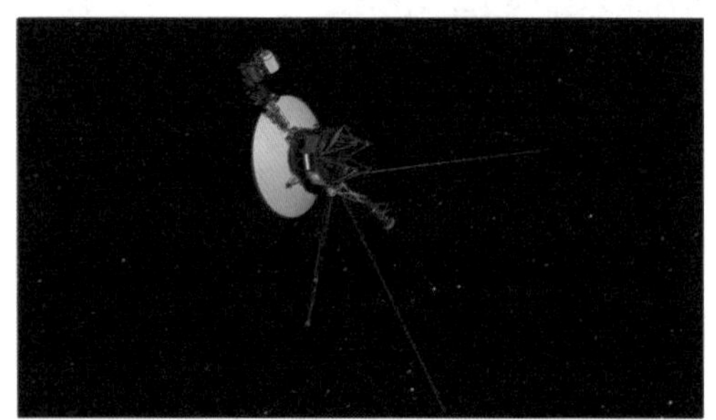

美国宇航局的“旅行者1号”航天器，自1977年以来一直在探索我们的太阳系，同时还有其双胞胎旅行者2号（NASA）

在太阳系外，也有核电池仍然在忠实地履行着职责。1977年，美国发射了“旅行者一号”航天器，先后收回木星、土星的详细照片，是人类科学发展史上的里程碑。它上面携带的同样是钚 -238的核电池。这也是人类史上最远的飞行，迄今已经历时40多年，远离地球200多亿公里。随着它驶入星际空间，人类的科学梦想和科学事业又掀开了新的一页，核能电池也已成为星际探索不可或缺的一员。

20世纪后期，随着太阳能电池技术的飞速发展和美苏太空竞赛的结束，使用核能的航天器比例在不断下降，但是在远离太阳的空间旅行或缺少日光照射的场合，核能仍然发挥着不可替代的作用。

2011年发射的“好奇号”火星车采用全核动力供电，已经取消了太阳能电池板。

2013 年，我国的探月飞行器“嫦娥三号”登月，为应对月夜零下 150 摄氏度以下的低温，我们的“嫦娥”也带上了核能“暖宝宝”——放射性同位素热源。这也是中国航天探测活动中首次应用核能。

“嫦娥三号”飞行器

核能热源和核能电池为人类解决了太空中的加热和用电问题，使太空探索可以摆脱笨重的太阳能电池板。但这些小功率的设备只是太空核能利用的小“核”才露尖尖角，要冲向星辰大海，仅解决加热和用电问题是不够的，还需要更澎湃的动力把飞行器推出地球推出太阳系，于是，人们把目标投向了——核动力火箭。

第二节 星际穿越——核动力火箭

现在的火箭都需要携带巨大的燃料罐，里面装着燃料或推进剂。说是燃料，其实既包括燃烧剂又包括氧化剂，燃烧剂可以是煤油、酒精、偏二甲肼、液态氢等这些在地球上就能燃烧的东西，氧化剂可能是液态氧、四氧化二氮等等含有氧元素的物质，以帮助燃烧剂在没有氧气的太空中燃烧。

火箭发射时，燃料燃烧向后喷出高温高压的气体，由此产生巨大的反冲力将火箭推上太空……但因为燃料燃烧的过程释放的是化学能，放出的能量有限，如果要进行远距离旅行必然要增加携带燃料的数量。

俄罗斯“联盟号”火箭竖立在发射架上，尾部巨大的燃料舱清晰可见

这就带来一个悖论：航行距离增加→需要携带燃料增加→火箭重量增加→导致飞不远→携带更多燃料→火箭重量进一步增加。或者说，大量燃料的消耗是为了抵消燃料自己上天所需要的能量。因此，以化学能为动力的火箭注定飞不远。

所以，如果要进行深空探测，或者说，如果要飞得更远，而不是像人造卫星一样围着地球打转，一定需要能量密度更大的动力方式。而目前，最可能的方式，便是核动力。

“核动力火箭”技术还有另一个更专业的名字，叫“空间核推进”技术，按照工作原理分类，空间核推进主要分为核热推进（Nuclear-Thermal Propulsion，NTP）、核电推进（Nuclear-Electric Propulsion，NEP）和双模式核推进（Bimodal nuclear propulsion，BN-TEP）三大类。

其中，核热推进利用核裂变释放的热能对工质（如液态氢）直接加热，然后将高温高压的工质从喷管高速喷出，从而产生巨大的推力，具有推力大（可达吨级）、比冲较高（800 ~ 1 000 秒）等优点，但存在核燃料高温腐蚀、核反应产物释放造成污染等问题需要解决。

比冲

比冲，又叫比冲量，定义为单位推进剂的量所产生的冲量。如果用重量描述推进剂的量，比冲拥有时间量纲，国际单位为秒（s）。比冲量是用于衡量火箭或飞机发动机效率的重要物理参数，其大小与发动机的推进剂能量、燃烧效率和喷管效率相关。发动机比冲越高，相同条件下推进剂能够产生的速度增量也越大，发动机效率也就越高。

核电推进，则是将核能转换为电能，为大功率电推进系统（如霍尔效应推进器）供电，霍尔效应推进器利用磁场限制电子的轴向运动，使推进剂（如惰性气体氙）电离加速并高速喷出产生推力，具有超高比冲（3 000 ~ 10 000 秒）、较大推力（几牛 ~ 数百牛）、长寿命等优势，但也存在系统较为复杂、高效热电转换等技术难点，该技术的空间核电源和大功率电推进技术相对分隔开，不存在辐射物质向外排放的问题，技术实现可行性更高。

霍尔效应推进器

霍尔效应推进器通常使用氢气、氙气、氩气作为推进剂。推进剂并不燃烧，而是受到电子撞击变成离子状态，这些离子再经过电场的加速之后喷出，从而产生推力。喷射出的气体加速可超过10千米/秒，最快甚至可达80千米/秒。相比之下，火箭发动机产生的气流速度通常只有2 000～4 000/秒。

美国物理学家霍尔（E.H.Hall）

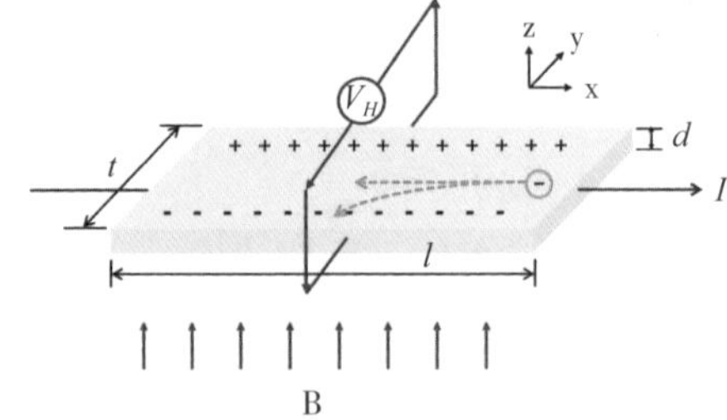

● 受到洛伦兹力→电子向 y 轴移动
● 受到霍尔电压→力是平衡的 → 电子仅向 x 轴移动

霍尔效应（Hall effect）

使用氪气作为推进剂的霍尔推进器，发出幽幽蓝光（科罗拉多州立大学电力推进和等离子体工程实验室）

双模式核推进是核热推进和核电推进技术的融合。反应堆产生的热能一部分用于直接加热推进剂产生推力，采用核热推进模式工作，另一部分热能转化为电能提供给大功率电推进，采用核电推进模式工作。双模式核推进技术更先进，同时难度也更高。

利用核能加热或供电的航天器已经很多了，那有利用核能推进的航天器吗?

20 世纪 80 年代末，苏联就发射了两颗以核反应堆“TOPAZ”(热离子核反应堆电源)和 SPT-70 霍尔电推进为动力的卫星“宇宙 -1818”和“宇宙 -1867”。该推进系统工作 150 小时、总共开 / 关机 180 次，成功验证了核电源和电推进的系统兼容性，全部设计参数和地面测试结果都得到了证实和校验。

1999 年，俄罗斯《空间新闻》杂志对“TOPAZ”做了详细介绍

2009 年，接过苏联衣钵的俄罗斯批准研发电功率兆瓦级核电推进系统的飞船计划。根据计划，这种飞船使用热功率 3.5 兆瓦的核反应堆，产生约 1 兆瓦电功率；使用 10 ~ 20 个电磁推力器，单台功率为 50 千瓦，推力约为 0.8 牛，比冲 7 000 秒；采用先进液滴辐射散热器。核动力飞船在轨质量 22 吨，寿命不低于 10 年。

再看美国，20 世纪 90 年代，美国 NASA 曾针对空间核电站 SP-100 研发计划，结合大功率磁等离子体推力器设计了深空探测的货运任务计划。该计划利用核电推进系统把一个质量为 90 吨的火星登陆模块从 500 公里的地球轨道转移到 6 000 公里的火星轨道上。航天器采用 3 个 SP-100 空间核反应堆，总输出功率为 1.716 兆瓦电功率，推进系统的质量电功率比为 24.8 千克 / 千瓦，比冲为 4 900 秒，推进系统效率为 60%。

然而，随着冷战的结束，美俄两国的脚步都慢了下来。目前虽然有核动力卫星已经上天，但也只是停留在试验阶段，真正的核动力火箭离成为现实依然有较长的路要走。

如果把目光投向更遥远的未来，星际旅行可能实施方案，科学家们认为有十种之

“联盟号”和“阿波罗号”宇宙飞船对接（D. Meltzer 绘，1975）

辐射帆飞船

多。在火遍全球的中国科幻作品《三体》中，主要展示了以下四种：

断线风筝型——辐射帆飞船

这种飞船带有一个面积巨大的辐射帆，是类似于太阳帆的那种能被辐射推动的薄膜。这种飞船在发射前，要事先把多枚核弹用传统的火箭发射到太空中，分布在飞船要飞行的最初一小段航线上。飞船在经过每一颗核弹的瞬间，核弹在帆后爆炸，产生推进力。准确地说，飞船不是自己飞的，而是被核弹爆炸产生的冲击波“炸飞”的。

由于在太空中没有空气阻力，哪怕很小的力都可以推动飞船加速，何况核弹爆炸产生的冲击力。这样，飞船就像被芭蕉扇吹过的羽毛一样，会获得极大的加速度，在多枚核弹的加速下，可以达到比较高的速度。

但是由于核弹不可能被布置到很远的地方，所以这样的航行注定距离不远。而且飞船难以进行转向、返回等动作，只能卖“单程票”。

循序渐进型——核动力飞船

这是目前人类技术正在努力突破的能级，当然，实现核动力飞船前，首先需要突破上文提到的一项技术——可控核聚变。

在《三体》这部作品中，人类在获得可控核聚变技术的突破后，开始面临两个选择——工质推进飞船和工介质的辐射驱动飞船。

工质推进飞船是把传统火箭的锅炉变成反应堆，用核反应的热量把氢氦等工质加热

核动力飞船想象图（AI 绘）

后，通过喷口高速喷出。这样的缺点在于飞船永远离不开被加热的工质，要用超过三分之二的运载能力运载工质，而且工质消耗很快，所以这种飞船只能以行星基地为依托，在太阳系内航行。

而工介质的辐射驱动飞船则是直接将核反应的核废料作为高温粒子喷出，从而获得推力。这样飞船只需要携带核燃料，而不需要携带大量工质。这是目前看到的最有可能实现飞出太阳系梦想的形式。

不停加油型——反物质飞船

这是在《三体》中三体人舰队所使用的技术。三体舰队的飞船前方有一个巨大的磁力场，形成一个漏斗形的磁罩，用于收集太空中的反物质粒子。相当于一辆汽车可以一边开车，一边在路程中不断捡到油箱。这样三体人的舰队不但可以实现恒星间航行（从半人马座到太阳系的距离超过 4 光年），而且即使庞大的载人飞船也可以最高加速到光速的十分之一。这种收集过程十分缓慢，经过相当长的时间，才能得到供飞船进行一段时间加速的反物质数量，因此舰队的加速是间断进行的。

《星际迷航》中虚构的使用反物质动力的太空船联邦星舰“航海家”号

反物质

反物质是正常物质的反状态，如带负电的电子、带正电的质子是正常物质，他们的反状态就是正电子、负质子。反物质跟正常物质相比较，电量相等但电性相反。当正反物质相遇时，双方就会相互湮灭抵消，发生爆炸并产生巨大能量。这个过程被称为泯灭。

空间跳板型——曲率驱动飞船

宇宙的空间并不是平坦的，而是处处存在着曲率。试着把宇宙的想象为一张大膜，每个星体会把膜压出一个一个的“坑”，星体质量越大，“坑”越大越深。飞船则像一个在膜上滑行的小球，会自然地往坑里走，在现实中的表现就是被星体的引力吸走了。所以说，在宇宙中，因为或大或小的星体无处不在，引力无处不在，所以曲率也是无处不在的。

想象的虫洞

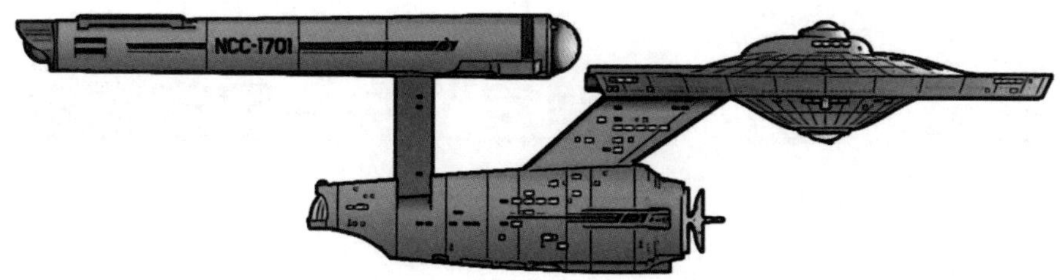

《星际迷航》中虚构的曲率驱动的太空船

一艘处于太空中的飞船，如果能够用某种方式把它后面的一部分空间曲率“熨平”，减小其曲率、那么飞船就会被前方曲率更大的空间拉过去，这就是曲率驱动。曲率驱动不可能像空间折叠那样瞬间到达目的地，但却有可能使飞船以无限接近光速的速度航行。

在这四种方式中，前三种都和核技术有关，最后一种可能在有些人眼中已经近乎玄学。但不可否认的是，无论哪一种，都离不开核物理等基础物理学科的研究，离不开原子能技术的应用和不断发展。在几代科学家不断对原子层层剖析时，在一点一滴建设粒子对撞机时，在强大的磁场能够束缚住上亿度的等离子体时，人类宏伟的太空计划蓝图，也在一点一点显现。浩瀚星空虽然遥远，日积月累必然可达。幻想与现实齐飞，科技共浪漫一色。

第三节 走出“育婴室”——宇宙辐射

在20世纪五六十年代，美苏两个核大国为了保证可靠的核威慑力量，不约而同地研究起了同一种武器——核动力飞机。按照设想，这种飞机能够带着核弹长时间在空中盘旋，而不需要像一般飞机一样每天都需要落地加油。理论上，一镑浓缩铀燃料释放的能量可以驱动一架飞机不停地环绕地球飞行80圈。这样，就算本土遭受对方的核弹袭击，所有能扔核武器的飞机都被销毁在机场，一直在空中飞行的核动力飞机也能有比较高的概率存活并保证核反击力量。

但是在研制过程中，两国都遇到了同一个问题——辐射防护。

我们知道，为防止反应堆的放射性对人产生负面影响，我们有三大防护途径——屏蔽、距离、时间。但是作为核动力飞机，屏蔽物如果太厚必然厚度增加，像核潜艇那样上万吨的飞机是无法飞上天的；飞机体积有限，人员和反应堆之间距离也无法任意增加。而且如果屏蔽物和距离增加，飞机体积重量必然增加，反应堆功率必然增加……时间就更不用说了，飞行员一上飞机，两者就在同一空间中了。

宇宙中充斥了高强度的辐射

核岛厚重的水泥屏蔽墙

当“水多了加面，面多了加水”这样的悖论无法进行下去的时候。洲际导弹横空出世，核反击不再依赖于可能被摧毁在机场的飞机了。美苏两国也就都放弃了核动力飞机的研制。

冷战的历史已经翻篇，但是如果飞向太空，核动力是绕不开的话题，反应堆和宇航员之间的辐射屏蔽问题也必然需要解决。

同时，如前文所说，我们所有人在地面上一直受到宇宙射线的辐射，得益于地球磁场的保护和大气层的屏蔽，地面上收到的辐射要比空中弱很多。一旦飞上天空，这种辐射会大幅增加，不要说宇航员，就算坐着飞机从北京飞一次欧洲，多受到的辐射就相当于一次 X 射线片了。

其实和某些放射性行业类似，宇航员同样有辐射剂量限制。在 1961 年苏联宇航员加加林成为进入太空第一人时，甚至 1969 年美国宇航员阿姆斯特朗登上月球时，人们都只是考虑的太空活动的其他危险，并没有意识到宇宙辐射的危害。直到 1970 年，美国才为宇航员订出了第一批照射剂量限值，考虑到不同性别年龄的敏感度不同，男性宇航员和女性宇航员、青年宇航员和中年宇航员的限值都不同。所以很多国家都倾向于选择年龄偏大的宇航员，除了经验更丰富外，对宇宙辐射不敏感也是一个重要原因。

所以人类要飞上太空，飞向遥远的深空，需要解决的问题不仅仅是空间堆推进技术，同样需要解决宇航员的辐射防护问题。

在舱外活动的宇航员身穿宇航服

可喜的是，经过几十年的研究，人类已经开发出了物理防护、生物医学及化学防护等多种防护手段。

物理防护主要指增加与辐射源的距离、减少受照时间、根据粒子或射线的不同物理性质和强度，选择合适的物质材料进行阻挡和屏蔽。由于前两种方法已基本被飞行轨道和空间任务时间限制，所以最重要的主要靠最后一种——选择合适的材料进行屏蔽。人们在研究中发现，面对太空中的中子辐射，原子质量数较小（元素周期表靠前）的材料防护效果较好，首选聚乙烯和富氢纳米纤维，其次是液态氢。对于在舱外活动的宇航员来说，由于宇航服防护层较薄防护效果差，可以在太阳风暴等宇宙辐射较强时期终止舱外活动，甚至躲进空间站中的专用屏蔽间。

生物医学和化学防护主要指通过药物、营养补充等方法，调节、增强、提高生物对辐射因素的抗性和耐受性。维生素类、核苷、寡肽、氨基酸和其他化合物这些物质既可用于抗癌抗衰老，也可以用于防护低剂量辐射诱导的氧化损伤和有害健康效应，尤其适用于长时间执行太空任务和长期在低辐射剂量环境工作人员的健康和保健。

随着技术的发展，人类对空间辐射防护的认知在不断加深，如研究发现全身受照后24小时开始膳食补充抗氧化剂，骨髓细胞存活和损伤减轻效果反倒优于受照后立即抗氧化剂补充。就好比医生发现你被刀划伤后不应该立刻涂药，而是第二天再涂药更好。这个结果颠覆了过去辐射防护剂使用的一般规律。

能够预见，随着对辐射防护的不断探索，人类还会有更多颠覆认知的发现。而防护手段也有可能会从现有的增加屏蔽、服用药剂等被动防护的形式，升级到为飞船甚至宇航员建立微环境磁场等方式来进行主动防护。

当然，要实现这些进步，还是要依靠核技术的发展，需要不断进行依托于核能的放射性研究，不断加深在辐射防护领域的探索。

幸运的是，至少在目前，我们既不用担心“三体人”进攻地球，也不用担心太阳发生氦闪逼着人类流浪地球。但是即使未来人类不愿像好莱坞大片一样四处星际移民，我们的太阳也终究是有寿命的。也许那时的人类会真的用行星发动机推走地球，也许会像诺亚方舟一样建造超级太空舰队，带着地球上的所有人类和物种，走出太阳系，走向深空，寻找新的家园。

而如果想让如此“拖家带口”规模的太空舰队速度能够与光速相比，哪怕是百分之一光速，都只有核聚变动力或更高阶的能源（如三体人的反物质飞船）才能支撑。化学能也好，核裂变也好，都只能望洋兴叹。毕竟相对于太阳的速度240千米/秒、地球的速度30千米/秒，现在的化学火箭每秒十几公里的速度（第三宇宙速度也仅有16.7千米/秒）只像是在如来佛的掌心里翻跟头。

而同时，在太空舰队上面还要建立庞大的生态系统，具备供所有动植物生存的如温度、光照、水循环等环境条件，具备人类的生产生活条件，这对能源的需求同样是天文数字。

地球就像一个“育婴室”。在地球磁场和大气层的保护下，在阳光的照耀下，在绿树的环绕下，人类的祖先不用担心宇宙辐射，不用担心能源短缺，不用担心氧气不足……在这个育婴室中，人类文明逐渐孕育、萌芽、壮大。

在未来的日子里，人类要突破行星文明，走向恒星文明，最终建立宇宙文明，就一定要走出地球这个育婴室。随着科技的进步，不论太空中的辐射防护也好，能源提供也好，也许这些问题很快就会有答案，但更有可能的是很久也难找到最优解。在探索的过程中，既要投入大量精力进行辐射防护的研究，也要不断加深对核能利用方式和效率的研究。

再小的袋鼠也有从妈妈育儿袋里出来的那天。愿我们能早日实现核相关技术的突破，早日实现星际远航。

此去星辰大海，“核”你共闯未来。

后记

自2020年起，上海核工院就将出版一本高质量核能科普读物提上了议事议程。

《前方，核能》一书于2021年年底开始酝酿。2022年2月，经过与出版社的两次沟通，上海核工院正式组成编委会，启动《前方，核能》编纂工作。9月，各章节初稿编写陆续完成。10月，出版社完成第一轮校审。12月，编写组完成公司内部第一轮技术校对。

2023年1月，编委会启动对各章节初稿进行统稿修改。至3月，各篇章统稿修改工作告一段落，《前方，核能》完成了一次脱胎换骨的升版。4月，出版社完成第二轮校审。6月，编写组完成内部第二轮技术校对。7月，编委会广泛征求各方意见建议后，做进一步修改。9月，经学术委员会审查，和编委会审定批准后，《前方，核能》交付印刷出版。

在本书编纂过程中，很多同志提供了宝贵的第一手资料，协助进行了认真细致的校核工作，张彬彬、翁晨阳、陈琛、盛健敏、宋霏、徐进财、毕光文、刘展、崔严光、尤龚、苏怡仪等提出了好的意见和建议。上海交通大学核科学与工程学院科普队的同学给予了许多资料上的帮助。

书中部分精美的插图由“核能云端博物馆”协助提供，在此一并致谢。

由于本书涉及核能发展的各个历史阶段与方方面面，编者水平有限，疏漏和不尽人意之处在所难免，敬请读者批评指正。

《前方，核能》编委会

二〇二三年九月